权威·前沿·原创

皮书系列为
“十二五”“十三五”国家重点图书出版规划项目

广东省普通高校人文社会科学重点研究基地广州大学广州发展研究院研究成果
广东省教育厅“广州学”协同创新发展中心、广州市教育局“广州学”协同创新重大项目研究成果

丛书主持／涂成林

中国广州科技创新发展报告（2016）

ANNUAL REPORT ON TECHNOLOGICAL INNOVATION OF GUANGZHOU IN CHINA (2016)

主　编／邹采荣　马正勇　陈　爽
副主编／涂成林　邓佑满　丁旭光

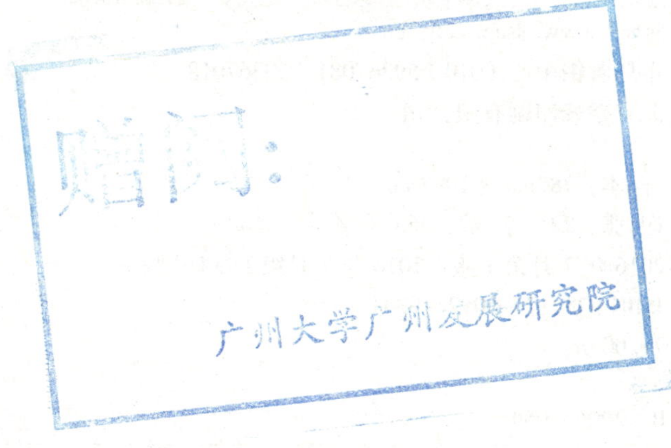

社会科学文献出版社
SOCIAL SCIENCES ACADEMIC PRESS (CHINA)

图书在版编目(CIP)数据

中国广州科技创新发展报告. 2016 / 邹采荣，马正勇，陈爽主编. -- 北京：社会科学文献出版社，2016. 7

（广州蓝皮书）

ISBN 978 -7 -5097 -9341 -1

Ⅰ. ①中… Ⅱ. ①邹… ②马… ③陈… Ⅲ. ①科学研究事业 - 发展 - 研究报告 - 广州市 - 2016 Ⅳ. ①G322. 765. 1

中国版本图书馆 CIP 数据核字（2016）第 135113 号

广州蓝皮书
中国广州科技创新发展报告（2016）

主　　编 / 邹采荣　马正勇　陈　爽
副 主 编 / 涂成林　邓佑满　丁旭光

出 版 人 / 谢寿光
项目统筹 / 任文武
责任编辑 / 高　启　王　颉

出　　版 / 社会科学文献出版社 · 皮书出版分社（010）59367127
　　　　地址：北京市北三环中路甲 29 号院华龙大厦　邮编：100029
　　　　网址：www. ssap. com. cn
发　　行 / 市场营销中心（010）59367081　59367018
印　　装 / 北京季蜂印刷有限公司

规　　格 / 开 本：787mm × 1092mm　1/16
　　　　印 张：22　字 数：363 千字
版　　次 / 2016 年 7 月第 1 版　2016 年 7 月第 1 次印刷
书　　号 / ISBN 978 -7 -5097 -9341 -1
定　　价 / 79. 00 元

皮书序列号 / B -2006 -054

《中国广州科技创新发展报告（2016）》
编 辑 部

主　　编　邹采荣　马正勇　陈　爽

副 主 编　涂成林　邓佑满　丁旭光

本书编委　（以姓氏笔画为序）

丁艳华　卜浩健　马武雄　王　朋　王　滢
邓宇进　厉　宁　卢泽楷　刘　峰　刘显龙
李江涛　吴开俊　吴志峰　何志勤　何晓晴
汪文姣　张　勇　张代春　张其学　张春良
张政军　陈信耀　林清才　罗交晚　罗雨村
周伟焜　周林生　周凌霄　姚华松　姚国祥
秦　春　聂衍刚　晏惠兰　黄　旭　黄　海
黄旭程　黄爱民　梁加宁　蒋年云　粟华英
曾恒皋　谢冬青　蔡兴勇　谭苑芳　樊军辉

本书编辑部成员

戴荔珠　梁华秀　李　文　陈文浩　梁柠欣
唐文魁　魏高强　吕慧敏　易卫华　宁超乔
徐阳生　苏维勇　陈其海　周　雨　徐佐祺

主要编撰者简介

邹采荣　男，现任广州大学校长。曾任东南大学数字信号处理研究室副主任、主任，科研处副处长、处长、校长助理。1999 年 5 月至 2006 年 5 月任东南大学副校长、党委常委，2006 年 5 月至 2013 年 4 月任佛山科学技术学院院长，2013 年 4 月至 2014 年 1 月任佛山科学技术学院党委书记，2014 年 1 月起任现职。长期致力于数字信号处理、数字图像处理与分析、模式识别等方面的研究工作，在视频图像编码、人脸识别、情感计算以及数字助听器算法等方面进行了系统深入的研究。1997 年至今，在国内外权威刊物和会议上发表研究论文 250 余篇，其中被 SCI 收录 33 篇、EI 收录 99 篇；获授权发明专利 15 项；主持国家“863”项目 2 项、国家科技攻关引导项目 1 项、国家自然科学基金面上项目 3 项；获得部省级科技进步奖一等奖 1 项、二等奖 5 项。2004 年获得国务院特殊津贴并被评为教育部新世纪优秀人才。曾先后担任江苏省电子学会副理事长、教育部第六届科技委信息学部委员等社会职务。

马正勇　男，现任广州市科技创新委员会党组书记、主任，法学博士。2005 年 3 月至 2007 年任广州市法制办副主任。2007 年至 2011 年 9 月任广州开发区党工委委员，广州开发区党工委宣传部、统战部部长、区委台湾办公室主任，萝岗区委常委，萝岗区委宣传部、统战部部长、区委台湾办公室主任、区民族宗教事务局局长，兼区文联主席。2011 年 9 月至 2012 年 8 月，任广州市天河区委常委、组织部部长。2012 年 8 月起，任广州市政府副秘书长。2013 年 12 月担任广州市科技和信息化局党委书记、局长。2014 年 1 月起任现职。

陈　爽　女，现任广州市科学技术协会党组书记、副主席，理学博士、教授。2008 年 12 月至 2012 年 10 月任广州大学党委常委、副校长，2012 年 10 月至 2015 年 12 月任广州铁路职业技术学院党委书记，2015 年 12 月任广州市科学技术协会党组书记。长期从事纳米材料及高等教育等方面的研究，主持和参加国家级、省级、市级项目30余项，公开发表论文60余篇，被SCI、EI收录30余篇，先后获“广东省南粤优秀教师”“广东省高校优秀党支部书记”称号。2016年2月起任现职。

涂成林 男，现任广州大学广州发展研究院院长，研究员，博士生导师。广州市杰出专家，国务院特殊津贴专家。1978年起分别在四川大学、中山大学、中国人民大学学习，获得学士、硕士和博士学位。1985年起在湖南省委理论研究室工作。1991年调入广州市社会科学院工作，2010年调入广州大学工作。社会兼职有广州市蓝皮书研究会会长、广东省体制改革研究会副会长、广州市股份经济研究会副会长、广州市哲学学会副会长、广东省综合改革研究院副院长、中国科学学与科技政策研究会理事等。曾赴澳大利亚、新西兰等国做访问学者，目前主要从事经济社会发展规划、科技政策、文化软实力以及西方哲学、唯物史观等方面的教学与研究，先后在《中国社会科学》《哲学研究》《教育研究》《光明日报》等报刊发表论文100多篇，出版专著10余部，主持国家社科基金重大项目、一般项目，省市社科规划项目及社会委托项目60余项，获全国青年社会科学成果专著类优秀奖等10多个省部级奖项。

邓佑满 男，现任广州市知识产权局局长，第十二届广州市政协委员。清华大学研究生学历、工学博士，研究员。1984年起在清华大学攻读本科、硕士研究生和博士研究生。1995年起在清华大学工作，历任讲师、副教授（硕士生导师）、研究员等。2003年，任广州开发区管委会主任助理、秘书长；2005年，当选首届萝岗区人民政府副区长，兼任区科协主席；2006年至今，曾任过广州市知识产权局党组成员、副局长。2000年被选为美国电气电子工程师协会（IEEE）高级会员，2002年被选为中国电机工程学会（CSEE）高级会员，1998年被选为中国电机工程学会配电自动化分专委会委员。1995～2003年，完成科研课题20多项，发表学术论文60多篇。在能量管理系统EMS和输配电自动化系统的研究方面卓有建树。曾经两次获得国家科技进步奖二等奖、清华大学优秀博士毕业生、茅以升北京青年科技奖。

丁旭光 男，现任中共广州市委党校（行政学院）副校长（副院长）、校委委员，博士，研究员，兼任广东现代化研究会副会长、广州中国特色社会主义理论体系研究会副会长。1986年7月至1999年10月在广东省社会科学院工作；1999年10月至2003年3月任中共南澳县委副书记，其间2001年8月至2002年8月由省委组织部选派赴美国加州州立大学萨克拉门托分校培训一年；2003年3月调省委党校工作；2004年3月调中共广州市委政策研究室工作。出版《近代中国地方自治研究》、《孙中山与近代广东社会》、《中国地域文化——潮汕文化卷》（合著）、《变革与激荡——民国初期广东省政府研究》、《广州亚运精神》（合著）、《广州科技自主创新理论与实践》等著作多部，发表论文40多篇。

摘　要

《中国广州科技创新发展报告（2016）》由广州大学与广州市科技创新委员会、广州市科学技术协会、广州市知识产权局联合主持编撰，作为“广州蓝皮书”系列之一出版并面向全国公开发行。本书由总报告、科技创新篇、科技产业篇、科创环境篇、科技服务篇、科技人才篇和智慧城市篇七部分组成，汇集了广州地区科研团体、高等院校和政府部门诸多科技问题研究专家、学者和市级政府部门工作者的最新研究成果，是关于广州2015年科技运行状况和相关专题分析与2016年预测的重要参考资料。

2015年，广州以创新驱动发展战略为引领，积极实施财政投入和孵化器双倍增计划，在科技政策创新、科技与金融结合、新型科研机构建设、创新创业孵化体系建设、国际与区域科技合作等方面取得重大进展。但是，广州也面临研发投入强度偏低、科技创新产出能力偏弱、企业创新能力和活力不足、科技成果转化机制尚不完善以及吸引人才和留住人才的宜居宜业环境有待改善等问题。

2016年，随着密集出台的“1+9”科技创新系列政策红利逐步释放、以广州高新区为核心的珠三角国家自主创新示范区全面建设，财政科技经费投入将进入补偿性快速增长期，预计在研发投入强度、孵化器建设、创新创业人才集聚等方面会取得较大突破。

摘 要

目　录

Ⅳ 科创环境篇

Ⅴ 科技服务篇

Ⅵ 科技人才篇

Ⅶ 智慧城市篇

皮书数据库阅读**使用指南**

总 报 告

General Report

B.1

2015年广州科技形势分析与2016年展望*

广州大学广州发展研究院课题组**

摘 要： 2015 年广州以创新驱动发展战略为引领，积极实施财政投入和孵化器双倍增计划，在科技政策创新、科技与金融结合、新型科研机构建设、创新创业孵化体系建设、国际与区域科技合作等方面取得重大进展。随着 2015 年密集出台的“1 +9”科技创新系列政策红利逐步释放，以广州高新区为核心的珠三角国家自主创新示范区全面建设，2016 年财政科技经费投入将进入补偿性快速增长期，预计在研发投入强度、孵化器建设、创新创业人才集聚等方面会取得

* 本报告系广东省高校人文社会科学重点研究基地广州大学广州发展研究院、广东省教育厅“广州学”协同创新发展中心、广州市教育局“广州学”协同创新重大项目的研究成果。

** 课题组组长：涂成林（院长、研究员、博士生导师）；成员：谭苑芳（博士、教授）、曾恒皋（副研究员）、周凌霄（副教授）、汪文姣（博士）、黄旭（博士、副教授）、戴荔珠（博士）、丁旭光（博士、研究员）；执笔人：涂成林、曾恒皋。

较大突破。

关键词： 科技创新 创新驱动发展战略 广州

一 2015年广州科技发展总体形势

2015年是“十二五”规划收官之年，也是广州科技发展取得重大突破的一年。这一年，广州以创新驱动发展战略为引领，积极实施财政投入和孵化器双倍增计划，在科技政策创新、科技与金融结合、新型科研机构建设、创新创业孵化体系建设、国际与区域科技合作等方面取得重大进展。

（一）政策支持与法制保障能力大幅提高，创新创业环境持续优化

2015年，为进一步加强广州科技创新工作的顶层设计和创新资源的统筹管理，继深圳市之后广州市挂牌成立了市科技创新委员会。同时，2015年广州打出强力支持科技创新政策组合拳，密集出台了一系列重大科技创新政策（见表1），内容涵盖创新生态环境、企业创新主体、科技成果转化、创新平台服务能力、创新人才培养与引进、科技金融产业融合等多个方面，逐步形成了支持创新创业的“1+9”全方位、多层次政策体系。其中，企业研发投入比重、新型研发机构和企业建立研发机构建设扶持、科技金融补助、高新技术企业与众创空间扶持等政策力度处于全国领先水平。

表1 2015年广州新出台科技政策一览

序号	政策名称	出台时间
1	广州市科技成果登记实施办法	2015.1
2	广州市人民政府办公厅关于推进互联网金融产业发展的实施意见	2015.1
3	广州市科技企业孵化器管理办法	2015.2
4	广州市健康医疗协同创新重大专项资金管理办法	2015.2
5	广州市科技企业孵化器专项资金管理办法	2015.4
6	广州市科学技术奖励办法实施细则	2015.4
7	广州市科技专家库管理办法	2015.5
8	广州市科技计划项目管理办法	2015.5

续表

序号	政策名称	出台时间
9	中共广州市委、广州市人民政府关于加快实施创新驱动发展战略的决定	2015.6
10	广州市科技计划项目经费管理办法	2015.6
11	广州市人民政府关于促进科技、金融与产业融合发展的实施意见	2015.6
12	广州市人民政府关于加快科技创新的若干政策意见	2015.6
13	广州市人民政府关于促进新型研发机构建设发展的意见	2015.6
14	广州市关于落实创新驱动重点工作责任的实施方案	2015.6
15	广州市珠江科技新星专项管理办法	2015.9
16	广州市科技型中小企业信贷风险补偿资金池管理办法	2015.9
17	广州市支持企业设立研究开发机构实施办法	2015.9
18	广州市促进科技成果转化实施办法	2015.11
19	广州市支持众创空间建设发展若干办法	2015.11
20	广州市科技成果交易补助实施办法（试行）	2015.11
21	广州市科技创新券实施办法（试行）	2015.12

同时，2015 年为广州知识产权法院挂牌成立后的第一个运作年，加大了对专利侵权案件的审理力度，科技创新的司法保护工作明显加强。一年来，广州知识产权法院共受理专利、植物新品种、集成电路布图设计、技术秘密、计算机软件等各类知识产权案件 4862 件，其中民事案件 4843 件，行政案件 19 件；一审、二审、再审案件分别为 2820 件、2035 件、7 件。审结案件 3238 件，其中一审、二审、再审案件分别为 1317 件、1914 件、7 件，结案率达到 66.6%，解决诉讼标的金额达 1.6 亿余元。① 广州在全国首创的知识产权普法基地模式也在 2015 年进入全面运作阶段。

随着长期制约广州科技发展的政策短板逐步补齐，知识产权司法保护不断强化，广州创新创业发展环境已出现明显改善。广州也因此连续 3 年荣登福布斯中国大陆最佳商业城市榜首，连续 5 年位居清华大学启迪创新研究院《中国城市创新创业环境排行榜》内地 100 个地级以上城市（不含直辖市）榜单第 2 位。

（二）财政科技投入持续增加，科技成果产出规模与质量都有明显提升

2015 年是广州实施科技经费倍增计划的第一年，财政科技投入继续保持

① 数据来自广州市知识产权法院。

稳定增长态势。全年市区两级财政科技支出达到71.7亿元，是2011年（31.7亿元）的2.26倍。其中市本级财政科技投入增长更加迅速，达到24.22亿元（预算数），是2011年（7.63亿元）的3.17倍。同时，根据新出台的《关于对市属企业增加研发经费投入进行补助的实施办法》和《广州市支持企业设立研究开发机构实施办法》，2015年财政科技资金支出明显加大了对企业研发支持力度。全年市区两级财政对企业研发经费投入的后补助资金近10亿元，推荐享受省财政对研发经费投入的后补助资金也达到5亿元。

科技资金投入的快速增长，带来了科技产出规模的迅速扩大和科技成果质量的持续提高。2015年全市专利授权量达到了39834件，比上年增长了41.6%，其中发明专利授权量达到了6626件，同比增长44.1%。在三种专利受理结构中，2015年发明专利已达到31.7%（见表2）；《专利合作条约》（PCT）国际专利申请量为623件，较上年增长13.9%（见表3）；国内有效发明专利拥有量已达到24142件，发明专利密度为1845.7件/百万人（见图1）。全年共获得国家、省科技奖励分别为23项和160项，分别占全省获奖总量的51.1%和64.3%，这表明广州在全省基础研究方面的优势依然比较明显。

表2　广州“十二五”期间专利受理结构比较

单位：%

年份	发明专利	实用新型专利	外观设计专利
2011	29.1	36.4	34.5
2012	29.4	35.4	35.2
2013	30.6	36.7	32.7
2014	31.5	34.1	34.4
2015	31.7	39.1	29.3

数据来源：根据国家知识产权局统计数据整理。

表3　广州“十二五”期间PCT国际专利申请量比较

单位：件，%

年份	国际专利申请量	同比增长
2011	286	—
2012	324	13.3
2013	463	42.9
2014	547	18.1
2015	623	13.9

数据来源：根据国家知识产权局统计数据整理。

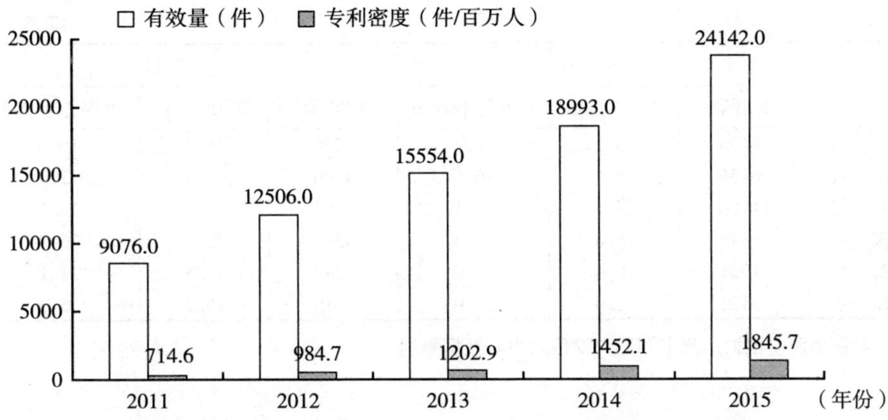

图1 广州“十二五”期间国内有效发明专利拥有量状况

数据来源：根据国家知识产权局统计数据整理。

从各区专利申请与授权情况来看，天河、黄埔[①]、番禺、越秀、白云、花都6个区为广州科技创新活动较为活跃的区域，专利申请量和授权量分别占到全市的78.2%和81.6%。在11个区中，天河、黄埔、海珠、南沙4个区的创新质量相对较高，发明专利授权量所占比重均超过20%（见表4），远高于全市16.6%的平均水平。

表4 2015年广州各区专利申请与授权情况

单位：件，%

区	专利申请			专利授权		
	申请量	同比增长	发明专利比重	授权量	同比增长	发明专利比重
花　都	6528	53.9	24.1	3989	59.6	5.2
荔　湾	5461	61.6	32.8	1811	9.2	8.9
越　秀	8756	45.4	24.4	5458	87.4	12.3
海　珠	4119	24.9	44.3	2682	21.7	24.2
从　化	880	83.7	11.6	733	141.9	5.3
增　城	1271	29.4	19.2	787	7.5	9.7

① 根据《国务院关于同意广东省调整广州市部分行政区划的批复》（国函〔2014〕11号），撤销广州市黄埔区、萝岗区，成立新的黄埔区。2015年9月，新的黄埔区正式成立。本页专利申请与授权数据为新成立的黄埔区数据。

续表

区	专利申请			专利授权		
	申请量	同比增长	发明专利比重	授权量	同比增长	发明专利比重
番　禺	8455	53.1	26.4	5370	46.4	10.6
白　云	6136	29.4	16.6	4840	44.1	7.1
天　河	11780	27.3	45.1	7493	35.7	29.3
黄　埔	7898	15.6	39.4	5363	22.8	26.7
南　沙	1961	28.6	36.0	1289	43.5	21.1
其　他	121	2.0	50.0	19	46.2	5.3

数据来源：根据广州市知识产权信息中心数据整理。

（三）重大创新平台和孵化育成体系建设取得可喜进展，科技创新基础条件进一步改善

在科技创新载体和创新平台建设方面，以广州高新区为核心建设珠三角国家自主创新示范区的实施方案在2015年底已获得国务院的正式批准。按照国家定位，示范区将打造成为国际一流的创新创业中心，建成我国开放创新先行区、转型升级引领区、协同创新示范区、创新创业生态区。国家超级计算广州中心的建设和应用推广加快，“天河二号”超级计算机运算速度连续6次蝉联世界第一，中心已为660多家用户提供典型应用服务，国家自然科学基金委员会与广东省政府已签约确定依托超算中心共建国家大数据科学研究中心。

同时，随着《广州市人民政府关于促进新型研发机构建设发展的意见》的出台，广州研发机构建设也逐渐迈上快车道。2015年，广州新增企业建设研发机构434家；新增国家重点实验室2家，达到19家，占全省的73.1%。目前全市拥有的国家工程中心、国家企业技术中心、国家重点实验室和国家工程实验室已分别达到18家、23家、19家和12家，分别较2010年增长了38%、35%、55%和140%。广州医药研究总院、中科院广州生物医药与健康研究院、国家超级计算广州中心等28家研究机构被评定为省级新型研发机构，占全省的22.6%，数量居全省第1位。

在孵化器和众创空间发展方面，2015年广州新增科技企业孵化器34家，累计达到119家，是2010年（28家）的4.25倍，提前一年基本完成2016年120家的目标；新增孵化面积150万平方米，总面积达到650万平方米，是

2010 年（173 万平方米）的 3.76 倍；在孵企业超过 6000 家，是 2010 年（2300 家）的 2.61 倍。在全国孵化器考评中有 7 家国家级孵化器被评为优秀，居全国城市榜首。初步形成了以国家级孵化器为龙头、省市级孵化器为主体、涵盖全市的科技企业孵化器网络。众创空间发展势头较好，涌现出了创新谷、创客街、YOU + 社区、一起开工社区、羊城同城汇、瞪羚咖啡、伯乐咖啡等 50 多家模式多样、形态丰富的众创空间。其中，14 家众创空间被科技部火炬中心批准纳入国家级科技企业孵化器管理服务体系，30 家被广东省科技厅认定为 2015 年度众创空间试点单位，数量均居全省第 1 位，成为推动广州地区大众创业、万众创新的重要平台。

（四）科技金融取得明显成效，创新产业与技术交易日趋活跃

广州科技与金融融合发展取得重大进展。2015 年，有 6 家科技支行获批，创新科技信贷产品达 30 余种，为 600 家企业提供银行贷款授信 80 亿元。设立了首期资金达 4 亿元的广州市科技型中小企业信贷风险补偿资金池，重点用于推进金融机构加大对广州科技中小企业的信贷支持。科技创新小巨人企业及高新技术企业培育三年行动计划正式启动，完善了覆盖科技企业初创期、成长期和发展期等不同阶段的梯次扶持措施。市区联动对在“新三板”挂牌的科技企业给予分阶段补助，目前已完成挂牌企业 63 家。以企业法人方式注册成立了广州市科技金融综合服务中心，搭建起涵盖科技信贷、上市培育、互联网众筹等服务内容的“一站式”科技金融服务平台。

在科技金融杠杆的撬动下，长期制约广州科技企业发展的融资难瓶颈逐步被打破，创新经济在 2015 年展现出了蓬勃发展的活力。全年新增高新技术企业 263 家，相比前 4 年（2011 ~ 2014 年）年均约增加 130 家的速度有明显提升。截至 2015 年底，全市高新技术企业已达到 1919 家，其中上市企业和新三板挂牌企业分别达到 45 家和 145 家，科技创新企业的“广州板块”正在形成。有 16 家和 14 家企业分别被评为省创新型企业和省创新型试点企业。广州杰升信息科技有限公司（机智云）、广州酷窝科技有限公司、广州吖咪网络科技有限公司等 13 家企业入选美国著名商业杂志《快公司》评选的 2015 年度中国最佳创新公司 50 强，入选企业数量仅次于北京。

2015 年，广州规模以上工业高新技术产品产值已达 8420.56 亿元，同比

增长8.9%，较2010年增长58.0%（见图2），较全市工业增长平均水平（6.4%）高出2.5个百分点；占规模以上工业的比重（45.0%）较上年同期提高了1.0个百分点，拉动规模以上工业增长3.6个百分点。① 高新技术产业在广州产业转型升级中的带动引领作用进一步加强。

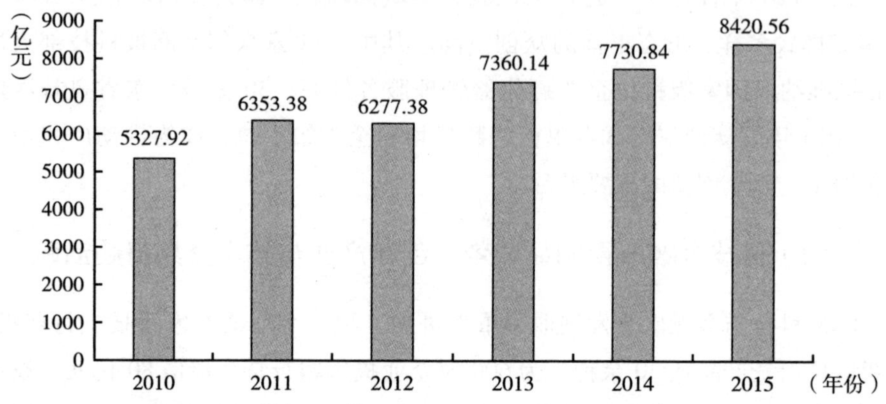

图2　2010～2015年广州规模以上工业高新技术产品产值

随着科技与金融的深度融合，科技成果转化、知识产权交易等中介服务业进入快速发展期。2015年5月，广州知识产权交易中心正式挂牌成立。到2015年末，广州国家级技术转移服务机构已达到12家，省级技术转移服务机构达到58家。技术合同成交总金额达266亿元，同比增长7.75%，较2010年（102.5亿元）增长159.5%；实现技术交易5844项，技术交易额259.69亿元，同比增长8.67%，较2010年（85.33亿元）增长204.3%；平均每项技术合同成交额452.23万元，同比增长44.75%。②

（五）以合作共建创新平台为主要特征的对外科技交流合作日益密切，开发区和超算中心成为主引擎

近年来随着广州创新创业环境的不断优化提升，科技创新的吸引力不断增

① 广州市发改委：《引领新常态　谋求新发展——2015年广州市经济运行情况》，广州市统计信息网，2016年2月14日。

② 数据来自广州市科技创新委。

强，对外科技交流活动日益密切，且合作共建国际创新平台成为其主要特征和纽带。2015 年 12 月，广州大学城管委会与美中硅谷协会达成共建“超谷科技园”的合作协议，首批将从硅谷地区引进 20 个项目，预计 6 年内引进和孵化落地 120 个项目。“十二五”期间广州已先后与乌克兰、美国、英国、德国和中国港澳台等多个国家和地区开展了深入的国际技术合作与交流，合作共建了中乌巴顿焊接研究院、中乌（万力）国际创新园、广州转化医学研究所等一批高水平国际技术合作平台。国际技术合作平台类建设项目数量从 2011 年的 8 个提高到 2015 年的 39 个。[①] 其中穗港澳台技术合作发展尤为迅速，穗港新药临床研究合作中心、穗台新兴产业关键技术交流合作服务平台等穗港澳台合作创新平台项目已达到 15 个。

在广州的国际科技交流与合作中，开发区和超算中心发挥了主引擎作用。目前开发区已与新加坡、以色列、欧盟、英国合作共建了四大国际科技合作创新平台。其中，与新加坡合作开发知识城，建设了知识产权园区、腾飞科技园、院士专家创新创业园、东方医学谷等重大科技创新平台。与以色列合作共建中以生命科技园，成立了中以机器人研究院。与欧盟合作共建了中欧合作创新园，在技术创新、新能源、环境保护等方面的科技合作不断深化。与英国共同搭建的“中英生物科技之桥”项目自 2011 年以来已累计推出了 120 个高水平科技合作项目。到 2015 年底，已有三星、IBM 等 80 多家世界 500 强企业在开发区内设立了企业研发中心，引进了卡尔蔡司研究院、三星通信研究院等一批跨国研发机构，以及瑞士通标、英国天祥等 20 余家国际检测认证机构。德国慕尼黑工业大学、新加坡南洋理工大学与华南理工大学合作共建的联合研究院也落户广州开发区。

广州超算中心也与一些国际一流水平的科研机构开启了国际化的强强联合。2015 年 5 月，台湾成功大学超算中心与广州超级计算中心签订合作备忘录。目前，广州超算中心已与诸多英国科研机构建立合作伙伴关系，包括英国科技设施委员会下属的哈瑞超级计算中心、爱丁堡大学超级计算中心、伦敦帝国理工学院等。

（六）健康医疗协同创新重大专项稳步推进，产学研协同创新广州模式初见成效

近年来，广州积极探索协同创新机制体制创新，发挥市场的资源配置作用

① 数据来自广州市科技创新委。

和企业创新主体的积极性，大力推动企业牵头的产学研协同创新，形成政府搭台，企业、高校、科研机构唱戏的良好局面。在广州产学研协同创新联盟（原广州校地协同创新联盟）框架下，到 2015 年底，广州已围绕健康医疗、光机电一体化、3D 打印物联网、工业机器人等重点产业领域组建了 12 个协同创新中心（联盟）。联盟按照协同创新项目管理办法，计划每年重点支持 10 ~ 20 项产学研协同创新重大项目，推进科研成果转化。

作为协同创新联盟的先导项目，从 2014 年起，市财政每年安排资金 1 亿元，连续实施 5 年，支持健康医疗协同创新重大专项发展。到 2015 年已连续实施三期。首期重大专项包括常见多发恶性肿瘤综合防治、呼吸道新发突发及重大传染病综合防诊治、重大疾病干细胞治疗技术创新与临床转化、医学诊断技术和产品创新及应用 4 个专项。2015 年 1 月启动的二期重大专项包括恶性肿瘤综合防治、重大传染性疾病综合防治、干细胞与再生医学技术创新与临床应用、医学诊治创新技术产品及组学大数据平台等 4 个专项，立项项目共 18 个。三期重大专项包括精准医疗新技术及应用研究、重大传染疾病防治新技术及应用研究、干细胞与再生医学技术创新及转化应用、重大慢性疾病早防早诊早治新技术及应用研究 4 个专项。到 2015 年底已完成项目论证，拟立项项目 20 个。

广州市健康医疗协同创新重大专项实施以来，已研发出全国首个埃博拉病毒检测试剂盒、全国第二个二代测序仪及无创产前诊断试剂盒等一批原创性科研成果，其中授权专利 4 项、获得医疗器械注册证产品 4 项、获得临床新技术批文 3 项、开展临床试验 3 项。达安基因研发的登革热和埃博拉病毒的基因检测试剂已进入国家创新绿色通道，在国家援非医疗队开始使用，科技成果转化取得初步成效。

（七）高端创新人才引进取得新成效，开发区、天河、越秀等高新技术产业发达区域均成为创新人才集聚洼地

2015 年，广州通过实施广东特支计划、珠江人才计划、珠江科技新星计划，高端创新人才引进与培育工作取得新成效。截至 2015 年底，在穗工作的中科院、工程院院士数量达到 41 名，较 2010 年（34 名）增长 20.6%；累计引进和培养国家“千人计划”人才 129 名，是 2010 年（36 名）的 3.58 倍；203 名 35 岁以下优秀科研人员被评为“珠江科技新星”，累计培养的青年科技

带头人已达到502名。①

从区域情况看，开发区、天河、越秀等高新技术产业相对发达地区成为创新人才集聚洼地。其中，截至2015年11月，开发区累计引进两院院士32名、国家“千人计划”人才50名、国务院特殊津贴专家20名，聚集广东省创新科研团队16个、广州市创新创业领军人才44名，吸引3000多名海外留学人员在开发区内创新创业，成为广州人才总量最大、创新创业最为活跃的区域。天河区拥有IT类科技人才超过10万人，IT从业人员聚集度仅次于北京中关村。越秀区集聚的国家“千人计划”、省创新领军人才、市“百人计划”等各类高端创新人才达77人，其中辖区内的黄花岗科技园拥有硕士以上学历专业技术人才达3000多人。这3个区域正是广州创新发展平台、孵化器等创新基础条件相对集聚，高新技术产业最为发达的区域，也是创新活动最为活跃区域。这充分说明创新人才引进、创新活动活跃水平与创新发展平台条件、高新技术产业发展水平存在密切正相关。

从引进渠道看，留交会在广州海外高端创新人才引进中的平台作用越来越凸显。在2015年举办的第17届中国留学人员广州科技交流会上，集聚了1162个“高精尖”海归创新创业项目，1000多名留学科技人员代表参加，已成为我国规模最大、层次最高、影响力最广的海外人才项目和国家级引资、引技、引智平台。截至2015年9月，广州通过留交会渠道引进的留学回国人员已累计超过5万人，其中认定高层次人才270人，创业创新领军人才80人，在穗留学人员累计创办企业2000余家。

二　2015年广州科技发展存在的主要问题

（一）研发投入强度偏低，科技研发能力与科技创新发展战略不相匹配

2015年，广州虽然开始实施政府财政科技投入倍增计划，但由于长期以来财政科技经费不足、基数小、起点低，因此在短期内依然无法扭转研发投入强度

① 数据来自广州市科技创新委。

偏低的局面。2015 年，广州的财政科技支出经费为 71.7 亿元，深圳却已高达 209.3 亿元，是广州的 2.92 倍。“十二五”期间广州全社会 R&D 经费占 GDP 的比重长期徘徊在 2% 左右，2015 年虽然实施了倍增计划，研发投入强度的预期目标也只有 2.5%，仅达到广东省的平均水平，远低于深圳市（4.05%）、北京（5.95%）、上海（3.7%）等同等级城市水平，在 4 个一线城市中长期居于末位。①

研发投入不足已严重影响了城市的科技研发能力和整体创新能力。广东省社会科学院发布的《中国城市创新指数》研究报告显示，在科技研发能力指标评价中，广州仅得 131 分，不仅远低于北京（274 分）、深圳（220 分）、西安（192 分）等城市，而且落后于科技创新资源条件远不如广州的珠海（146 分），与佛山（129 分）、中山（129 分）相当。而在整体城市创新能力综合评价中，广州得分（468 分）远落后于深圳（820 分）、北京（806 分）、上海（544 分）等城市，与珠海同属第三梯队（见表 5）。

表 5　中国城市创新指数前 10 位得分与排名

城市	发展基础	科技研发能力	产业化能力	综合评价	排序	梯队排名
深圳	194	220	405	820	1	第一梯队
北京	171	274	361	806	2	第一梯队
上海	193	162	189	544	3	第二梯队
苏州	168	140	234	542	4	第二梯队
杭州	119	174	242	534	5	第二梯队
西安	70	192	214	476	6	第三梯队
广州	182	131	155	468	7	第三梯队
珠海	80	146	241	466	8	第三梯队
无锡	121	156	172	450	9	第三梯队
宁波	116	137	177	430	10	第三梯队

数据来源：《中国城市创新指数》。

（二）科技创新产出能力偏弱，与科技资源条件、建设国家创新型城市的需要不相匹配

在科技资源条件方面，广州在广东省具有得天独厚的优势，拥有全省

① 数据均来自各市的政府工作报告。

70%的高校和科研机构。但受研发经费投入强度偏低、传统科研机构体制机制不畅、新型科研机构运营经费不足等因素的影响，当前广州市的科技创新产出能力相对较弱，与广州丰富的科技资源条件、实施科技创新发展战略的需要完全不匹配，科技资源优势未能充分发挥出来。

统计数据显示，2015 年广州的发明专利受理量（20087 件）不足北京（88930 件）的1/4，不及上海（46976 件）、青岛（44962 件）的一半，仅是深圳（40028 件）的一半略强。发明专利授权量（6626 件）不足北京（35308 件）的1/5，不足上海（17601 件）、深圳（16956 件）的1/2，也落后于杭州（8298 件）、南京（8268 件）（见表6）。发明专利受理量占比为31.7%，在国内主要城市中仅处于中下游水平，不及北京（56.9%）、上海（47.0%）、深圳（37.9%）3 个一线城市（见表7）。体现专利技术和市场价值的国内有效发明专利拥有量广州为 24142 件，为北京（138878 件）的 1/6 强、深圳（83905 件）和上海（69982 件）的 1/3 左右，在 4 个一线城市中排名垫底（见表8）。专利密度为 1845.7 件/百万人，不及北京（6183.3 件/百万人）、深圳（7893.2 件/百万人）的1/3，也落后于上海（2885.0 件/百万人），同样在4 个一线城市中排名垫底，甚至不如西安（2295.5 件/百万人）、武汉（1918.8 件/百万人）等城市（见图3）。这些数据都充分说明，当前广州的科技创新产出能力还亟待加强。

表6　2015 年主要城市国内发明专利受理量与授权量比较

单位：件，%

城市	受理量	同比增长	授权量	同比增长
北京	88930	13.8	35308	51.9
上海	46976	20.0	17601	51.5
天津	28510	21.9	4624	41.0
重庆	35086	80.7	3964	70.8
青岛	44962	12.5	5170	80.5
深圳	40028	28.7	16956	40.9
成都	29791	34.8	6206	54.3
南京	27825	-0.8	8268	56.7
广州	20087	37.6	6626	44.1
杭州	17814	20.4	8298	49.3

续表

城市	受理量	同比增长	授权量	同比增长
宁波	16056	23.9	5412	91.1
济南	15120	20.6	3915	50.0
武汉	15077	27.0	6003	55.0
西安	14244	-33.4	5992	36.8

数据来源：根据国家知识产权局统计数据整理。

表7　2015年主要城市专利受理结构比较

单位：%

城市	发明	实用新型	外观设计
北京	56.9	34.1	9.0
上海	47.0	41.7	11.3
天津	35.7	58.6	5.8
重庆	42.4	46.5	11.1
青岛	70.6	25.0	4.4
沈阳	54.9	38.9	6.2
济南	52.2	42.2	5.6
南京	49.6	36.6	13.8
武汉	44.8	48.1	7.1
成都	38.4	33.6	27.9
深圳	37.9	39.5	22.6
广州	31.7	39.1	29.3
杭州	29.2	47.8	23.0
宁波	27.3	42.3	30.4
西安	23.1	25.9	51.0

数据来源：根据国家知识产权局统计数据整理。

表8　2015年主要城市国内有效发明专利拥有量比较

城市	有效量(件)	同比增长(%)	专利密度(件/百万人)
北京	138878	28.4	6183.3
上海	69982	23.8	2885.0
天津	18493	25.5	1219.2
重庆	12810	28.0	428.2
深圳	83905	18.4	7893.2
杭州	30280	25.9	3406.1

续表

城市	有效量(件)	同比增长(%)	专利密度(件/百万人)
南京	27173	30.9	3313.8
广州	24142	27.1	1845.7
西安	19787	29.0	2295.5
成都	19758	33.9	1394.4
武汉	19610	45.2	1918.8
青岛	13047	53.4	1456.1

数据来源：根据国家知识产权局统计数据整理。

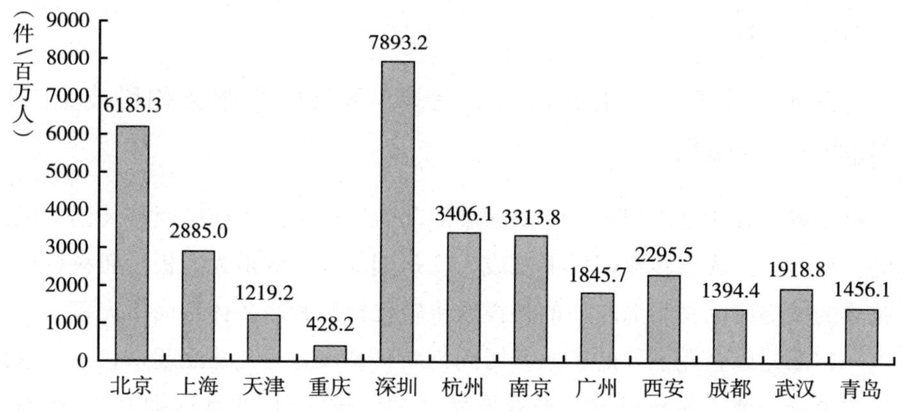

图3　2015年主要城市国内有效发明专利密度比较

数据来源：国家知识产权局。

（三）企业创新能力和活力不足，高新技术产业发展水平亟待加强

企业是科技创新的主体，在科技创新方面的作用举足轻重。但当前广州规模以上工业企业设立研发机构的比例不到10%，企业研发经费和研发人员投入不足，企业创新主体地位不明显、创新能力较弱、创新动力不足的问题十分突出。这就是通常我们说的“国有企业没动力，民营企业没能力，外资企业不出力”的“三力”魔咒。

广州企业创新能力和活力不足的主要原因在于高新技术产业发展水平较低。长期以来，广州以重化工业为主导的传统产业结构明显，而且国企数量较大，企业的创新意识相对较弱。在企业科技创新中扮演重要角色的高新技术产业发展相对滞后，科技企业不仅规模小、数量少，而且多为创新能力较弱的中小型企业，缺少具有龙头带动作用的大型领军型科技企业。当前广州的高新技术企业只有 1919 家，还不到深圳（6753 家）的 1/3；全市高新技术企业营业收入为 5708 亿元，只高出深圳华为（3900 亿元）和中兴通讯（1008 亿元）两家企业营业总收入的 16%。2015 年广州高新技术企业上缴税费总额为 253 亿元，还没有深圳华为（337 亿元）一家企业 2014 年上缴的税费多。这也是为何在《中国城市创新指数》研究报告的科技产业化能力指标评价中，深圳以 405 分高居中国城市榜首，而广州仅得 155 分，在排名前 10 位城市中为最末位的原因所在。

（四）科技成果转化机制尚不完善，科技中介服务和科技金融结合还需进一步加强

科技成果转化是实现创新驱动发展的动力，但也是当前广州科技创新最薄弱的一环，科技成果转化率低下已成为广州创新发展的最大短板。而科技成果转化难的关键原因是当前广州的科技成果转化机制和服务体系尚不完善。

一方面是以企业主导的产学研协同创新机制没有完全建立起来，一些科技研发与市场脱节，科技研发与产业发展“两张皮”。广州地区拥有 80 所高等院校，中央、省、市所属科研院所分别有 20 所、70 所和 62 所，科技创新活动和科研成果主要集中在高校和国有科研院所。在当前重理论成果、轻科技成果运用的科研考核和职称评定环境下，一些高校、科研机构取得的科研成果本身就很难转化成市场切实需要的产品。深圳的科技成果转化率远远高于广州，其中一个很重要的原因就是深圳的主要科技创新活动和科技成果集中在华为、中兴通讯等大型科技企业，在企业主导下的科研成果在选题之时就瞄准了市场，有明确的市场目标。

另一方面是科技及产业与金融结合不够，促进科技成果转化的金融服务体系不完善，激励风险投资、投资银行支持科技成果转化的市场机制没有完全建立起来。广州的风险投资机构较少，科技金融中介服务发展比较滞后，而且缺乏强有力的政策激励，风险投资因惧怕市场风险、看不到盈利前景而对科研项目的投资积极性不够，许多优秀科技成果因缺乏资金支持而只能“躺”在实验室。

（五）广州在新一轮人才竞争中面临巨大挑战，吸引人才和留住人才的宜居宜业环境有待改善

在改革开放初期，全国青年才俊蜂拥南下求职，各类创新创业人才在广州集聚，广州也由此建立起传统产业的框架和基础。但近些年随着中西部的崛起，当年全国人才趋之若鹜的盛景已经不再。在新一轮全国创新人才的竞争中，已落后于北京、上海、深圳、苏州等其他城市。

以海外高层次人才引进计划“千人计划”为例，截至2015年我国共有11批5208名海外高层次人才回国（来华）工作。其中，广州累计引进和培养国家“千人计划”人才129人，比2010年增长2.58倍。而深圳的国家“千人计划”人才已达到154人，比2010年底增长了6倍。苏州的国家“千人计划”人才达到140人，其中创业类人才95人，首次超过北京，在全国大中城市中排名第1位。在2015年底发布的第十二批国家“千人计划”创业类人才入选公示名单中，全国总计有57人入选，其中深圳有7人，而广州仅有1人入选。广州在高端创新人才集聚方面不仅远落后于北京、上海两大传统人才集聚中心，甚至不及深圳、苏州等城市。随着高端创新人才快速向深圳集聚，长期以来广州在珠三角地区的创新人才资源优势已逐渐消失。

广州高端创新人才集聚不够的原因主要有两个，一是过去的人才政策力度不够，缺乏吸引力。深圳市为了引进海外高层次创新人才，规定在深圳申报入选的“千人计划”创业人才不仅可获得中央财政每人100万元的资助，同时认定为深圳“孔雀计划”A类人才，可获150万元的个人奖励补贴。苏州市从2010年就开始实施“1010”工程，在5年内投入30亿元，为归国创新人才提供安家和薪酬补贴以及培训资助。相较这些城市的人才政策，广州的政策力度就要小得多。广州在2015年才提出在今后5年投入35亿元重奖领军人才及团队，政策出台要晚得多。二是高新技术产业发展滞后，缺乏有实力的龙头企业，对高端创新人才缺乏吸引力和承载力。有什么样的产业结构，就有什么样的人才，高新技术产业是创新人才的主要集聚载体。深圳、苏州在高端创新人才引进方面超越广州，除政策力度大外，还因为这些城市都有高度发达的高新技术产业。而广州以国有传统重化工产业为主导的产业结构，对创新创业人才有明显挤出效应。

三 2016年广州科技发展态势与对策建议

（一）2016年广州科技发展态势

2016 年是“十三五”规划和率先全面建成小康社会决胜阶段开局之年，也是 2015 年密集出台的“1 +9”科技创新系列政策红利逐步释放，以广州高新区为核心的珠三角国家自主创新示范区开始全面建设之年。随着广州创新驱动发展战略的深入实施，财政科技经费和科技企业孵化器双倍增计划、羊城创新创业人才支持计划、协同创新重大专项等科技创新重大举措的继续推进，预计 2016 年广州的研发投入强度、企业创新能力、创新载体建设、科技金融产业融合、创新创业人才集聚等方面会取得较大突破，创新创业生态环境将更加优化。

1. 财政科技经费投入进入补偿性快速增长期，科技创新产出将进一步提速、提质

2016 年，广州将继续实施财政科技经费倍增计划，财政科技研发投入进入补偿性快速增长期。而且根据《广州市企业研发经费投入后补助实施方案》《广州市国资委、科技创新委、财务局、统计局对市属企业增加研发经费投入进行补助的实施办法》《广州市人民政府关于促进新型研发机构建设发展的意见》等新出台的政策文件，财政科技研发资金投入企业的比例将从过去的 70% 提升到 80%，用于补助企业研发投入资金将有一个较大增长。随着这些政策的实施，企业研发投入积极性肯定会进一步提高。一般财政资金可以带动 4 ~ 5 倍的社会研发经费投入。因此预计 2016 年广州全社会研发经费增速会明显高于“十二五”时期，全年研发经费占地区生产总值的比重有望达到 2. 6% 左右，研发投入强度将首次超过广东全省平均水平。

而科技研发投入的持续加大，以及企业研发投入热情的逐步释放，肯定会带动科技创新产出数量和质量的进一步提高。预计 2016 年广州发明专利申请量和授权量、有效发明专利拥有量的增速将继续保持在 30% 以上，发明专利所占总专利授权量的比例会实现稳步提升。

2. 企业创新主体地位进一步凸显，高新技术产业占比将稳步提升

2016 年，广州将继续大力实施科技创新小巨人企业及高新技术企业培育行动计划，对科技企业从初创期、成长期、发展期进行分阶段政策和资金扶持。广州科技创新委已将高新技术企业培育确定为“一号工程”进行重点推进，每年将遴选出 1500 家以上优质科技创新小巨人企业，加大政策和经费扶持力度，结合高新技术企业申报过程和认定标准，按照“一企一策”的思路，有针对性地开展培育工作。到 2016 年，纳入重点培育的科技创新小巨人企业预计将突破 3000 家，国家高新技术企业预计将突破 2200 家。

《广州市人民政府关于促进科技、金融与产业融合发展的实施意见》《广州市科技型中小企业信贷风险补偿资金池管理办法》等科技新政实施后，科技创新企业的融资难、融资贵问题将逐步得到缓解。随着科技创新企业培育力度的不断加大，金融机构对科技型中小企业信贷规模的持续扩大，广州高新技术产业发展的春天已经到来。可以预见，2016 年广州规模以上工业高新技术产品产值增速将会继续快于工业平均增长水平，高新技术产业占规模以上工业的比重预计将超过 46%，对广州经济发展的带动引领作用将进一步加强。

3. 科技企业孵化器建设继续保持较快速度增长，科技创新平台进一步优化

《广州市人民政府办公厅关于促进科技企业孵化器发展的实施意见》提出，从 2015 年起，市财政科技经费连续 5 年每年安排不少于 1 亿元设立科技企业孵化器专项资金支持孵化器发展，并明确提出要实现孵化器数量、面积和孵化企业的倍增。到 2016 年，全市科技企业孵化器计划达到 120 家，孵化总面积将达到 800 万平方米，在孵企业超过 1 万家，新增毕业企业超过 1000 家。根据该实施意见，广州市科技创新委、市财政局在 2015 年已相应制定出台了《广州市科技企业孵化器倍增计划实施方案》《广州市科技企业孵化器管理办法》《广州市科技企业孵化器专项资金管理办法》三个配套政策文件，形成比较完善的扶持科技企业孵化器发展的政策保障体系。

2016 年是广州实施孵化器倍增计划的第二年，预计科技企业孵化器将继续保持上年度的快速增长势头，在孵化器面积、在孵企业数量、毕业企业数量等方面将实现新突破。科技企业孵化器发展逐步走向专业化、资本化、多元化发展方向，生物医药、计算科学应用、智能制造等领域的专业孵化器将获得优先发展，创客空间、创新工场、创业咖啡等低成本、便利化、全要素、开放式

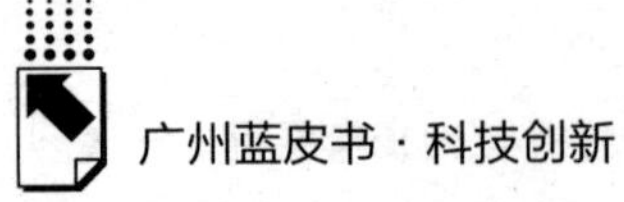

的众创空间也将获得重点扶持。

4. 突破科技成果转化政策瓶颈，科技成果转化率有望实现跨越式提升

2016 年是《广州市促进科技成果转化实施办法》开始实施的第一年。按照此办法，广州市属高校、科研院所有权自主决定对其持有的科技成果采取转让、许可、作价入股等方式开展转移、转化活动，收益全部留归单位自主分配。配套措施明确，成果完成人（团队）的收入分配比例不低于 70%，比国家《促进科技成果转化法》规定的“不低于 50%”的底线还高出 20 个百分点。以增加知识价值为导向的科技成果收益分配激励制度的建立健全，势必会大大调动科研人员的科技成果转化的积极性。

同时，根据《广州市加快发展科技服务业发展三年行动计划（2015 ~ 2017 年)》，2015 年以来，广州加大了对科技成果、知识产权交易等相关平台的建设力度，实施科技金融创投联动补助，强化以科技金融为主的引导性投入，鼓励科技企业孵化器、社会投资机构等共建天使投资基金、种子基金，积极推动各类商业银行在广州设立科技支行，大力发展服务科技产业的多层次金融服务体系。

另外，《广东省实施创新驱动发展战略 2016 年工作要点》明确要求，加快建设国家知识产权运营公共服务平台横琴特色试点平台和广州知识产权交易中心，健全知识产权交易规则和机制。提出要大力发展知识产权服务业，明确在广州、深圳两地建设知识产权集聚中心。明确在中新（广州）知识城创建国家级知识产权保护和运用综合改革试验区。同时，广东省将实行最严格的知识产权保护制度，建立重点产业、重点专业市场和重点企业知识产权保护机制。

科技成果收益分配激励制度的建立，以及科技创新金融服务体系、知识产权服务体系的加快完善，打通了从实验室到市场之间的“最后一公里”。可以预见，2016 年广州科技成果转化率可能会实现一个跨越式的提升，在未来几年内逐步走出科技成果转化率低下的困境。

5. 高端创新人才集聚进入加速通道，人才短缺困境会有所缓解

2016 年，广州在高端创新创业人才引进和培育方面拿出了“大手笔”，出台了《中共广州市委　广州市人民政府关于加快集聚产业领军人才的意见》《羊城创新创业领军人才支持计划实施办法》《广州市产业领军人才奖励制度》

《广州市领导干部联系高层次人才工作制度》《广州市人才绿卡制度》4 个配套政策文件。根据《羊城创新创业领军人才支持计划实施办法》，广州将从2016 年起的 5 年内，每年投入 7 亿元、5 年共约 35 亿元，对 12 个重点产业领域的创新创业领军团队及各类高端人才给予资助。每个创新创业领军团队可获得 300 万元人才经费和最高 3000 万元的项目经费资助，产业高端人才和产业急需紧缺人才可最高获得 150 万元的薪酬补贴，这样的资金支持力度在全国具有相当大的竞争力。同时，广州还将建立人才绿卡制度，让暂无落户意向的非广州户籍人才在购房、购车、子女入学等方面享受到广州市民的待遇，人才引进方式更加灵活多样。

2016 年是羊城创新创业领军人才支持计划实施的第一年，重奖创新创业领军人才、产业高端人才、产业急需紧缺人才，势必会吸引全球范围的高端创新创业人才加速向广州集聚。可预见，2016 年广州将开启高端创新创业人才引进的新局面，创新人才短缺困境将有所缓解，为广州高新技术产业发展注入新活力。

（二）进一步促进广州科技发展的对策建议

1. 实施创新驱动发展战略，要坚持系统思维、夯实基础平台、发挥边际效应

创新是引领发展的核心动力，实施创新驱动发展战略是党中央综合分析国内外形势、立足我国发展全局做出的重大战略抉择。2015 年 6 月，广州市委市政府出台了《关于加快实施创新驱动发展战略的决定》，正式将创新驱动发展战略确立为广州发展的主导战略。该决定是今后广州加强科技创新工作的顶层设计和纲领性文件。

实施创新驱动发展战略，虽然科技创新是核心，但并非全部。创新驱动发展战略是一个复杂的系统工程，管理创新、服务创新、社会创新、文化创新等也是创新驱动发展战略的重要内容。如果不把创新驱动当成系统工程进行谋划，仅取科技创新一端，不仅是一种认识误区，而且也不利于科技创新。因为创新驱动战略局限于科技创新领域，结果就成为科技创新委的部门责任，其他部门缺乏责任意识而不会有很高的积极性，这一点也被过去的实践所证明。因此，一定要有系统思维、协同观念，放在加快广州经济发展动力转换、建设珠三角国家自主创新示范区的全局高度进行系统推进，协同发展。

同时，实施创新驱动发展战略，既要夯实好创新的基础平台，也要发挥出创新驱动的边际效应，这样创新驱动才会既有基础又有尖端，既有源头又有结果，形成一个创新驱动链。这里所说创新的基础平台，指的是创新政策、创新投入、创新人才、创新平台等的配套系统，若没有这些配套作为基础，创新驱动只是一句空话。创新的边际效应，一是指如何拓展创新的空间，通过创新空间的拓展放大创新效应，如创新园、产业园的溢出效应和辐射效应。二是指通过创新的成果、效果刺激新的社会需求、市场需求。近年来市场推出的机器人、无人机、电子穿戴、3D 打印等受到热捧，就是创新衍生出来的新的市场需求。

另外，实施创新驱动发展战略，在驱动的重点和方向上广州要做出科学的顶层设计。创新驱动战略在动力上当然是要四轮驱动，但在路径上必须要有驱动的方向，不然就是原地打转，形成空耗效应。在重点和方向选择上，一是瞄准城市定位，如广州是创建珠三角国家自主创新示范区的龙头，在产业发展方向上就应该重点发展高端创新产业和科技型总部经济，从而与周边城市实现错位发展。二是坚持问题导向，当前广州科技创新方面存在的主要短板是研发投入不足、企业创新能力和动力较弱、高新技术产业不强等几个方面，因此广州的重点和方向也应该放在补齐这些短板上。

2. 切实提高科技创新政策的系统性和执行力，把创新绩效纳入干部考核体系

自创新驱动发展战略提出以来，近两年中央、省、市三级政府密集出台了一系列促进科技创新的法律法规和政策文件，支持科技创新的法律和政策框架已基本搭建起来。广州也以《关于加快实施创新驱动发展战略的决定》政策文件为主导，从企业创新主体、科技成果转化、创新人才培养与引进、创新平台服务能力、科技金融产业融合等 9 个方面出台了一系列重大科技创新政策，形成了“1 +9”科技创新政策体系，为今后广州科技发展奠定了良好的政策基础。在企业研发投入补助、新型科研机构扶持、企业建立研发机构资助、科技金融支持、高端创新人才薪酬奖励等方面已走在全国前列，相对于以往广州科技政策力度偏弱问题可以说是一个重大突破。

但再好的政策如果不能落地也是枉然。过去广州的科技政策支离破碎，不成系统，所以执行起来不仅相互“打架”，而且效果不明显。2015 年出台的“1 +9”系列政策的系统性有明显加强，但刚刚实施，效果尚未显露出来，需

要大力贯彻落实。因此，下一步要进一步提高广州科技创新政策的执行力。

一方面要抓住珠三角国家自主创新示范区建设的历史性机遇，继续加强与国家、省的政策对接和创新政策调研，深入分析制约广州市科技创新和创新型企业发展的障碍，研究出台相关政策措施，在现有的“1+9”科技创新政策基础上进一步完善政策体系，力争在创新政策上有新的突破。另一方面要抓好科技创新系列政策在各个区、部门和企业中的贯彻落实，提高政策的执行力。这里特别要解决一个政策的“桎梏效应”问题，貌似一个很有利的政策，结果在执行时受到许多条条框框的限制，而且执行者重点拿那些条条框框说事，根本不是在执行政策中给予优惠，这就起了制约、阻碍的作用。如杰出专家的住房补贴政策，应该是随时申请，随时有效，但有关部门为了自己方便，设置申请时间、审批时间的种种限制，如此良策不能取得良效。

为了加快实施创新驱动发展战略，同时提高创新政策的执行力，建议广州市政府尽快把创新绩效纳入干部考核体系，条件成熟时可考虑实行一票否决制。

3. 进一步深化科研体制机制改革，切实提高创新质量和效率

广州拥有全省最丰富的科技资源，但科技创新产出却远不如深圳，其中关键问题就在于广州科研机构的体制机制不够顺畅，科技资源的优势未能充分发挥。例如，广州超算中心“天河二号”的计算能力为全世界第一，但目前利用率却只有40%，大量的硬件效能处于闲置状态，而深圳超算中心却一直在满负荷运营。天差地别的原因就是广州超算中心的管理体制机制存在严重问题。因此，必须进一步深化科研体制机制改革，构建更加高效的科研体系，将高校、国有科研机构的科研活力彻底释放出来。

（1）纠正过去科研机构体制改革的弊端。广州过去的科研机构体制改革搞一刀切，结果将包括基础研究、公益研究在内的所有研究机构都推向市场，导致广州基础研究、原始创新能力的自我阉割，科技实力严重下降。建议政府在财力允许的情况下，根据新工业革命的趋势，开办一些新的科研机构，纠正失误，弥补短板。

（2）深化科研经费管理制度改革，不仅着眼于经费管理，更要照顾到科研活动规律，在规范财政管理要求与符合科研活动规律之间寻找到平衡点。建议提高用于项目科研人员经费的支出比例，充分体现科研人员的智力投入与知

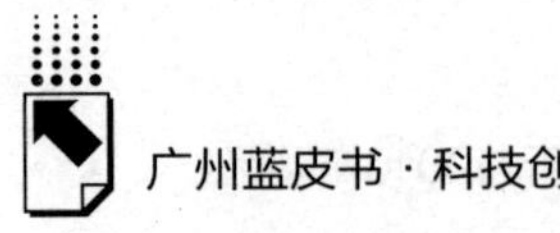

识价值，同时赋予项目科研人员更大的经费支配权，保障其专心且有尊严地从事科研活动，而不是把大量的精力用于报账上。将科研投入管理从前端往后移，最终以科研成果说话。

（3）加快科研院所分类改革。认真贯彻落实中央新出台的《深化科技体制改革实施方案》，加快推进国有科研机构去行政化的法人治理制度改革，推进科研院所创新绩效分类考核评价体制改革。对基础研究和前沿技术研究的考核评价，要从重成果数量转向重成果的原创性和实际价值，对公益性研究成果的考核评价要强化国家目标和社会责任的评价。要逐步建立起财政支持的科研机构绩效拨款制度体系，引导科研院所中研发基础能力较强的团队回归公益。

科技创新篇

Science and Technology Innovation

B.2

广州市科技自主创新的“政校行企”多中心合作模式调查研究

王 傅*

摘 要：广州市经济发展水平较高，但经济竞争力指数却较低，列全国第5位，自主创新能力居全国第9位，这样下去，经济增长将难以实现可持续发展。要实现科技创新，需要各个创新主体间的积极合作和互动。为了了解广州市目前创新主体的合作情况，课题组①对广州市各级政府机关工作人员、高校师生、科技型企业管理人员和职工，以及与科技创新有关的社会组织从业人员进行了调查。调查发现，当前广州市各级政府的科技创新政策、创新各主体间的合作情况和科技中介服务体系等仍然存在一些问题，需要加以改进。为此，本文结

* 王傅，博士，广州科技贸易职业学院管理学院讲师，广州物流职业教育集团副秘书长，研究方向为公共管理、社会工作、职业教育。

① 本文的调查数据采用相关问题课题组的数据，故用“课题组”一词，后同。

合广州市实际情况，运用公共治理理论的视角，提出了科技创新环境构建、科技创新合作体系完善和创意创新型人才队伍建设的建议。

关键词： 广州协同创新 多中心治理

党的十八届五中全会明确指出，“坚持创新发展，必须把创新摆在国家发展全局的核心位置，不断推进理论创新、制度创新、科技创新、文化创新等各方面创新，让创新贯穿党和国家一切工作，让创新在全社会蔚然成风”。《中华人民共和国国民经济和社会发展第十三个五年规划纲要》（简称“十三五”规划）中指出，深入实施创新驱动发展战略。发挥科技创新在全面创新中的引领作用，加强基础研究，强化原始创新、集成创新和引进消化吸收再创新。推进有特色高水平大学和科研院所建设，鼓励企业开展基础性和前沿性创新研究，重视颠覆性技术创新。实施一批国家重大科技项目，在重大创新领域组建一批国家实验室。积极提出并牵头组织国际大科学计划和大科学工程。国家创新是这样的，区域科技创新也是如此。要发展区域经济，离不开科技创新的引领作用。

2015 年，广州市实现地区生产总值（GDP）18100.41 亿元，按可比价格计算，比上年增长 8.4%。其中，第一产业增加值 228.09 亿元，增长 2.5%；第二产业增加值 5786.21 亿元，增长 6.8%；第三产业增加值 12086.11 亿元，增长 9.5%。第一、第二、第三产业增加值的比例为 1.26∶31.97∶66.77。三次产业对经济增长的贡献率分别为 0.4%、29.0% 和 70.6%。但是，广州市创新能力较弱，2014 年，福布斯公布的中国最具创新力的 25 个城市，广州位居第 9 位，比深圳、苏州、北京、杭州、上海、无锡、南京和宁波要落后（《自然》期刊评选中国十大科技领先城市中，广州同样居第 9 位）。2016 年 3 月 1 日，广东省社会科学院发布的《中国城市创新指数》研究报告显示，广州的创新指数排名居全国第 7 位，报告认为将有限的资源过多地投入传统行业中，是阻碍广州创新发展的重要原因。尽管如此，较之 2013 年，广州市创新力指数已经上升了 12 位（2013 年，广州市创新力指数居全国第 19 位），发展仍属较快。可见，广州市要建成创新型城市，仍然有很长的路要走。

建设创新型城市，需要建构完善的有活力的区域科技创新体系。创新的主体，主要包括政府机关、高等学校、科研机构、与科技有关的社会中介组织和科技型企业。在科技创新的生态网中，这些主体就是网格的节点，既不能单打独斗，也不能互设阻碍，而是需要加强协同与合作，才能实现创新。为了解各创新主体之间的具体合作情况，本课题组采用了实地问卷调查和人物访谈方法。

一 研究对象和研究方法

（一）针对高等学校的调查与访谈

2014 年 11 月，课题组向位于广州市辖区内的普通高等院校和高职院校发放调查问卷 300 份，回收问卷 289 份，其中有效问卷 281 份，有效回收率为 93.67%；同时采取了网上问卷、E-mail、微信平台、QQ、纸质问卷和现场人物访谈等多种调查方式，以保证资料的可信度。共调查 14 所，其中普通高等学校 9 所（全部为公立普通高校），高职院校 5 所（其中有 3 所是公立学校，2 所是民营学校）。现场访谈了 8 所学校，有 32 名受访人员。

（二）针对科技型企业的调查与访谈

2014 年 12 月，课题组向广州市科技型企业发放了 600 份调查问卷，回收了 576 份问卷，其中有效问卷 563 份，有效回收率为 93.83%；同时采取网上问卷、E-mail、微信平台、QQ、纸质问卷和现场人物访谈等多种调查方式，以保证资料的可信度。本次共调查 113 家科技型企业，走访了 18 家科技型企业，受访人员为 25 人。

被调研企业主要分布在越秀、荔湾、天河、海珠、白云、黄埔、南沙和番禺 8 个区。调查内容包括科技型企业属性、规模大小，信息工作人员现状，获取科技信息的渠道，企业所需的服务内容，企业的官方网站主页等；受访人员有管理人员、一线操作人员、技术人员、企业信息管理人员等。在调查的企业中，有些展开过校企合作，有些未曾合作。调查的行业有生物工程、交通运输、物流、房地产、机械、计算机、能源、电子商务、健康管理、服装、旅游、排水、园林、环保、工艺美术等。从经营规模上分，大中型企业为39家，占总数的34.51%，小微型企业为74家，占总数的65.49%；从性质分，国有企业为29家，占总数的25.66%，私人企业63家，占总数的55.75%，其他中外合资企业和外商独资企业共21家，占总数的18.58%。

（三）针对政府机关和社会中介组织的访谈

前面针对高等学校和科技型企业的访谈，是在问卷调查的同时开展的。针对政府机关和社会中介组织，仅仅进行了人物访谈。为了预防信息失真、挂一漏万或者以偏概全，本次访谈是课题组指派访谈小组进行的，包括1名副教授、1名讲师和2名助教，小组成员的知识层次和研究领域不同，更加有利于信息采集。2014年10～12月，访谈小组先后与12名政府机关公务员和14名社会中介组织从业人员进行了访谈，并在其允许和陪同下实地考察了工作地点，进一步了解机构的具体运作情况。

二　调查结果分析

（一）对高等学校的调查

1. 学校类型

本次调查的高等学校包括两个类别，一是普通高等学校（即本科院校），二是高等职业院校（即高职院校），来自本科院校的被调查者有194人，来自高职院校的被调查者有87人（见表1）。

表1　来自本科院校和高职院校的被调查者情况

单位：人，%

来　源	人数	百分比
本科院校	194	69.0
高职院校	87	31.0
合　计	281	100.0

2. 开展校企合作的主要动因

调查发现，在“开展校企合作的主要动因”这一问题上，多数被调查者认为其动因是“促进科研成果的转化”，占 36. 3%；20. 6% 的被调查者认为其动因是出于“发展需要”；26. 0% 的被调查者认为其动因是基于“培养人才”；17. 1% 的被调查者认为其动因是源于“生存压力”（见图 1）。

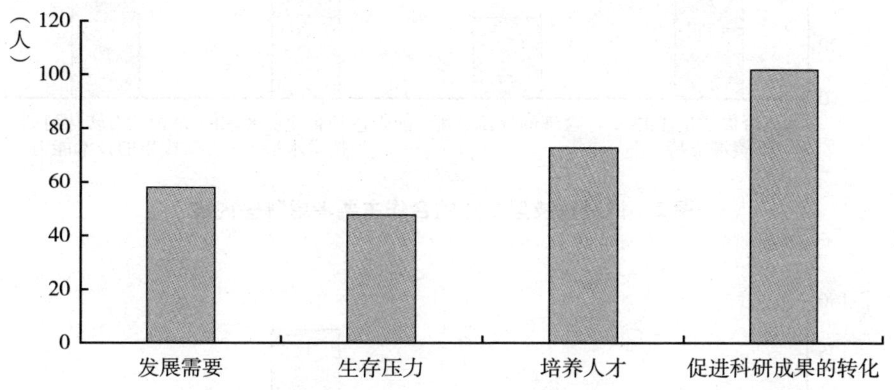

图 1　开展校企合作的主要动因

3. 针对科技型企业的合作主要考虑哪些内容

调查发现，在“针对科技型企业的合作主要考虑哪些内容”这一问题上，39. 5% 的高等学校被调查者比较重视企业“能否提供足够的资源支持”，28. 5% 的高等学校被调查者则主要考虑“能否达到企业所要求的技术水平”，21. 4% 的高等学校被调查者则认为关键在于企业“是否拥有转化科研成果的技术能力”，有 10. 7% 的高等学校被调查者主要看有没有“合理的权益分配”（见图 2）。

4. 校企合作的主要模式

在“校企合作的主要模式”上，48. 4% 的被调查者认为是“合作开发”，29. 5% 的被调查者认为是“技术转让”，11. 7% 的被调查者认为是“委托开发”，10. 3% 的被调查者认为是“人才培训”（见图 3）。

5. 校企合作的主要风险

在“校企合作的主要风险”考量上，认为应该重视“市场风险”的占 48. 8%，认为应该注重“财务风险”的占 22. 1%，认为应该注重“声誉风险”

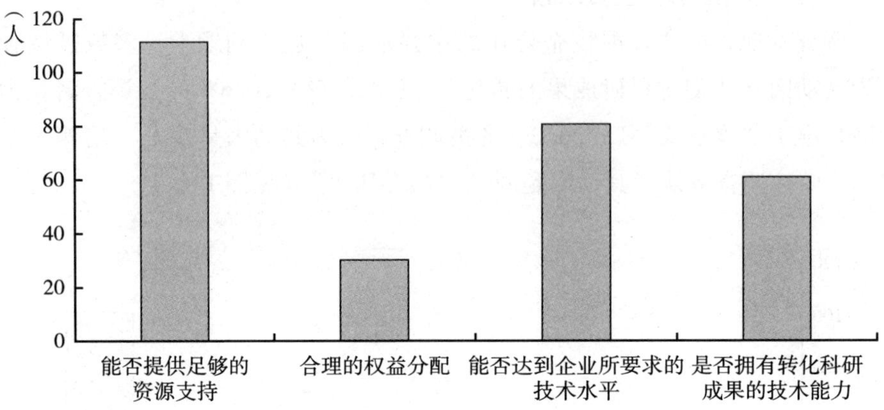

图2　针对科技型企业的合作主要考虑哪些内容

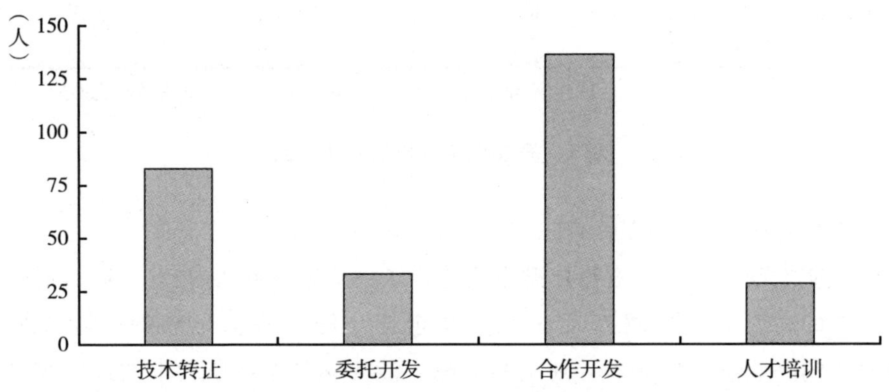

图3　校企合作的主要模式

的占13.5%，还有一些被调查者认为“技术风险”（占8.9%）和“政策风险”（占6.8%）也很重要（见图4）。

6. 校企合作的主要影响

在“校企合作的主要影响”问题上，在高校被调查者中，认为“提高了研发能力和水平”的占34.2%，认为“和企业建立了紧密联系”的占33.1%，认为“了解技术市场需求，有助于科研工作开展”的占12.5%。（见图5）。

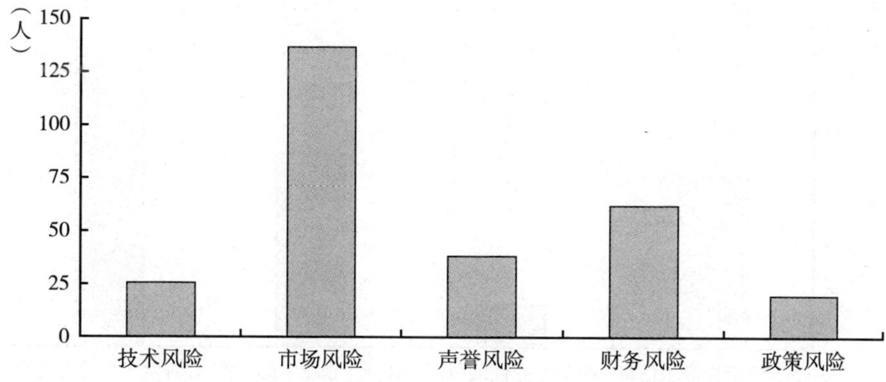

图4　校企合作的主要风险

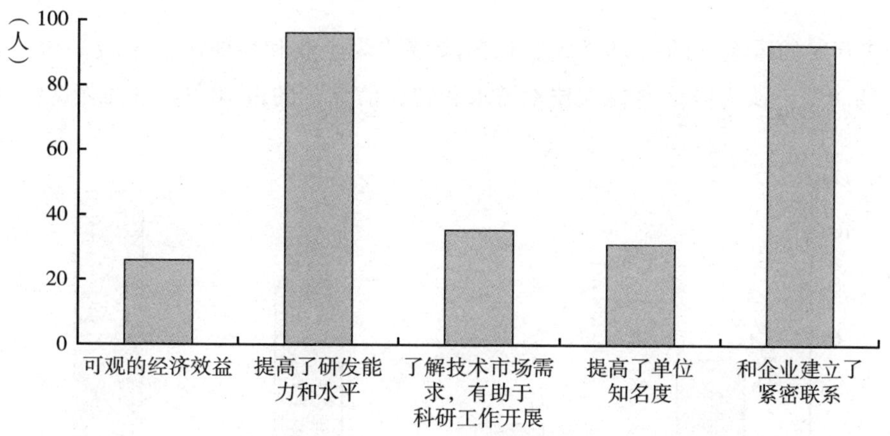

图5　校企合作的主要影响

7. 校企合作中校方的主要困难

调查发现，在“校企合作中校方的主要困难”问题上，在高校被调查者中，认为“对研发成果的可行性和效益认识不足”的占41.5%，认为“对合作企业实际生产技术水平不了解”的占27.7%，认为“不了解市场需求信息”的占24.6%，认为“缺少专业性的科研设备和试验基地”的占6.2%（见图6）。

8. 校企合作中政府应起的作用

调查发现，在“校企合作中政府应起的作用”问题上，认为政府应该“为科研单位提供适量的补贴、配套资金”的占41.5%，认为应该“分担部分

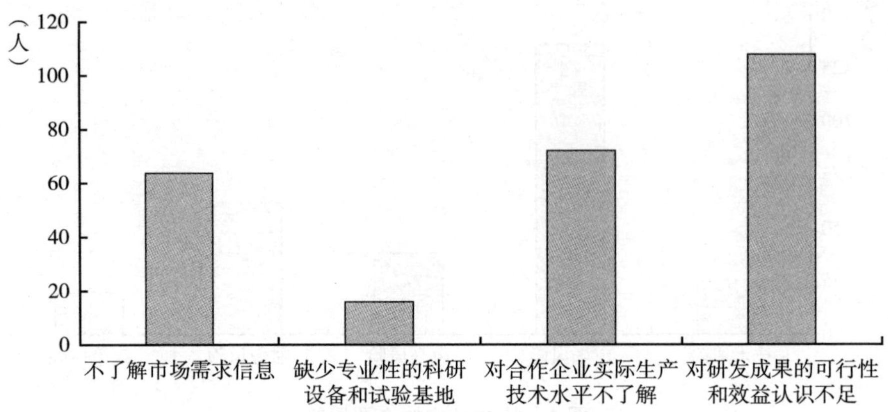

图6　校企合作中校方的主要困难

合作开发的风险”的占29.5%，认为应该“为企业和科研单位牵线搭桥”的占18.9%，认为应该“提供技术需求和转让信息”的占10.2%（见图7）。

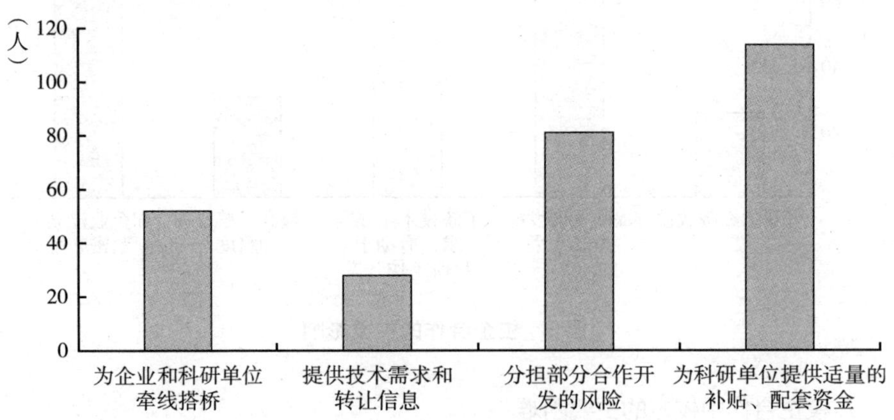

图7　校企合作中政府应起的作用

（二）对科技型企业的调查

1. 科技型企业核心技术的主要来源

在“科技型企业核心技术的主要来源”方面，在企业被调查者当中，认为依靠“自主研发”的占39.6%，认为依靠“委托开发”的占20.4%，认为依靠"国内购买"的占19.5%，认为"与国内高校或科研院所合作开发"的占12.3%，认为主要是依靠"国外引进"的占8.2%（见图8）。

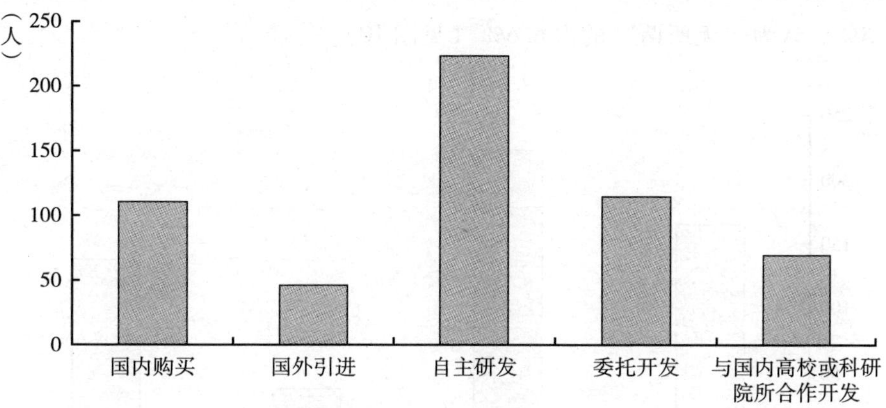

图8　科技型企业核心技术的主要来源

2. 科技型企业自主创新的原动力

在"科技型企业自主创新的原动力"方面，在企业被调查者当中，认为是"市场需求"的占36.4%，23.4%的被调查者认为应该是"保持行业领先"，认为是"政策激励"的占20.8%，认为是"赶超行业竞争对手"的占19.4%（见图9）。

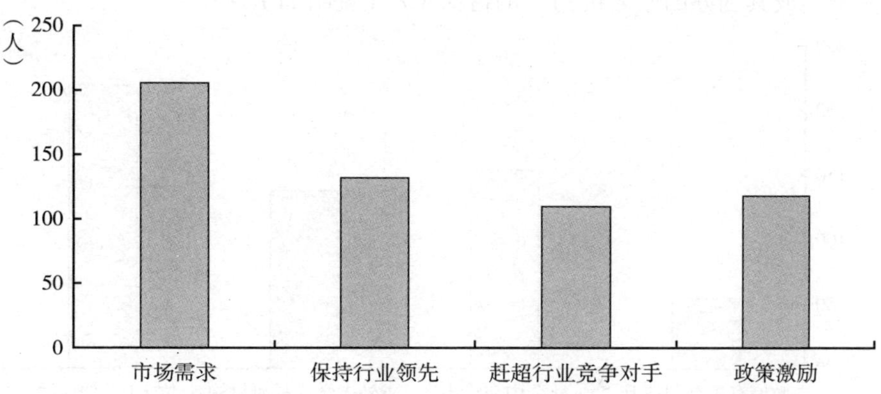

图9　科技型企业自主创新的原动力

3. 企业的高技术合作意愿

在“企业的高技术合作意愿”方面，在企业被调查者当中，认为“比较需要”的占39.6%，认为“非常需要”的占29.3%，认为“不需要”的占24.5%，认为“无所谓”的占6.6%（见图10）。

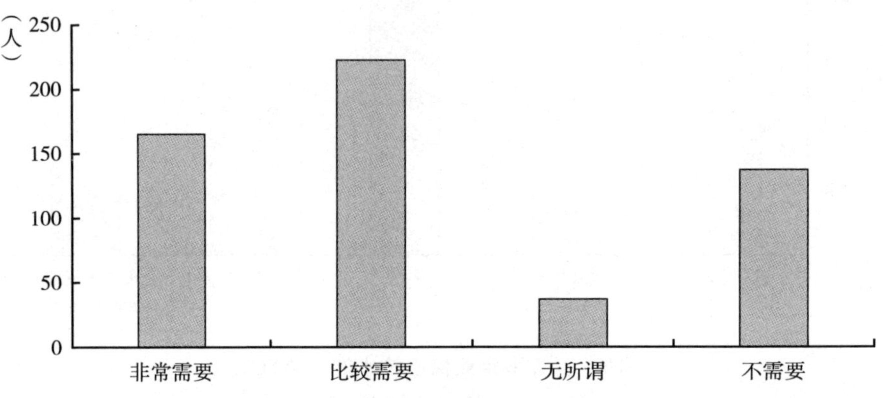

图10　企业的高技术合作意愿

4. 向外部寻找技术服务的主要机构类型

在“向外部寻找技术服务的主要机构类型”这一问题上，认为依靠“位于广州地区的大学或科研机构”的占38.9%，认为依靠“社会中介组织”的占27.2%，认为依靠“省外大学或科研机构”的占24.5%，认为依靠“政府有关部门或其创办的服务机构”的占9.4%（见图11）。

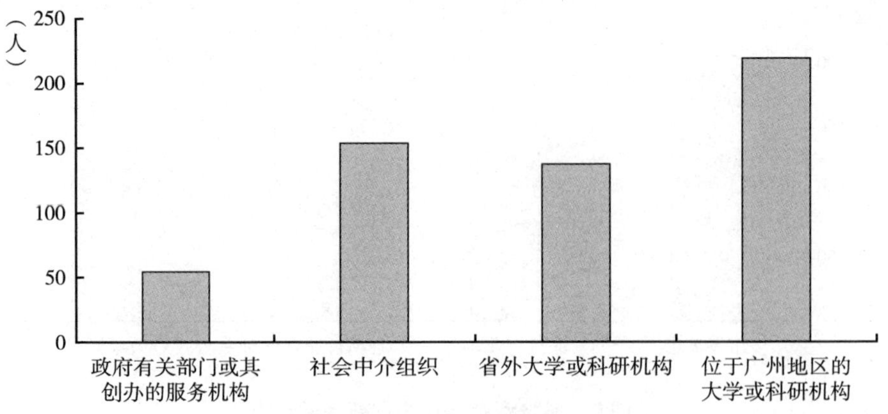

图11　向外部寻找技术服务的主要机构类型

5. 影响科技型企业创新能力的主要原因

在“影响科技型企业创新能力的主要原因”这一问题上，认为“人才缺乏”的占41.0%，认为“管理体制落后”的占23.1%，认为“信息闭塞”的占19.7%，认为“资金缺乏”的占12.4%，认为“风险大”的占3.7%（见图12）。

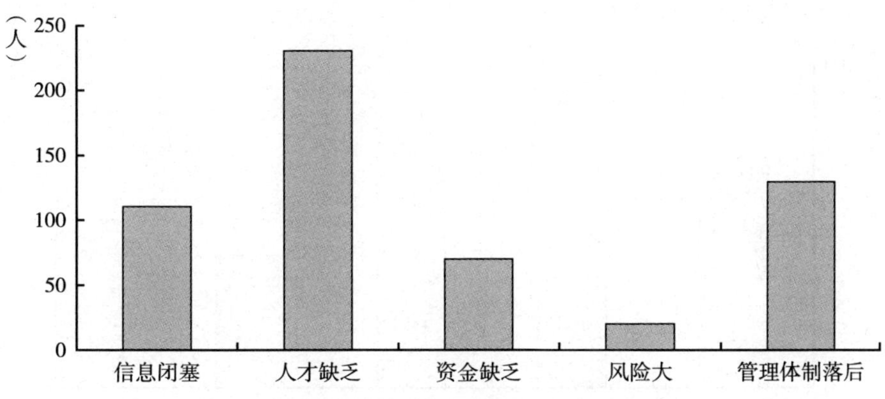

图12　影响科技型企业创新能力的主要原因

6. 企业技术引进的主要影响因素

在“企业技术引进的主要影响因素”这一问题上，认为“决策管理协调”的占41.1%，认为“技术不够成熟”的占27.6%，认为“人际关系不协调”的占17.1%，认为“权益分配不当”的占14.2%（见图13）。

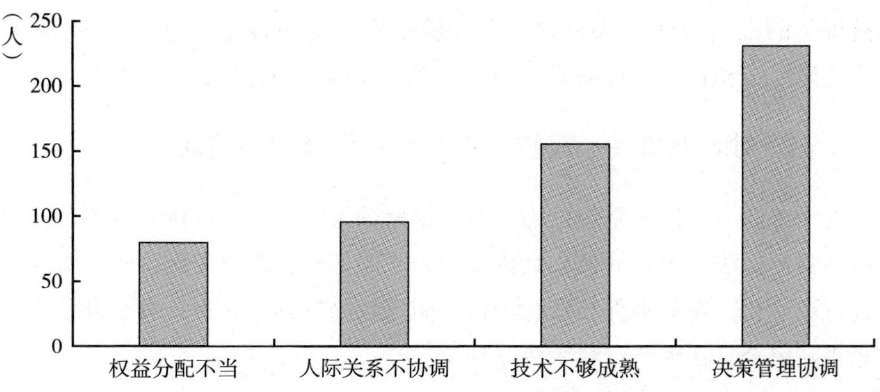

图13　企业技术引进的主要影响因素

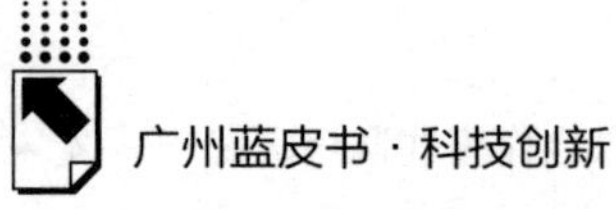

7. 引进广州高校科技成果的主要影响因素

在“引进广州高校科技成果的主要影响因素”这一问题上，认为“科技成果很难实现商品化生产”的占28.4%，认为“缺乏有关广州高校科技成果的信息”的占25.9%，认为“对科技成果市场前景把握不准”的占18.8%，认为“科技成果的所有权不清晰”的占14.7%，认为“科技成果技术不够成熟”的占12.1%（见图14）。

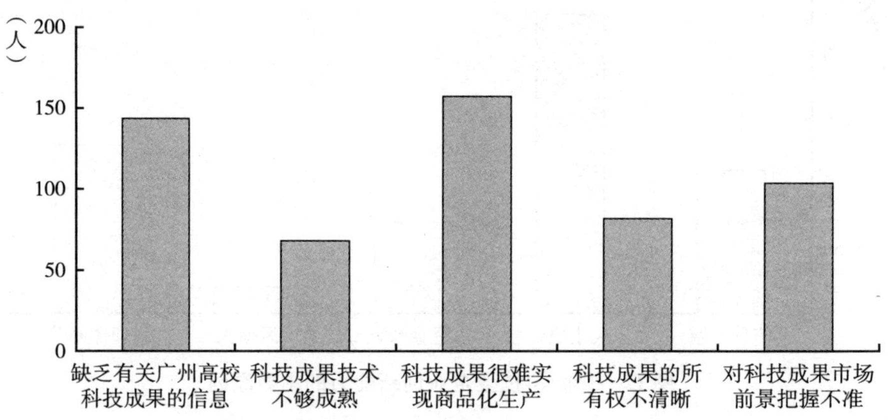

图14　引进广州高校科技成果的主要影响因素

8. 在推动校企产学研合作中的政府职能

在“在推动校企产学研合作中的政府职能”的问题上，认为应该“为科技型企业提供更多优惠政策”的占44.8%，认为应该“为企业和科研单位牵线搭桥”的占25.1%，认为应该“提供技术需求和转让信息”的占20.1%，认为应该“分担部分合作开发的风险”的占10%（见图15）。

（三）对政府机关、高校、企业和社会组织的访谈

由于谈话内容比较繁杂，为了对访谈所采集的谈话资料进行分析，本报告采用内容分析法。本法的核心是依靠编码，先把资料进行详细分解和细化，然后进行概念化，在对事件与概念进行不断比较的基础上，以一种全新的方式将概念重新组合，在庞杂资料中建立理论。

1. 政府机关的科技政策问题

从访谈情况来看，关注政府定位和公共政策环境问题的被访者较多。他们

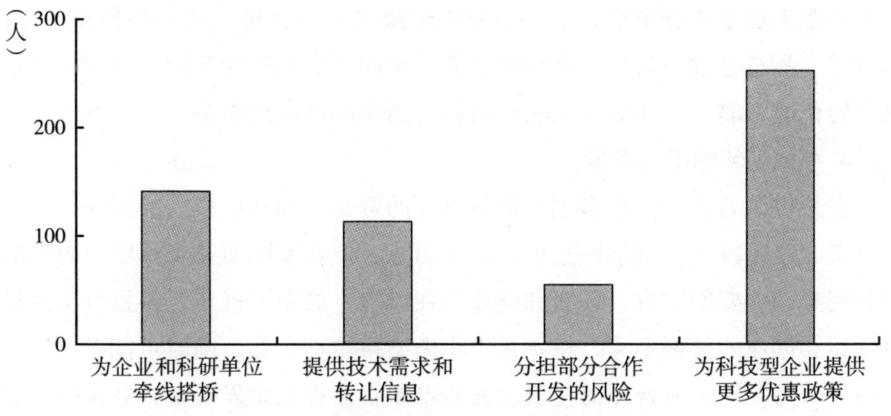

图 15　在推动校企产学研合作中的政府职能

认为，广州市目前的科技创新政策多为引导型，行政手段偏多，法律法规较少，有些政策执行不到位。近几年政府对科技创新的支持力度减弱，虽然连续出台了很多创新政策，但多数比较务虚，缺乏可操作性手段，很多被调查者并不认为有多大意义。此外，有些政策缺乏顶层设计和长效机制，被调查者觉得只是形式上为了“跟党中央保持高度一致”，或是“严峻的形势倒逼改革，有些手忙脚乱”。

2. 高校与企业合作问题

多数被访者认为问题最大在于校企之间的创新观念的差异。高校教师受科研体制的影响，多数人只在意“是否获得科研基金支持和经费级别、发表在核心期刊上的论文数量，所获奖励的多少”，有没有实用价值，能不能投放市场，因为与职业生涯和职称评定关系不大，所以并不关心。作为企业一方，要么不理解高校研发的技术，或者无法吸收其技术，或者排斥高校的技术，认为脱离实际不现实，为创新而创新，抑或不愿意研发，认为成本过高，宁愿仿制或引进，甚至为引进而引进。在校企合作上，高校认为企业过于重视成本，很多资金未能及时到位，企业则认为高校研究纯粹是象牙塔中的展品，没有实际经济价值。访谈中还发现有些合作失败的纠纷案例，如企业缺乏信用，甚至已经破产清算的企业仍然占据高校的地盘“继续经营”等。

3. 科技中介服务体系问题

对于科技中介服务体系，企业被访者普遍认为很有意义，但多数不满意，在大数据与“互联网 +”时代到来之际，人们获取信息的渠道较多，很多信息不需要来源于中介组织。很多中介组织服务水平较低，提供的信息不准确、不及时，甚至是虚假信息。高校被访者比较在乎专利转化问题，认为中介组织服务转化能力弱，很多成果无法及时转化为实际产品或服务。

4. 技术创新的资金问题

多数被访者认为，很多创业创新方面的资金，如政府投入、天使投资、风险投资、税收减免、贷款贴息创业板推出等，但在实际研究工作中，仍然缺少创新资金，主要原因有：创新和创业存在风险，周期不确定，各投资主体投资对创新和创业的把握不大，特别是中小微型科技型企业，随时可能破产。高校被访者认为，产学研合作的初衷，就是希望企业投入研发资金，高校投入研究人员，共同开发成果，但实际情况是企业在投资方面不太积极，不愿意承担风险。

三　存在的主要问题总结

通过综合问卷调查和访谈，我们发现以下问题。

（一）高校和科技型企业都有合作意愿，但彼此间缺乏了解和沟通机制

调查中可见，高等学校和科技型企业合作的初衷，主要是科技成果转化，企业寻找外部技术支持，一般也是先近后远，首先是寻找“广州地区的高校和科研机构”。但实际上，双方存在不信任，高校担心合作后企业存在破产倒闭的市场风险，企业担心高校研发的“技术不成熟”或者“成果难以转化”。于是，多数企业“自己动手”，很多实用技术依赖于国外引进或者自主研发。这说明，两者合作初衷是很好的，但由于双方缺乏信任或者不了解，实际合作中仍然不太融洽。

（二）高校和科技型企业的产研合作目的不同

在校企产学研合作中，高校普遍为了提高自身的研发能力和水平，希望通过合作，让企业提供足够的科研资源支持，企业则希望通过校企合作实现产品的市场化和商品化，满足市场需求，实现利润和超越，保持行业领先。两者合

作的目的是不同的。因为高校是生产和传播知识的组织，看重研发能力；企业在市场中竞争，希望以创新求生存，看重实用技术。

（三）在政府职能上，高校和企业希望获得政府扶持的侧重点不同

在推动产学研合作中的政府职能问题上，高校和企业的观点泾渭分明。多数高校被调查者更在乎的是资金问题，多数企业则希望政府提供更多优惠政策。这说明两者的需求有所不同。

（四）社会中介组织存在“中介失灵”的情况

调查发现，在寻找外部技术服务“社会中介组织”中，27.2%的企业被调查者认为应该“为企业和科研单位牵线搭桥”。说明企业对于社会中介寄予厚望。但在实际访谈中，又有诸多不满意，比如认为很多中介组织提供的信息失真或失准，甚至不如自己检索。高校也认为部分中介组织服务能力偏低，导致很多成果无法转化。这说明，科技中介组织确实存在中介服务“失灵”情况。

四　加强区域自主创新的建议

（一）协调政府和市场的关系，构建创新环境

1. 完善市场机制，建立政府与创新科技型企业的合作关系

当前我国处于转型时期，企业不例外，政府也不例外。政府不仅是国家和社会的管理者，也是主导经济增长的力量，是宏观调控的实施者，同时还是市场机制的培育者。企业是市场经济的主体。因此培育市场机制，不能绕过政府与企业的关系。

我国政府与企业的关系，改革开放前是“政企不分”“政企合一”，改革开放初期，开始强调政企分开，这是基于当时的历史条件，针对“政企不分”这个主要矛盾提出的改革举措。事实上，政企从来都不可能截然分开，而应该是互动和合作关系。因此，在新的历史时期，政府与企业特别是创新型科技企

业，需要建立多元化的新型合作关系，比如可以尝试直接合作、间接合作和混合合作等。

2. 硬环境建设

（1）基础设施建设。一个城市的基础设施建设，在一定程度上反映了该城市的发展水平。如果一个城市一直处于交通拥堵、环境污染、治安混乱的状态，其吸引力将大打折扣。因此，很多城市纷纷创建“卫生城市”“文明城市”“幸福社区”“美丽乡村”等以提高城市的文明程度，广州市也不例外。但如果思维仅仅局限于“苦练内功”，就未免视野过窄，有“坐井观天”或“盲人摸象”之嫌。从公共治理的视野来看，任何一个城市都不是在真空中，其基础设施建设和产业结构升级，都不能脱离国家的宏观经济布局和周边城市的影响。

对广州市而言，与周边城市（特别是珠三角城市）之间要素流动日益频繁，依赖性日益增强，广州市的基础设施建设和产业结构升级，会对周边城市形成空间格局冲击。因此，广州市在城市建设规划过程中，不能局限于自身“一亩三分地”的思维定式，否则容易导致基础设施供给的空间失配和产业结构升级的空间失调，造成投资结构扭曲，甚至区域发展失衡。

（2）科技创新服务平台建设。科技创新服务平台，是为“科技创新”这台戏搭建的舞台。好的舞台，会给演出者提供更好的发挥空间。科技创新服务平台建设，既包括重点产业建设、研发机构建设、创新科技园区建设、创业孵化器建设，也包括科技服务中介建设。

第一，重点产业建设。应该选择对创新活动性较强的重点行业，比如新能源与节能环保、新能源汽车、新材料高端制造产业、新一代信息技术、生物技术和时尚创意等给予重点扶持，并在此基础上与省内相关企业实现资源共享和合作。

第二，研发机构建设。目前的技术研发机构，多半是官办的科研院所和高等学校。虽然取得了较多成果，但也常常遇到科技成果转化瓶颈。在这种情况下，政府大力鼓励创新科技型企业组建研发机构是大势所趋。企业自行建立研发机构的，可以事后立项，政府给予事后补助。

第三，科技园区建设。要完善园区内人才、信息、资金和技术等的合理高效配置，积极推动以创新为核心的中小企业二次创业。目前广州市的科技园发展水平参差不齐，除了少数大型科技园之外，多数显得“小、散、乱”。在这种情况下，应该让大型科技园发挥示范效应。目前广州市采取的“一核两翼”（东部提速核和南、北核助推翼）总体发展战略格局，可以有效整合和改善科技园区。

第四，孵化器建设。孵化器面积要扩大，增加孵化器企业数量。这需要政府统一规划，国土资源部门密切配合，把科技企业孵化器建设用地优先办理供应。开发建设孵化器的，按一类工业用地性质供地。以后，只要不改变孵化器服务用途，可进行产权登记并出租或转让。

第五，科技服务中介建设。科技服务中介能够为企业自主创新提供良好的中介服务，是促进区域经济发展的重要基础。本调查发现，广州科技中介机构被高校和企业寄予厚望，却未能实实在在地起到应有的作用。科技中介机构虽然近几年发展迅猛，在数量和规模上有显著进展，但依附性强、独立性差，缺乏社会信誉高、影响大的品牌机构。因此，应着力推进科技中介组织转制进程，促进其独立性与社会化。对于信誉好、能力强，具有竞争优势的科技中介机构，应给予扶持和引导，使之成为独立的专业化品牌社会组织，担负起应有的社会责任。

3. 软环境建设

（1）政策环境。政府需要采用公共政策来营造创新环境。在本次调查中，企业希望政府能出台更多的优惠政策以支持科技创新。政府对创新的支持主要表现在 3 个方面，一是通过制定行政法规或规章来促进企业的创新发展，二是通过专项基金支持计划解决企业创新面临的资金困难，三是通过引导、鼓励、协调和培育等政策措施来创建有利于企业创新的环境。

目前广州市促进科技创新的政策和规章有《中共广州市委广州市人民政府关于大力推进自主创新加快高新技术产业发展的决定》《关于鼓励海外高层次人才来穗创业和工作的办法》《中共广州市委广州市人民政府关于加快吸引培养高层次人才的意见》《广州市建设国家创新型城市试点工作实施方案》《中共广州市委广州市人民政府关于推进科技创新工程的实施意见》《广州市专利奖励办法》《广州市科技创新促进条例》《广州市人民政府关于加快科技创新的若干政策意见》等，都需要在实施过程中逐步完善。

（2）金融环境。融资渠道不畅通直接阻碍自主创新活动的开展，政府需要制定优惠政策对企业加以扶持。针对科技创新的不同阶段，采用不同的金融手段，推动科技创新链与金融创新链的融合。比如，采用各种补偿措施，如创新券、政府购买、交易成果补贴等给予扶持，以构建多元化、多层次、多渠道的科技投融资体系。

（二）加强区域科技创新合作体系的建设和完善

立足区域产业发展及其结构调整的政策环境和社会治理要求，大力构建产业技术联合体以及协同创新中心，开展联合攻关，大力构筑区域产业科技创新的公共服务平台，努力实现区域产业科技资源的优化配置以及产业链的重构与完善，加强并深化产学研科技创新合作（包括但不限于广东境内的高校或者企业），优化产学研之间的技术转移和知识流动长效机制，不断提高产学研创新合作体系的运行效率和效益。

1. 发挥政府导向作用

在科技创新中，企业尽管是核心主体，但是科技创新产生的正外部效应以及创新活动的长远性、超前性和风险性，企业获得社会效益较多，个体利益较少，有时候由于经济利益的驱使，创新积极性常常受到影响。对此，政府应该从全局上关注全社会利益，可以通过制定政策对科技创新企业进行补贴从而鼓励企业继续进行科技创新活动。

2. 倡导重视基础研究的氛围

科技基础研究水平的高低决定着一个国家能否具备持久的竞争力，我们可以从日本的经验和教训中得出这一结论。“二战”后，日本政府重视实用技术研究，很少资助基础研究，干预大学产业联盟。当前日本饱受长期危机之苦，经济缺乏长久的活力，与其基础科学研究落后、缺乏主导产业和内需难以启动密切相关。然而，基础研究风险极大，存在严重的“市场失灵”，需要政府通过政策加以引导和鼓励。

（三）加强自主创新人才队伍建设

根据调查和访谈了解到的情况，位于广州市的大型企业由于已经具备相当规模，研发人才队伍庞大，人力资源管理日趋成熟。问题较多的是为数众多的中小微科技企业。这些企业往往具有规模小、资金少和前途不明朗等特点，管理者多半是研发者，研发能力强而管理水平低，由此导致了研发人员工作积极性低下和流动性大等问题。对于他们而言，人才问题是突出问题。在这种情况下，我们从多中心合作治理的视角，实施中小微型企业研发人才资源社会化管理建立起政府、企业、社会多元互动的人力资源开发保障体系，以克服单个企业自身的“先天”不足。

1. 人才培养

政府发挥公共服务职能，调动社会资源协助中小微科技企业开展研发人才培训。比如，利用广州市“百千万人才培养工程”“121 人才梯队工程”“博士后培养工程”等人才培养政策资源，加大对中小企业优秀研发人才的培养扶持力度，并优先选择其为各级各类人才培养工程及项目的候选人。针对中小微型企业产业特点和研发创新需要，制定精准的“点对点”个性化培养方案。整合全市与科技研发相关的教育培训资源为中小微科技企业人员素质提升提供教育培训平台。引导和鼓励支持中小微科技企业加大人才培养投入，建立健全职工教育培训制度。

积极推进中小微科技企业研发人才平台建设。构筑人才科技综合开发平台、高端智力服务平台和高层次创新创业人才项目引进平台，支持中小微型企业建设实验室、工作室、工程研究中心、企业技术中心、博士后科研工作站等重点研发和转化机构，以项目研发带动人才开发。

2. 人才引进

由于中小微型企业对人才的吸引力不大，建议实施鼓励柔性引才的导向政策，降低企业引才用才成本，开展高端引智项目，推动企业创新。政府对中小企业采取的柔性为主的引进国内外高端人才智力技术项目予以财政支持。

对于中小企业急需人才，可以完善兼职政策，拓宽人才引进渠道。政府以推进事业单位改革为契机，制定和规范高校和科研院所人才等到企业兼职的管理办法，引导事业单位中教学科研岗位的科技人才向中小微科技企业集聚，形成一支与产业规划发展同步的中小微科技企业兼职创新人才队伍。

3. 人才资源共享

在当前大数据时代，政府应该向中小微科技企业开放数据，保障中小微科技企业与政府机关、事业单位、大型企业平等享用公共服务与政策资源。进一步完善广州市现有的公共人力资源服务网络体系，积极为中小微科技企业提供

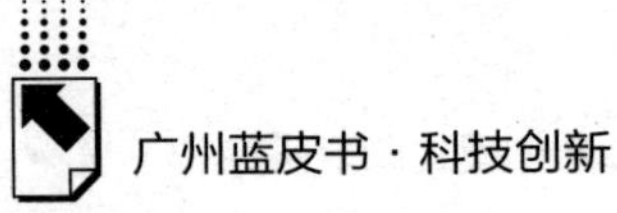

人事代理、人才信息、人才诚信、职业能力评价、人才仲裁服务支持等，有针对性地开发公共人事人才服务产品和服务项目，不断提升公共服务能级水平。

参考文献

Yin R.，*Case study research：Design and methods*（California：Thousands Oaks，2003）.

Holsti O. R.，*Content analysis：A handbook with applications for the study of international crisis*（Illinois：Northwestern University Press，1963）.

Glaser B. G.，*Basics of grounded theory analysis：Emergence vs forcing*（Mill Valley，CA：Sociology Press，1992）.

B.3

广州利用产业园模式推动科技创新的现状与对策

广州市国际税收研究会课题组*

摘　要： 创新驱动发展是当下广州的主旋律，紧紧牵住高新技术企业这个“牛鼻子”是关键。2015 年，广州在中国城市综合经济竞争力中排名第 5 位，中国城市可持续竞争力中排名第 6 位，多年来广州能在多项排名中保持领先地位，成绩斐然。但同时应该看到，广州现代化水平建设的进程中提升可持续竞争力等方面亟待提高，提升可持续竞争力的关键是实施创新驱动，提高核心竞争力。

关键词： 广州　产业园模式　科技创新

一　广州产业园模式的现状与成效

本文重点选取广州市三种类型高科技产业园区的典型代表进行细致分析。类型一，跨境合作推动经济转型的样板项目，如位于广州经济开发区的中新知识城，该项目是新加坡与中国合作的第三项大型项目，规划面积 123 平方公里，以“一核两区多园”进行布局产业；类型二，民营高新技术产业集聚区，如位于广州白云区的广州民营科技园，该园区是国家科技部批准成立的国家级高新技术产业开发区，属广州高新技术产业开发区“一区五园”之一；类型三，产学研相结合孵化器园区，如位于广州市番禺区的国际

* 课题组成员：伍建兰、谭家健、丘洁玲、吴昌宇、罗桂新、梁裕恒、范秋霞、谢瑞玲。

创新城，该城以高教研发、科技服务、创新产业为主导功能，利用其人才优势，配合较为完善的服务体系，强化孵化器的作用，让更多的创新有效转化为创业，发展为国家科技产业孵化基地、全球科技人才创新创业基地、国家一流的高等教育集聚区。

（一）规模逐渐扩大

以上三种类型园区均利用各自优势，充分发挥其聚集效应，虽处于产业起步发展期，园区工业产值逐年提高，园区工业产值占全市生产总值的比重逐年提升，创新拉动作用逐渐显现，成为我区产业结构调整的示范，全面促进区域的产业升级和经济发展模式加速转型，增强竞争力和发展后劲，推动了广州市“创新驱动”的步伐。

2011～2014 年中新知识城 GDP 分别为 28 亿元、30 亿元、34 亿元和 40 亿元（见表 1）。税收分别为 0.68 亿元、1.26 亿元、2.82 亿元和 5.50 亿元，累计 10.26 亿元。2011～2014 年广州民营科技园 GDP 分别为 28 亿元、33 亿元、38 亿元和 43 亿元，税收分别为 1.06 亿元、1.54 亿元、1.79 亿元和 2.13 亿元，累计 6.52 亿元。2011～2014 年广州国际创新城 GDP 分别为 23 亿元、28 亿元、28 亿元和 29 亿元，税收分别为 0.13 亿元、0.13 亿元、0.19 亿元和 0.49 亿元，累计 0.94 亿元。

表 1　2011～2014 年广州 3 个园区规模比较

单位：亿元

年份	典型园区 GDP			小计	全市生产总值	占全市比重（%）
	中新知识城	广州民营科技园	广州国际创新城			
2011	28	28	23	79	12303	0.64
2012	30	33	28	91	13551	0.67
2013	34	38	28	100	15420	0.65
2014	40	43	29	112	16707	0.67

（二）增长速度不一，增收带动力有待进一步增强

近年来，产业园区国税税收呈逐年增长趋势，至 2014 年已突破 8 亿元，

税收同比增长达69%；税收收入超过500万元的重点企业有31户，其中超1000万元的有16户，税收收入排行第一位的企业入库2.34亿元。但存在以下情况：一是各园区增长率差异较大，广州国际创新城税收增长速度最快，同比增长1.58倍；广州民营科技园税收增长速度较慢，同比增长仅为19%。二是产业园区对整体税收的增长拉动力较弱，在全市国税税收中占比仅为0.4%，产业园区的增收贡献率也仅为1.58%。

二　广州产业园区发展的经验

创新产业园区由于从事的是高、精、尖产业，起点较高，得到地方政府的充分重视和有力支持。广州产业园区经过多年发展后，通常具有完善的综合配套设施、成熟的管理模式和较强的创新实力，积攒了丰富的经验。其发展的成功经验在创造GDP、税收收入以及形成聚集效应方面均已初步显现，对推动广州市“创新驱动”的步伐起到积极作用。

（一）园区的综合配套设施完善有利于吸引企业和人才进驻

专业园区经过多年发展，综合配套设施普遍较为完善，形成较为成熟的人才培养、技术服务、产权专利、物流配送等产业辅助链条，有利于吸引企业进驻和招揽高端人才。以广州中新知识城为例，该园区重点建设的八大园区中，除高端制造产业园、物联网新城、文化创意产业园等支柱产业园区外，还有院士专家创新创业园、教育枢纽、检验检测高技术服务聚集区、知识产权服务业园区等配套的人才吸引培育和技术服务等辅助产业园区。同时，该园区还启动了152个市政基础设施及公共服务配套设施项目。完善的配套设施对该园区引进三大通信巨头、京东商城华南区总部等大型项目起到积极的作用，也吸引了一批两院院士、行业领军人才及专家进驻园区创新创业。

（二）园区实现统一管理有利于促进园区发展战略落地

目前，广州市产业园区主要采取行政主导型和公司治理型的管理模式，如广州民营科技园采取的是行政主导型集中管理的方式，由地方政府的派出机构——广州民营科技园管委会直接负责园区的管理和发展；广州国际创新城采取的是公司治理型方式，由地方政府和高校共同发起成立投资管理公司进行园区运营管理。两种模式虽然有所不同，但都体现出两个共同的特点，一是对园区实施统一管理，二是少不了政府在背后的重视和支持。统一管理能够有效提高园区管理效率，政府的重视和支持有利于优化招商引资质量、有效解决园区发展问题，对于园区发展战略的顺利落地有着重要的促进作用。

（三）园区高起点定位有利于创新驱动示范作用的实现

由于国家对创新产业的高度重视和大力支持，该类型园区通常具有较高的起点和定位，如广州民营科技园是国家科技部批准成立的国家级高新技术产业开发区，广州国际创新城是国家科技产业孵化基地，中新知识城是广东经济转型升级的四个重要平台之一，起点和定位都高于一般产业园区。高起点和定位使园区在创新产业方面的发展具有较大优势，成为地区创新驱动的示范代表，对于其他产业园区甚至整个地区经济的创新发展产生突出的带动示范作用。

（四）园区的软实力有利于企业更好地利用创新技术发展壮大

该类型园区高度重视创新平台的搭建和创新环境的优化，拥有较强的创新软实力，主要体现在拥有优质孵化器、行业领军人才及专家云集、专利技术资源集中等方面，对企业更好地利用创新技术发展壮大有较好的促进作用。广州以民营科技园和国际创新城为例，两个园区均拥有国家级的科技企业孵化器，汇集院士、博士后、教授和科研人员等各类高端人才。在软实力的支持下，园区企业的自主创新能力显著增强，拥有多项专利权、软件著作权和各种核心技术，承担了多项国家级科研项目，园区也涌现出不少科技企业孵化成功的案例，如广州国际创新城的广州优蜜信息科技有限公司，研发并运营手机应用广告平台以及企业移动营销服务平台，从 2010 年刚开业时的零税收到 2014 年国税税收 990 万元，成长速度喜人，充分体现了科技创新对经济、税收发展的强大驱动力。

三　广州产业园区发展中存在的问题

（一）园区定位不精准

在我国，“园区”是一个集合名词，既包含各类工业园区、科学园、免税区，也包括总部基地、产业转移园区等。事实上，目前对广州市的各类产业园区很难通过名称来明确园区的定位和特点。产业园区名称的混乱一方面是广州市改革开放以来设立的产业园区数量多，另一方面也说明广州市许多产业园区存在定位不够精准的问题。由于许多产业园区是各级政府主导开发的，目的往往是“筑巢引凤”，吸引产业企业入驻，因此在规划的过程中，政府往往更加注重园区的规模效应和对地方GDP增长的推动作用，存在盲目跟风建设的情况，且普遍缺乏对于园区长远发展的规划，导致同一类型园区集中上马，政府投巨资建设的新园区却难以吸引到足够数量的产业企业，最终要么是园区规模达不到预期，要么就是不得不调整园区定位来保证园区的开发和发展。

同时，在产业定位方面，广州市目前也有许多园区在规划初期并未进行产业规划，未能根据区域经济的特点来确定产业类别，产业发展和企业引入具有盲目性，未能形成良好的产业链。

（二）园区配套设施缺乏

产业园区可以通俗地理解为“一大片土地细分后进行开发，供一些企业同时使用，以利于企业的地理邻近和共享基础设施”。企业进入产业园区一方面可以和其他企业共享基础设施和各类服务，另一方面还会因为配套企业或合作企业的地理邻近而降低物流成本甚至交易成本。然而在产业园区的实际开发中，园区开发方往往重建设而轻配套，有些产业园区所在区域较为偏僻，而且配套交通建设与园区建设不同步，导致园区建设初期交通不便，有些产业园区仅规划了工业用地，却没有配套的商业设施，难以吸引高端企业入驻，园区也逐步沦为低端制造型企业的聚集地，难以起到推动创新、提升经济增长质量的作用。

（三）园区发展中尚未构筑产业集群

从国内外产业园区的发展来看，许多园区的成功都在于产业集群的建立，即入驻园区的企业之间存在产业联系，能够吸引相关行业的先进企业和创新型人才入驻，进而形成良性互动，美国的硅谷、印度的班加罗尔软件园区等都是成功的范例。但从广州市产业园区发展的情况看，尚未有哪个产业园区能够达到类似的作用。从原因上看，一方面产业园区在招商的过程中定位不够清晰，重数量而不重质量，没有在招商环节对入驻企业的关联度进行把关，从而导致产业园区的产业集群作用弱化；另一方面产业园区中缺乏行业龙头企业入驻，大部分入驻企业规模都较小，缺乏龙头企业的辐射和带动作用。

（四）园区扶持企业发展能力薄弱

产业园区作为推动科技创新的载体，其承载的功能除了为相关企业提供一个邻近的聚集区域以外，更重要的在于为企业提供政策辅导、资源整合、人才引进等一条龙服务，然而产业园区的建设方与管理方往往并非同一主体，政府在完成产业园区建设后，往往将产业园区的管理委托给第三方机构，或通过政府与企业合作的方式进行管理，这种模式下的产业园区管理方本身调集资源的能力就存在先天不足，既缺乏对产业发展的专业视野，也缺乏与政府各有关部门沟通协调的“底气”，最终产业园区管理方往往成为产业园区的物业管理部门，既无法为企业提供政策辅导或者解决企业棘手的人才引进、资源整合问题，也无法调动工商、税务等政府职能部门提供必要的政策辅导。

（五）园区发展缺乏必要的政策扶持

在当前物流和信息传递高度发展的现状下，园区原本具有的同类企业信息、资源交换便利的优势正在逐步减退，要吸引高质量的企业入驻园区，往往需要依靠产业园区给予企业的各类优惠扶持政策，依靠政策洼地的效应来集聚企业。但是，在当前的政策环境下，一方面中央对于各类产业园区的优惠政策严格管控，地方政府经历了前期对园区经济的高投入以后也逐渐趋于理智；另一方面当前的各类优惠政策普遍享受门槛较高，往往倾向于扶持行业龙头企业或业绩优良的大型企业，难以真正实现对中小企业的发展扶持，产业园区的规模优势和引领优势自然无从体现。

（六）园区投融资环境不佳

当前，科技创新的力度和发展速度日益增强，许多高新技术企业在发展初期都通过引入天使投资或风险投资来提高自身发展速度，传统的融资方式过于注重企业固定资产数量和企业规模，已经难以适应当前高科技企业发展的需要。目前，广州市的产业园区普遍还停留在传统的园区发展模式下，对园区企业投融资需求的辅助也主要停留在专项资金扶持和银行等传统金融机构支持的方式上，而较少去吸引天使投资人和风险投资公司，这在一定程度上影响了园区企业科技成果转化的速度，也挫伤了企业创新的积极性。

四　利用产业园模式进一步推进科技创新的建议

（一）准确定位，深化园区规划

1. 坚持规划先行

以地区产业发展战略目标为指引，找准园区定位，科学制定产业园区发展规划，高起点、高标准谋划产业布局，进一步深化和完善总体规划，增强园区产业可持续发展能力。

2. 优化发展格局

根据园区定位，以科学发展的长远目光，合理布局支柱产业、相应的服务业和配套生活设施，加强生产、服务和生活等不同功能区域的规划建设，完善园区内部及周边的厂房、水电、道路、通信等基础设施建设，使园区发展更科学、平衡、协调。

3. 狠抓规划落实

对产业园区已有的发展规划，应加强后续跟踪和监督，严格执行落实到位，及时解决落实过程中存在的困难和问题，加强规划调整进度，避免出现空有概念、而无实际的空中楼阁。

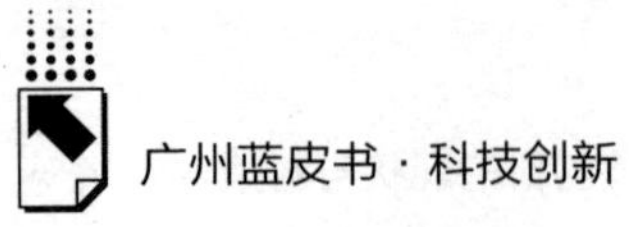

（二）完善评估体系，提升招商引资质量

1. 完善招商引资综合评估体系

招商引资工作涉及多部门、多环节，应由政府统筹建立国土、经贸、发改、财税、环保、产业园区等相关部门之间的联动机制，并明确各部门的工作职责，通过建立各种评估指标，对招商引资项目的选址、产能、用地规模、环境影响、效率等进行综合、全面的前期评价，提高所引项目的质量、效益和地方财政贡献率。

2. 根据园区定位明确招商引资的重点

地方政府应加强对产业园区招商引资工作的引导，根据园区的定位明确招商引资的重点，确定园区主体产业、上下游辅助产业以及服务产业的比例，严格把好招商引资项目入口关，提高产业园区内企业关联程度，形成完整的产业链。着重引进高附加值、高税收产出的项目，进一步优化园区的产业结构。同时，建立引导企业科学入园的协调管理机制，防止招商引资出现恶性竞争和重复建设的现象。

3. 建立企业绩效评价和退出机制

坚持高效、动态的资源配置原则，对进驻企业制定相应的绩效评价指标体系，对效益产出不尽如人意、发展长期处于劣势的企业建立淘汰退出机制，盘活有限的土地资源，为有发展资质的企业提供入园机会，实现园区的长远发展。

（三）健全投融资体系，充分发挥资本助力

1. 深化产业园区投融资模式

加强资本运作方式改革，进一步深化、完善园区投融资模式，采取政府产权管理、间接调控和企业经营相结合的方式，实现企业化运作，以经济效益为目标，积极争取银行贷款和广泛吸引社会资金，建立可持续融资机制。

2. 建立多层次的投融资服务平台

针对不同发展阶段企业的融资需求，分别建立制定有针对性的投融资促进方案，搭建多层次的服务平台。针对创业初期企业，建立创业投资促进体系，通过设立创投引导资金和实施创投企业风险补贴政策等措施，搭建创投工作平

台；针对进入快速成长期的企业，搭建贷款担保平台，对重点企业群体设立担保贷款绿色通道；针对进入稳定发展期的企业，建立多层次资本市场，实施改制上市资助政策，使企业借助资本市场进一步做大做强。

3. 加强与银信部门的沟通协作

充分发挥政府在银企协作中的桥梁作用，加强与银信部门沟通与衔接，进一步整合资源，争取更多支持，解决园区发展建设资金缺乏的瓶颈，构建银企互信双赢协作机制。

（四）强化扶持和服务，助推园区和企业发展

1. 强化政策扶持

各级政府应结合产业结构调整和经济转型升级的发展要求，在促进优质项目落户、支持重点产业加速发展、鼓励企业提质增效、扶持中小企业发展等方面出台相应的产业园区扶持政策，并最大限度降低门槛，扩大企业受惠面。同时，对产业园区的土地划拨、基础建设、投资管理、人才引进等也应给予充分的政策和资金支持，帮助园区顺利投入运转。各产业园区也应充分利用好自身产业优势和品牌资源，积极争取国家、省、市对主导产业及其项目的政策支持，并落实好鼓励产业发展的优惠政策。

2. 构建园区服务体系

完善科技、管理、金融、财税等服务体系，做好银企对接、企业合作、产权技术等服务，为园区发展搭建服务平台；充分行使有关行政和经济审批权限，建立快速审批通道，快捷高效办理涉及企业、项目的有关手续，集中力量加快园区建设和发展。

（五）增强创新能力，提升园区发展的软实力

1. 强化创新服务平台支撑

加快创新服务平台建设，引导企业加强产品技术创新，强化市场信息的收集和调查分析，开发新技术，研制新产品，增强产品的技术含量，提高产品的技术附加值。加强产、学、研合作，密切与高等院校、科研院所的合作，借助其技术实力和技术成果，不断提升科技孵化能力，尽快将科研成果转化为产品。充分发挥市场在科技孵化中的作用，提高科技企业孵化器建设水平，完善

企业孵化器功能，强化创新中介服务，促进科技成果快速转化。

2. 集聚智力资源

制订人才培养和引进计划，着力培育新型人才、复合型人才、国际化人才，引进专家、学者等高端人才进入园区，努力实现由智力资源向科技成果转化。同时，拓宽人才引进渠道，创新人才开发机制，优化人力资源配置，鼓励创新人才以定期服务、技术开发、项目引进、科技资讯等方式自由流动，吸引和留住各类人才服务园区建设。

参考文献

倪鹏飞主编《中国城市竞争力报告 No. 13》，社会科学文献出版社，2015。

广州市统计局：2011～2014 年《广州市国民经济和社会发展统计公报》，广州统计信息网。

广东省社会科学院：《2014 广东省现代化进程》，2015。

B.4

广州建设国际科技创新枢纽的国际借鉴与启示

易卫华*

摘　要：在广州建设国际创新枢纽的背景下，本文首先分析了广州国际科技创新枢纽的建设现状，然后选择了与广州具有相似文化背景和经济实力，地缘上相接近的中国香港和新加坡，分析了两地推动科技创新，建设国际创新枢纽的举措，从而提出了广州建设科技创新枢纽的思路与对策。

关键词：国际　科技创新　中国香港　新加坡

广州“十三五”规划提出建设国际创新枢纽，将广州科技创新发展的目定位为国际科技创新枢纽，并提出要以全球先进科技创新城市为发展标杆，融入世界创新网络当中，这无疑把广州的城市科技创新定位提升到一个前所未有的高度。但是，从现有的理论文献和实践案例来看，目前国内外对“科技创新枢纽”尚没有统一的标准。如何在一个新兴市场经济大国中，将广州建设成一个引领地区、国家和全球发展的科技创新枢纽，我们需要重新挖掘广州新的城市定位和发展内涵，借鉴国外一些模式和建设方式，结合本地优势，因地制宜，形成广州建设国际科技创新枢纽的思路。

所谓国际科技创新枢纽城市，顾名思义，是指在国际上具有较强的城市综合实力、较高科技创新水平的城市，这种城市对各种国际科技资源形成巨大聚集效应，促使自身牢牢地嵌入全球创新链条，融入全球创新网络；同时，也发

---

* 易卫华，广州市社会科学院科研处副研究员，研究方向为科技创新与管理、区域经济。

生巨大的扩散效应，使得城市不仅对区域与国家产生辐射和带动作用，在国际上也产生较大辐射力与影响力。

一 广州国际科技创新枢纽的发展现状

（一）经济发展水平较高

由于科技创新是一种需要巨大资本和人力投入的经济活动，如果某城市缺乏经济综合实力，就缺乏对国际科技资源和科技要素的吸引力，它就难以成为国际科技创新枢纽，城市综合实力是影响国际科技创新枢纽建设的首要因素。目前，广州作为中国“第三城”，是改革开放后迅速崛起的我国华南区域龙头城市，具有较强的国际经济影响力，综合实力强，产业迈向中高端水平，构建了以服务经济为主体、高新技术产业为主导、先进制造业为支撑的现代产业体系，新业态加速壮大，开放型经济质量和水平较高。2015 年，广州市实现地区生产总值 18100.41 亿元，同比增长 8.4%，其中服务业增加值 12086.11 亿元，同比增长 9.5%，占 GDP 比重的 66.77%；全年商品进出口总值 8306.41 亿元，比上年增长 3.5%，其中商品出口总值 5034.67 亿元，增长 12.7%，多次被评为福布斯中国大陆最佳商业城市第 1 名；实现规模以上工业高新技术产品产值 8420.56 亿元，同比增长 8.2%；广州以通信电子、电子商务为代表的新兴态发展迅速，2014 年，网上商店零售额达 509.74 亿元。

（二）科技创新综合实力较强

国际科技创新枢纽的发展地位是建立在国际科技资源较丰富，科技实力较强，科技发展的各项功能集成较完善，对上游环节和高端科技掌控度高等方面，并且通过以人才流、技术流、信息流作为主导引领资金流、物资流在广州聚集、转化与辐射。广州具有较强的科技综合实力，高新技术产业迅速发展，一批科技创新企业崭露头角，成为行业标杆，科技成果快速增长。2015 年专利申请量达到 63296 件，比上年增长 36.6%，其中发明专利 20071 件，比上年增长 37.6%；专利授权 39834 件，比上年增长 41.6%，其中发明专利授权 6619 件，比上年增长 44.2%。一批广州本地企业通过持续创新，成为全国乃至全球的行业龙头，如珠江钢琴、金发科技、达安基金、广州迈普、蓝盾信息等。2014 年，广州名列福布斯中国大陆最具创新力的 25 个城市中的第 9 位，中国城市科技竞争力排行榜中居第 4 位，英国《自然》杂志评选的中国十大科技领先城市中的第 9 位。①。

（三）科技创新资源集聚力显著提升

科技创新枢纽是以强大的科技实力和科技凝聚力为基础的，体现了对国际与国内高端科技创新资源、要素、服务的集聚和吸引，体现了产业链高端技术的主导作用。一个城市国际科技创新枢纽地位越突出，该地的研发资源越密集、科技服务网络越发达以及科技资金供给能力越高，科技凝聚力就越强，反之亦反。高端科技创新资源集聚主要体现在对创新人才、创新资本、创新企业的集聚和吸引等方面。

近年来，广州市深入实施人才强市战略，实施现代服务业和先进制造业“双轮驱动”战略，重视和顺应工业 4.0 时代的新趋势，在工业机器人、智能装备和轨道交通装备等领域重点引进、培养一批高端研发、设计人才和高技能人才，着力集聚一批金融、现代物流、工业设计和大数据运用等领域的生产性服务业人才，组织实施“菁英计划”留学项目、“百人计划”、博士后培养项目、“121”人才梯队工程等人才项目，通过留交会等集聚高端创新人才，人才集聚效应日益显现。2014 年，广州“千人计划”入选者达 172 人，“万人计划”入选者 42 人；“珠江人才计划”引进创新创业团队 45 个；首届留学英才招聘会吸引了 1400 多人次的海外归国人员参加，80% 以上是拥有海外硕士或以上的学位，海外留学人才在穗累计参与 2000 多家企业和 10 多个创业园区的创新项目。从资本、创新平台等方面来看，至 2014 年广州创业投资引导基金累计出资 2 亿元，并与知名国际创新机构合作，形成 20 亿元规模的创业投资基金。同时，广州成为“互联网 + 小贷”创新模式领跑者，截至 2015 年末，广州民间金融街共集聚 203 家各类金融及配套机构，其中互联网金融企业 28 家。目前，广州拥有 6 个国家级、省级大学科技园，22 家国家级企业技术中心，18 家国家工程技术研究开发中心，19 家国家重点实验室；549 家省级工程技术研究中心，171 家省级重点实验室；10 家国家级质检中心，经广东省计

① 尹涛主编《广州创新型城市发展报告（2015）》，社会科学文献出版社，2015，第 3 页。

量认证或实验室认可的检测机构超过400家;① 有28家省级新型研发机构，数量居全省第一。②

（四）科技辐射力和影响力较大

国际科技创新枢纽是国际科技系统的能量流汇聚、转化、辐射的中心，国际科技创新的重要节点，是国际研发机构和科技创新成果的聚集地。作为国际科技创新枢纽，必须在拥有大量研究开发资源和强大成果转化能力的基础上，在知识创新、技术创新、产业创新、服务创新的基础上，具有较高的科技研发水平、较多的科技成果产出，不断生产出大量国际先进水平的成果，不断推动科技服务创新出现，不断有新产品投入规模化生产。这些成果、产品和服务还要能够不断向区域内其他地区辐射、输出和扩散，以带动整个区域乃至全球的科技与经济发展，发挥倍增效应。目前，广州是全省的科技创新源头，科技综合实力强，广州科技创新成果、产品和服务不断向区域内其他地区辐射、输出，这可以通过科技孵化器、技术交易等方面的情况得到综合反映，到2015年广州有孵化器数量达119家，孵化总面积达650万平方米。2014年国家级孵化器16家，数量居全国首位，有7家被评为优秀，成为全国国家级孵化器优秀数量最多的城市。③ 根据国家科技部火炬中心的统计数据，2014年，广州输出技术合同额7840份，成交额达240.94亿元，在我国副省级城市中名列第3位，2011~2014年广州技术输出额达到768.8亿元，占全省的48.6%，广州拥有华南理工大学工业技术研究院、广州技术产权交易所股份有限公司、广东省自动化与信息技术转移中心等9家技术转移示范机构，数量位居全省前列。

（五）科技创新发展潜力巨大

所谓科技创新发展潜力，是指科技可持续发展的能力，以维持乃至进一步增强城市的科技创新地位和领先优势。这种发展潜力，不仅体现在科技资源禀赋与质量方面，如高等院校和科研院所的数量与质量高，科技研发人员、科学家和

① 广州市统计局：《2015年广州市国民经济和社会发展统计公报》，《广州日报》2016年3月30日。

② 尹涛主编《广州创新型城市发展报告（2015）》，社会科学文献出版社，2015，第9页。

③ 尹涛主编《广州创新型城市发展报告（2015）》，社会科学文献出版社，2015，第9页。

工程技术人员的规模大，当地人口的科学素质强等，还体现在科技创新的外部大环境良好，如市场化水平、信息化水平、金融业水平、法治水平、文化包容性、创新文化氛围好等方面。这些间接因素有助于维持区域科技创新的活力，决定一个城市未来科技发展的潜力，在较大程度上决定了国际科技创新枢纽的地位。目前，全省有2/3的高校、全部国家重点实验室和77%的科技研发机构在广州，拥有大学城、国际生物岛、科学城等一批创新创业基地，科技创新人才集中，产学研平台载体众多，信息化水平高，创新文化氛围好，具有巨大的科技创新潜力。

当然，与国际和国内先进城市比，广州科技创新枢纽建设还存在一些明显的劣势和制约因素，比如研发投入水平较低，科研机构改革不足，体制与机制创新不够，尖端人才和科研团队仍然较为缺乏，知识产权保护较为滞后等。

二　站在国际视野中看广州建设国际科技创新枢纽

2015年，国际城市创新指数（ICI）对全球442个城市创新进行评价，该评价采用人力与基础设施、市场网络和文化资产三个方面162个指标进行评估，同时将参评城市创新程度分为五个等级，第一级为创新核心城市，包括伦敦、波士顿、首尔、东京、新加坡和中国香港等城市；第二级为创新枢纽城市，包括中国台北、意大利米兰、俄罗斯圣彼得堡、北京、上海等城市；第三级为创新节点城市，包括广州、成都等城市；第四级为有影响力的城市，包括珠海、青岛等城市；第五级为创新的起步城市，主要包括亚洲、非洲的发展中国家中发展相对滞后的城市，在参评的442个城市之中，广州排名第193位，处于国际创新城市的第三梯队，属于创新节点城市，与创新核心城市和枢纽城市还有一定的差距。客观地说，国内外这些评价不一定准确全面，但是，可以从定量评价的角度反映广州的科技创新的状态。

新加坡和中国香港是亚洲科技创新比较发达的城市，它们的城市地位与经济实力相近，与广州有着相似的文化背景，是广州追赶的主要目标。中国香港和新加坡推动科技创新的举措，值得我们学习与借鉴。

（一）新加坡

1. 增加科技创新资金投入

自1990年以后，新加坡十分重视科技创新，不断加大科技投入。新加坡

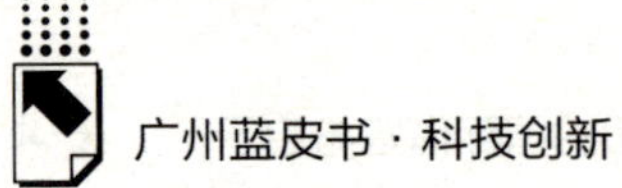

政府连续实施了4个科技五年计划，2015年计划用于研究、创新与企业的预算高达161亿新加坡元。

新加坡政府采取一系列措施，重组和新建了一批公共研究机构。比如，改革了大学系统，促使大学面向服务知识经济转型，新建了新加坡管理大学；吸引跨国公司在新加坡建立研发中心，努力提升新加坡企业技术研发能力；不断支持本地企业开展科技创新活动，促进企业技术改造和升级。

2. 开放的科技管理体系与研发体系

新加坡建立了开放的科技管理体系与研发体系。新加坡政府部门开放程度相当高，在政府雇用的科技咨询专家中，有9.8%的外籍人士。研究、创新与企业理事会（RIEC）是一个非常重要的组织，对科技发展起着非常重要的作用。RIEC的成员分布的领域非常广泛，既有政界要人如总理、部长等，也有科技领域的专家、学者和企业界的精英，其中有很大一部人来自国外。另外，新加坡政府通过设立众多研究计划，支持和鼓励本地研究机构、高等院校参与国际科技合作，如CREATE项目、i. ROCK项目、RCE项目等。①

3. 活跃的科技人才国际合作

一直以来，新加坡政府坚持通过长期工作签证、劳税优惠、成为永久居民等优惠手段吸引国外高层次人才。但近年来，由于新加坡外国移民的增加触及了本地人尤其是中产阶级的利益，新加坡人对政府移民政策表现出不满，政府才收紧了部分政策。“联系新加坡”（Contact Singapore）是新加坡经济发展局与人力部共同建立的一个网站，该网站通过欧美等地的大城市设立了办公室，招募国外人才。2010年新加坡在4万多名研发人力中外国公民比例超过27%，其中在拥有博士学位的研发人员中外国公民占39%，在研发科学家与工程师中外国公民占23%，在博士研究生中外国公民占74%。②

4. 积极通过国际合作来培养本土人才

（1）大力发展先进教育体系。一是吸引美国和欧洲等地区世界一流的大学到新加坡办学。目前，多家世界一流大学在新加坡设立了人才培养中心，如

---

① 陈强、左国存、李建昌：《新加坡发展科技与创新能力的经验及启示》，《中国科技论坛》2012年第8期。

② 吴烨：《区域高校科技创新发展途径研究——基于新加坡的科教创新发展经验》，《唯实：现代管理》2015年第4期。

麻省理工学院、宾夕法尼亚大学等。二是瞄准世界一流标准，强调开展创造性思维和企业家精神教育，积极推进新加坡本地大学改革。三是与国际一流大学建立了广泛的联合培养关系，联合培养人才，比如国立新加坡大学与斯坦福大学、约翰·霍普金斯大学等著名大学开展联合办学等。

（2）鼓励本地学生到世界一流大学留学。不仅资助本地学生到海外攻读科学与工程类研究生学位，还设有奖学金资助本科生、中学生到海外学习。通过人才国际合作，新加坡积累了大批高端科技创新人才，优质的人力资源成为新加坡的重要优势。

5. 对本土创新与创业的全景式促进

全力营造创新文化。培养新加坡青年人树立企业家精神和创新精神，为科技创新营造良好的创新与创业环境。新加坡国家研究基金会资助大学建立创新与创业学院，资助大学的创业教育。新加坡标准、生产力与创新局（SPRING）发起商业领导计划培训企业的管理人员以及未来的企业管理人员，资助学校建立学生创业学习项目。

通过创新券计划促进中小企业创业是新加坡非常有成效的举措。为鼓励企业创新，新加坡标准、生产力与创新局（SPRING）发起了创新券计划。这个项目主要支持创新项目合理开支的支付、获取经费聘请海内外技术专家。

（二）中国香港

香港科技创新体系主要包括以下几个组成部分，高等教育院校、科技公益机构以及相关政府部门等。香港拥有一批著名的科技公益机构，如香港赛马会中药研究院有限公司、香港应用科技研究院有限公司、香港科技园公司等。此外，香港特区政府设立科技创新署，通过设立科技基金、推出科技计划，制定科技政策推动基础设施和人力资源建设，支持应用研究及科技转移，培育科技创新精神和创新文化等提升香港科技创新水平。香港特别行政区科技范畴十分广泛，跟香港产业和科技发展战略结合十分紧密，体现了香港产业发展的导向，包括生物、中药、汽车、环境科技、通信技术、电子消费品、集成电路、纳米科技及先进材料、物流及供应链管理应用技术、光电子、纺织及成衣等。

1. 科技创新资金雄厚

截至 2014 年 3 月 30 日，已累计科技创新资助金额 5. 84 亿港元，其中纳米及先进材料研发院、香港纺织及成衣研发中心、汽车零部件研发中心、物流及供应链管理应用技术研发中心分别支出 2.24 亿港元、1.13 亿港元、1.15 亿港元和 1.31 亿港元。香港科技创新资助计划类别包括创新及科技基金、应用研究基金、专利申请资助计划、新科技培训计划、投资研发现金回赠计划等。项目覆盖面广，重点突出，有较强的前瞻性，涵盖生物、中医药、电气及电子、资讯科技、环境科技、纳米科技、材料科学等范畴，立项项目具有一定的经济效益和社会效益。

2. 注重培育创新的可持续发展能力

创新科技署管理的创新与科技基金面向大学教育和研发机构的研究员、研究生、本科生等资助，为香港科技未来发展做人才储备；基金主要面向官方研究组织、产业和个人，为香港科技基础研究及未来发展打下较好的基础；基金的成立与分配坚持企业创新主体地位的原则，避免包办产业科技创新，企业获得资助时，必须配备等额或更多的资金参与创新；创新产生的知识产权归企业所有，作为科技发展的激励基础。由此可见，粤港科技合作资助项目有利于提升香港科技创新竞争力和可持续发展能力。

3. 支援科技创新初创企业

香港政府通过香港科技园公司和数码港的培育计划，为初创企业提供全面支援，包括租金优惠、共用设施、工作空间、市场推广、津贴资助、业务发展支援等优惠政策。当前，创新及科技基金、数码港的创意微型基金、科学园的科技企业投资基金和不同的大学资助计划，为科技初创企业的发展提供资金。

4. 重点促进高端制造业和大数据产业发展

为推动社会和经济持续及多元化发展，香港特区政府提供足够的土地、先进的生产设施及优质的支援服务，致力于促进本地创新及科技产业的发展。香港科技园公司优先吸纳对本港经济持续增长至为重要的创新及科技产业，提供的设施涵盖整条价值链的不同生产活动。在营运模式方面，科技园公司主要兴建及管理专门用作科学与创新及科技产业的多层工业大厦出租，以确保科技产业发展用地以发挥其发展潜力。同时，随着近年内地的劳工及其他成本不断上升，香港政府鼓励企业把部分需要较少土地及人手的高增值工序，尤其是高端产业，在香港进行。在大数据发展方面，政府致力于推动高端数据中心发展，提供适合建设数据中心的土地和其他支援服务，吸引跨国数据中心在港落户，从而增强香港的整体竞争力。基于香港的多项优势，香港是亚太区首选的数据中心地点，多间跨国公司在香港设立数据中心。

三 广州建设国际科技创新枢纽的启示

新加坡和中国香港作为东亚两个重要的国际科技创新枢纽与中心，既是科技创新中心，又是投资中心，而且是输出中心，既具有雄厚的大学教育与科研基础，又具有较强大的科技产业化实力，是东南亚名副其实的最大科技枢纽。广州在现阶段充当了国际科技创新重要节点，当前科技辐射作用主要限于广东周边地区和周边国家如越南、巴基斯坦等亚非国家，当前，广州需要借鉴新加坡和中国香港经验，大力吸纳国际高端科技资源逐步成为国际科技创新的关键因素。新加坡和中国香港科技创新的成功经验对广州建设科技创新枢纽颇有启示意义。

（一）加强国际科技合作

在开放式创新模式下，为了获取更大的收益，企业必须吸收和集聚外部科技创新资源，与外部组织展开合作，寻求商业化机会。新加坡和中国香港利用国际合作积累科技创新的人力资本和知识资本，获得了很大的成功。广州必须立足广州高新区、中新知识城、科学城、琶洲互联网创新集聚区、生物岛、大学城、民营科技园等集聚国际高端科技创新资源，建设城市科技创新走廊，打造国际产业创新中心，加强国际科技合作。

（二）在优势技术与产业寻求突破

新加坡和中国香港以市场、产业发展为导向，发展特定战略科技领域的策略，通过设立研究机构、引进人才、引进跨国企业、支持本土企业等措施，在较短时间内在基础薄弱的生物医药领域建立起坚实的研发能力和活跃的产业部门，值得广州学习。广州提出建设战略新兴产业，新加坡和中国香港在这方面的经验值得借鉴。

（三）全方位支持本地企业创新与创业

建立活跃的本土中小科技企业部门，是新加坡和中国香港近些年科技政策的重要内容。广州要借助“一带一路”的发展契机，推动广州技术优势企业，前往国外建立生产基地或产业园区，支持企业到东盟国家参与建设。同时，要重点引进一批互联网总部企业，培育一批本土互联网经济领军企业，带动“互联网”集聚集群发展。

（四）合理的机构设置

新加坡和中国香港注重各政府机构之间政策的协调性。在新加坡，其各个战略研究计划指导委员会成员中有来自与其领域相关的政府部门高官，研究创新及创业理事会（RIEC）的主席就是总理，有效地协调各政府部门科技政策。[①] 目前，广州地区的中央、省属、市属和民营科技机构之间相互隔绝现象较普遍，造成科技资源浪费。广州要打破这种壁垒，建立创新合作联盟，以创新项目为纽带，推动政产学研结合，推动不同行业、不同权属、不同学科的科技资源跨界合作与协同创新。

（五）不断加强高端人才体系建设

国际科技创新枢纽不仅是一个区域人才高度集聚，而且对全球人才流动配置、集聚等也是具有中心功能、重要影响作用的核心节点。人才是建设国际科技创新的关键因素，赢得全球科技创新主动权的关键。国际科技创新枢纽也是国际科技创新人才枢纽，新加坡和中国香港十分重视教育和人才建设，从而使之成为国际科技创新枢纽。

四　广州建设国际科技创新枢纽的思路

建设国际科技创新枢纽既需要科技水平的不断提升，也需要综合经济实力的强大支撑。2015 年广州 GDP 总量达 1.8 万亿元，超过新加坡和中国香港，广州尽管已具备建设国际科技创新枢纽的经济基础条件，但同时还需要实施创新驱动战略，结合本地资源禀赋对广州国际科技创新枢纽建设进行谋篇布局。

① 陈强、左国存、李建昌：《新加坡发展科技与创新能力的经验及启示》，《中国科技论坛》2012 年第 8 期。

广州建设有全球影响力的科技创新枢纽，需要深化创新驱动的战略任务与部署，至少要从以下几个方面进行考量。

（一）推动科技创新人才集聚

人才是提升广州科技竞争力，建设国际科技创新枢纽的关键。广州必须把创新人才培养、引进、使用、合作和激励放在国际科技创新枢纽建设的优先位置，实施人才高地战略，重点吸引在产业核心领域有突出创新创业能力的领军人才，建立完善有利于科技创新和人才集聚的体制机制；依托留交会，科技创新园区与科技孵化器，通过打造功能园区，支持科研机构、高等院校和企业合作共建工程（技术研究）中心、重点实验室、博士后工作站等；培育人才竞争优势、嵌入全球人才网络、搭建世界级事业增值平台、营造人才生态环境、建构具有竞争力的人才治理模式，从而推动广州国际科技创新枢纽建设。

（二）加强现代科技金融体系建设

资本作为科技创新的基本要素，是国际科技创新枢纽建设的重要支撑因素。硅谷能成为全球创新中心，在很大程度上得益于创投基金发挥孵化培育及加速发展的功能。广州要建设国际创新枢纽，必须加强现代科技金融体系建设。广州的创新创业活动十分活跃，创新创业的集聚效应正在显现。现代金融服务体系建设是广州建设国际科技创新枢纽的战略重点。广州应抓住机遇，强化金融对科技创新的支撑作用，旗帜鲜明地打造“科技创新资本枢纽”，为国际科技创新枢纽建设提供战略支撑。要完善创业投资的相关法规、制度体系，鼓励科技型企业走向资本市场，改善创业投资机构的内部治理结构和创新创业资本募集手段，建立和完善科技金融风险补偿机制。

（三）强化科技创新研发能力

广州作为我国首批创新型试点城市，拥有比较丰富的创新资源，建立一定的基础创新平台，具有较完善科技服务体系，取得了较为丰富的科技创新成果，然而与广州的经济实力相比，广州的研发实力与经济实力不相称，自主创新能力还有待提高。广州要建设成国际科技创新枢纽，一是积极吸引跨国公司研发中心、本土大型企业研发中心、国际知名研发服务机构入驻，提升整体研发服务水平。二是着力推动科研院所向研发型企业转型，将科研能力转化为创新能力。三是大力发展新型科技服务机构，鼓励企业创新商业模式。四是引导科研机构创新资源向社会开放，推动创新资源的共享与集成。五是改善现有的科技创新要素获取与利用机制，营造有利于创新创业的科技研发环境，降低创新创业的隐性门槛和各类制度性交易成本。六是培育开放合作、多元发展、宽容失败的文化氛围，推动有利于研发成果持续诞生和研发型企业成长，建设开放创新和繁荣“共生”的创新生态系统。

（四）加强科技创新服务体系建设

要建设国际科技创新枢纽，必须取得全球科技创新传播话语权，把广州建成具有全球国际影响力的技术成果交易与扩散中心。发挥广州创新高地的效应，建立影响全球技术传播的渠道，在科技创新和技术传播上形成强大的外溢和辐射效应。以长远战略的眼光布局服务平台建设、技术交易平台建设、技术经纪人队伍建设，尤其是要放眼海外，瞄准国际上最前沿的技术项目、企业和产业转移趋势，完成国家技术交易与转移的重任。

（五）打造科技创新产业高地

科技创新枢纽是知识密集型和技术密集型产业的高度聚集，在全球科技产业体系中占据重要地位的城市，这种产业以知识和技术为核心的高技术产业和新业态等为主。近年来，广州高技术产业发展迅猛，产业竞争力迅速提升，出现了广州金鹏、金发科技、新太科技等一批龙头企业，软件和生物医药产业已在国内形成相对优势。但是，由于历史的原因，广州存在的传统产业比重大、高新技术产业与传统产业内部结构不合理、核心竞争力较低等问题。广州要发挥科研院所更贴近企业和产业的优势，在广州市重点产业领域完整构建由终端产品加工、关键设备制造及核心元件生产组成的核心产业链，推动一些具有前瞻性、原创性、战略性，对经济社会全局和长远发展具有重大引领带动作用，而企业又难以投入研发的技术以及行业共性技术、关键性技术实现重大创新突破；要选择具有比较优势的医疗健康和智能制造业，加大对其研发和产业化的支持力度，实现产业技术资源集聚和空间资源集聚，形成具有核心竞争力的产业创新集群。

（六）加强科技创新的空间载体建设

科技创新载体建设（包括科技园区、科技企业孵化器、产业技术创新联盟、工程技术中心等）是集聚科技创新资源、吸引创新人才的有效组织形态和空间形态，是促进产业创新的重要载体，具有科技创新的传递性、承载性和催化性特征。当前，北京、上海、天津在拓展新的发展空间、打造新的载体平台方面下了很大的决心。广州在“一区多园”的基础上，集聚国内外知名企业和研发机构进驻，吸引了一批创新型龙头企业和研发机构与研发人才，这些都是广州创新驱动发展的基础与优势，也是建设国际科技创新枢纽的底气。但是，当前广州科技创新空间载体建设存在科研机构各自为政，土地供应不足，集聚效应提升不够显著，高端配套设施还不够完善等问题。广州要利用好中英、中新、中欧等国际创新合作平台，优化广州科技创新空间布局，完善创新服务体系，建设众创空间，优化提升“一江两岸三带”，建设精品珠江和广州创新的黄金三角区，将其打造成研发人才密集、创新氛围活跃的创新集群核心区，成为广州率先转型升级示范区、国家重要的战略性新兴产业策源地、亚太地区创新创业高地及全球创新网络的重要枢纽。

参考文献

陈强、左国存、李建昌：《新加坡发展科技与创新能力的经验及启示》，《中国科技论坛》2012 年第 8 期。

吴烨：《区域高校科技创新发展途径研究——基于新加坡的科教创新发展经验》，《唯实（现代管理）》2015 年第 4 期。

杜谦：《扶持中小型科技企业创新的新思路——新加坡实施 GET - UP 计划的启示》，《中国科技成果》2007 年第 24 期。

尹涛、张赛飞：《广州创新型城市发展报告（2015）》，社会科学文献出版社，2015。

科技产业篇

Science and Technology Industry

B.5

广州市2015年工业和信息化发展情况及2016年展望

肖泽军*

摘　要：　本文对广州市2015年工业和信息化发展情况进行了分析，总结相关经验做法，并对2016年广州市工业和信息化发展进行了展望。

关键词：　广州　工业　信息化

一　2015年工业和信息化主要发展情况

2015年，广州市工业和信息化系统认真落实市委、市政府工作部署，积极应对经济下行压力，坚持稳中求进、创新驱动、转型升级、融合发展，基本

* 肖泽军，广州市工业和信息化委员会综合处主任科员。

实现了“十二五”规划的预定发展目标（工业增加值达5500亿元，规模以上单位工业增加值能耗比同比下降20%）。此外，广州还荣获中国智慧城市发展应用评估创新奖，中国（广州）中小企业先进制造业中外合作区发展势头良好，为“十三五”发展创造了有利条件。一年来，成效主要体现为“四增四升”。

（一）工业稳步增长，资源消耗降低，发展质量进一步提升

2015年，广州市规模以上工业增加值达4840亿元，同比增长7.2%；工业总产值达到1.87万亿元，同比增长6.4%，分别较2010年新增近1300亿元和5000亿元，年均增速9.5%和10.2%。完成工业投资754.78亿元，同比增长10.2%；实现工业利润约1100亿元、工业税收约1400亿元，分别比上年增长2.9%和3.5%。工业增加值占全市GDP的29%。单位工业增加值能耗同比下降10%，比2010年下降了47%，为全市实现“十二五”节能目标做出了80%以上的贡献。

（二）创新驱动增强，融合发展加快，产业高端高质高新化进一步提升

2015年，广州市共有468家企业技术中心，有65%以上的大中型企业投资建设了专门的技术研发机构，其中国家级22家、省级188家、市级258家，国家级技术中心数量约占全省的25%。实现技改投资210.6亿元，同比增长51.7%。工业化和信息化融合水平全国领先，指数高达90.77，其中有国家和省级贯标试点企业56家。高新技术产品实现产值约8500亿元，占规模以上工业总产值比重45%，同比增长6.5%。汽车产量达221万辆，年产值3777亿元，智能装备和机器人产值近400亿元。制造企业年电子商务交易额占全市总交易额的40%以上。

（三）内生发展动力增强，大众创业活跃，实体经济活力进一步提升

2015年，全市私营企业和个体工商户比上年增加了2万户，累计达到约20万户。民间投资额增长迅速，比2014年增长38.5%，累计投资额为2398

亿元，占全市固定资产投资比重的45%。规模以上民营工业总产值比2014年增长了8.2%，总产值达4462亿元，和2010年相比，规模以上民营工业总产值占规模以上工业比重增加了8.6个百分点，对全市贡献率达到30%以上。截至2015年，全市共有112家上市企业，其中有77家民营企业，占上市企业总数的69%，培育认定行业领先企业38家。

（四）信息化引领支撑作用增强，智慧广州建设水平进一步提升

2015年，广州软件业营业收入达2256亿元，比2010年增长3倍，占全省工业营业收入的32%。全市新增光纤入户数137.5万户，新建3G基站2242座、4G基站21526座，新增无线局域网（WLAN）361个，无线接入点（AP）6954个，47个试点村（行政村）100%实现“通信光网化”。超级计算机“天河二号”连续六次蝉联全球超级计算机500强冠军。医疗卫生、社会保障、食品药品监管等重要民生领域信息化应用蓬勃发展，城市管理、公共安全、交通运输、环境治理、社区服务等领域创新应用大量涌现。截至2015年底，有95家单位接入市政府信息共享平台，实现市区两级政府全覆盖，建立信息资源主题1571个，日均交换数据390万条。

二　着力围绕重点任务开展工作

（一）深化体制机制改革

完成大部制机构改革任务和定员定岗工作。

1. 深入开展行政审批制度改革

委托下放无线电频率、台站设置使用（5W以下对讲机）审批，推动台站属地化管理，共办理设置台站5742个。

2. 构建企业减负工作长效机制

完善涉企收费目录清单制度，清理没有法律依据的行政事业性收费项目。

3. 建立新型投融资机制

设立3年共30亿元工业转型升级财政专项资金，以股权投资、事中补助、事后奖补、贴息、风险补偿等方式扶持工业转型。组建工业产业基金。利用新

三板上市企业网络融资平台、“成长之翼”股融通工程、“首贷融资补助”、知识产权质押融资等模式解决企业融资问题。

（二）强化规划引领

1. 发布《广州制造2025战略规划》

对接国家、省发展战略，明确未来10年制造业战略思路、战略目标、重点任务、优先发展领域。

2. 全面铺开“十三五”工业和信息化“1+3”①规划编制

以创新、协调、绿色、开放、共享五大理念为主线，明确未来5年工信发展的路径和举措。

3. 编制先进制造业发展及布局规划

指导各区协同发展、错位发展。开展通信管廊专项规划编制，目前完成了一期10个区域的起步区、二期5个区域共313平方公里的管廊规划。启动无线电管理、成品油分销体系、电动汽车充电设施建设等规划编制。

（三）推动产业转型升级

实施工业转型升级六大攻坚行动②。

1. 推动技术创新

争取国家省市4.27亿元支持192个技改项目。加快智能装备、生物医药、移动互联网等领域企业技术中心建设，在一批国家“核高基”③、“新一代无线宽带移动通信”“高档数控机床与基础制造装备”等重大专项方面实现了突破。

2. 促进产业高端化

加快推进广汽比亚迪新能源客车、LG 8.5代液晶面板等一批高端项目建

① “1+3”规划，即1个《广州市工业和信息化第十三个五年发展规划》和《广州市先进制造业发展及布局第十三个五年规划》《广州市信息化发展第十三个五年规划》《广州市工业园区空间布局规划》3个规划。

② 六大攻坚行动，即新一轮技术改造行动、制造业高端化行动、制造业智能化行动、工业创新行动、绿色发展行动、“四百”强企行动。

③ 核高基是指核心电子器件、高端通用芯片和基础软件产品。

成投产。全球首艘极地重载甲板运输船交付使用。培育了3D打印、新材料、卫星导航、互联网等一批新业态示范企业（园区）。

3. 推进绿色发展

超额完成省下达的126万千瓦电机能效提升任务。累计1300多家企业开展了清洁生产。出台新能源车购置和充电设施建设补贴、中小客车上牌指标优惠等政策，共建设各类充电设施近5000个。民爆企业安全生产标准化率达100%。

4. 实施“小升规”①培育工程

对首批321家入库企业给予融资、技改等扶持。累计认定中小企业示范基地（平台）166个。

（四）加快制造业与信息化、服务业融合发展

组建了中国（广州）智能装备研究院，成功引进中以机器人研究院、国家机器人检测与评定中心（广州）等智能制造创新平台。实施装备智能化改造及产业化等专项30个，在汽车、电子信息、纺织服装、民爆等行业加快机器人及智能装备的系统集成和示范推广，树立了一批标杆企业。开展“两化”融合管理体系贯标试点，推广个性化、柔性化、智能化生产。利用互联网、物联网、大数据等新业态推动传统产业改造升级，培育一批互联网+制造业以及总集成、总承包、整体解决方案等服务型制造示范企业。承办首届广东生产服务业峰会，构建一批制造企业采、产、供电子商务平台。

（五）提升信息化的应用和安全水平，加快打造“宽带中国”示范城市

开展城中村宽带光纤化网络改造，成功推行“村社自建、电信运营企业和第三方投资建设相结合”模式，光纤入户率达62.3%。推动番禺区“三网”融合试点，大力推进城中村管线安全整治。

1. 大力发展软件和信息服务业

推进中国软件名城建设，支持发展高端软件。

---

① 小升规是指由产值规模以下的中小微工业企业转型提升为规模以上工业企业。

2. 加快“信息惠民惠企”行动

实现了36个事项的共享共用，涵盖商事登记、限价房申购和流动人员管理等多个方面。目前，网上办理业务已经覆盖了99.5%的行政审批事项和91.2%的社会服务事项。全市公共信用信息管理系统、城市管理智能化视频系统云平台等建成使用。有47项便民服务（政务、衣、食、住、行）共同对接到“广州通”运行平台，每天提供服务约1万人次，极大地方便了市民生活。

3. 提升信息安全保障水平

修订完善电子政务信息安全政策规范，开展政府网站专项普查整改和燃气领域工业自动化控制信息安全调研摸查，做好电子政务信息安全检查、培训、应急演练以及日常监控等工作。铺开社会信息安全体系建设试点。严厉打击“伪基站”“黑电台”等非法行为。

（六）大力推进招商引资

举办广州国际汽车零部件及售后市场展览会、广州国际电动汽车产业峰会、宝钢（韶钢）特钢产业推介会、中国（广州）机器人产业发展大会以及机器人和高端装备展。引入中国机械工业集团智能业务总部、小米科技华南总部等一批国家级示范项目和总部企业，推动腾讯、阿里巴巴等龙头企业加快进驻琶洲互联网创新集聚区，创建中国（广州）中小企业先进制造业中外合作区，以“三个转变”[①] 组织开展穗美、穗乌、穗以、穗港合作交流活动，促成太空飞行、盲人眼睛、无线充电、新材料等一批高科技项目进入实质性合作和落地。认定、扶持9个示范空间，孵化了一批APP开发、电子商务、云计算、数据挖掘等新业态企业。

（七）打造廉洁高效的工信队伍，加强机关作风建设

加强“三严三实”在机关中的贯彻落实，举办专题教育活动，强化纪委监督责任和党风廉政建设主体责任。通过成立11个专项服务工作组，市区联

① 三个转变，即从单纯招商引资向深层次引技引智融合转变、从注重招大企业大集团向招创新型科技小巨人企业并重转变，从单纯政府招商向与市场化招商相结合转变的中外合作新模式。

动协调解决100多项涉及企业用地、用电、资金、节能环保等问题。办好市政府十大民生实事，推广“南村模式”①，缓解了78个城中村用电难问题。开展8183家工业企业营业收入、技改、投资、用地等摸查和建库。完成9500家小微企业情况数据采集、200多家工业企业月度快报监测分析工作，每月向社会发布广州市制造业采购经理指数。进一步做好用电保障、应急药品储备、民爆安全生产和“三防”工作，会同供电部门抗击台风“彩虹”引发的广州23年来最大范围停电。认真落实“党政同责、一岗双责、齐抓共管”的安全生产责任要求，民爆行业连续10年安全生产“零事故”。

三　2016年工业和信息化发展展望

（一）面临的机遇和挑战

2016年是“十三五”规划的开局之年，也是实施广州制造2025战略规划的第一年。

1. 工业和信息化发展面临的有利条件

一是宏观经济形势趋好。国家实施“中国制造2025”、“互联网+”、大数据战略以及供给侧结构性改革，有利于形成新的内生增长动力。二是城市发展环境趋优。广州加快国家中心城市、三大战略枢纽②、“三中心一体系”③建设带来新的机遇。三是产业发展活力趋强。经过“十二五”规划的巩固提升，在面临整体经济下行的严峻形势下，高端装备制造业和高技术制造业依然发挥着经济支撑作用，保持高速增长。

2. 工业和信息化面临着严峻的挑战

一是增长动力不足。广州市工业总供给长期处于疲软状态，反弹乏力，总需求回落明显，工业生产者出厂价格指数和工业生产者采购价格指数持续

① 南村模式即南村镇“自筹资金”模式，是指以区政府为主导，各镇（街）、村落实主体责任，与供电企业相互配合，因地制宜选用经济技术最优的网架及台区建设模式，多方共同筹资建设台区的城中村重过载台区改造工作模式。

② 三大战略枢纽，即国际航运枢纽、国际航空枢纽和国际科技创新枢纽。

③ 三中心一体系，即国际航运中心、物流中心、贸易中心和现代金融服务体系。

负增长（分别持续44个月和43个月），结构性过剩成为部分行业发展的掣肘。2014年，广州工业投资有所增长，但是提升缓慢，仅为天津的14.9%，在项目质量上也缺乏“重量级”大项目，新旧动力转换尚需时日。二是自主创新能力不足。工业制造的品质和附加值相对偏低，具有国际竞争力的龙头企业、自主品牌、自主软件、自主芯片等的缺失问题凸显，缺少辐射力强大的旗舰型企业。三是信息技术与经济社会各领域深度融合不足。移动互联网、云计算、大数据等新兴信息通信技术的创新应用步伐不够快，公共信息资源开放共享尚处于起步阶段，智慧城市泛在化、融合化、敏捷化水平有待提升。

（二）总体要求

全面贯彻党的十八届五中全会、市委十届八次全会精神，围绕创新、协调、绿色、开放、共享发展理念，坚持稳中求进的工作总基调，保持战略定力，坚定发展信心，立足“三大战略枢纽”、“三中心一体系”、“广州制造2025战略规划”、网络强市的战略全局，着力推进稳增长与调结构、促改革、强服务、惠民生相结合，加快产业高端化、智能化、集约化、服务化和国际化步伐，实现工业平稳增长和提质增效，进一步提升信息化发展水平，为“十三五”期间把广州建成全国重要的高端装备制造业创新基地、国家智能制造和智能服务紧密结合的示范引领区、“一带一路”战略重要支点和开放高地开好局、打好坚实的基础。

（三）2016年主要预期目标

——工业增加值、规模以上工业总产值均增长6.5%以上；

——规模以上工业单位增加值能耗下降4%以上；

——工业投资额和技术改造投资额分别实现810亿元和268亿元，同比增长分别达到8%以上和27%；

——全市光纤入户率达80%，光缆长度达22.1万公里，新增公众移动通信基站2.5万座；

——民营经济增加值增长8%。

（四）七项重点任务

1. 稳定工业增长，推动工业有效投资

分业施策推动新一轮技术改造，推进 24 个重大工业项目投达产，投入 2.2 亿元用于技术领域，重点投放在关键共性技术攻关和技术改造，并且加大机器人应用的研发。制定出台重点领域新产品首批次示范应用、新材料首批次应用以及重大技术装备首台（套）保险补偿机制，带动广泛应用和产业化扩张。聚焦和支持发展绿色制造、节能环保、网络视听、云计算与大数据、高端软件、物联网、新型显示及数字音视频等产品和服务。强化经济运行监测、分析、协调。建设工业经济运行监测平台，加强企业投资、项目进度、经营情况、企业诉求等信息互联互通，并对困难行业和困难企业进行监测分析。强化协调企业减负工作和政策宣讲，建立优质产能利用跟踪服务机制。加强产业用电管理，保障电力等生产要素有序供给。

2. 培育增长新动能，加快培育中长期经济增长点

集中资金、政策和要素等资源，重点打造智能装备和机器人、新一代信息技术、节能和新能源汽车、高端船舶与海洋工程装备为主的十大重点领域的品牌，支持具有自主品牌、自主技术的领先企业发展壮大。市区合力争取引进 160 个项目，并强化责任落实，各区分解目标进度，以 5 年为期限，创造出 4500 亿元的新生产能力，并且完善现有产业体系，争取实现 8 ~ 10 个千亿元级四梁八柱的产业格局。全面落实《广州制造 2025 战略规划》，实施“11 项工程”[①] 一是推进方案。深化招商合伙人模式。以靶向招商为抓手，建立市区招商引资信息联动机制，定点定向开展和世界 500 强、国外创新型企业以及央企的交流合作，并以国内为平台，推动与“海上丝绸之路”沿线国家的重点领域合作。深化与佛山、肇庆、清远、云浮、韶关的产业合作，促进区域经济一体化发展。二是提升跨国经营能力。支持企业走出去，通过全球资源利用、业务流程再造、产业链整合、资本市场运作等方式逐步建立全球产业链体系。

① 11 项工程，即高端装备创新工程、制造业创新中心、智能制造工程、工业互联网基础设施建设工程、工业强基工程、“千企升级”工程、制造业质量品牌提升工程、绿色制造工程、服务型制造工程、装备走出去工程、打造合作载体工程。

三是加快绿色工业发展。督促“五过”① 企业转型升级或转产停产，推动试点园区发展分布式太阳能光伏发电，深化节能技改，发展节能环保服务和再制造产业，创建循环化改造示范园区3个、示范企业20家。四是推动军民深度融合发展。开展军民两用技术和项目对接，促进军民两用技术双向转化。

3. 加大创新驱动，大力推进技术创新

编制工业新技术、新业态、新产品目录和指南，围绕新一代信息技术、智能装备、海洋工程装备、新材料等领域建设一批具有国际影响力的企业技术研发机构，在信息技术、高端装备等领域建设若干共性技术研发支撑平台。创建1~2个国家级制造业创新中心。一是推进制造业生产方式变革。组织实施“两化”深度融合、互联网与工业融合创新、服务型制造、制造业和服务业联动、绿色制造等示范工程，开展企业“两化”融合评估诊断和对标引导工作，争取国家和省贯标试点企业达到120家以上，建设一批工业设计中心和电子商务平台，创建省级工业电子商务区域试点。实施智能制造示范专项行动，加快建设黄埔智能制造产业基地和总部区，推动建设中国（广州）智能装备研究院，全力打造“一中心、五平台”②。开展增材制造、智能制造应用综合解决方案、软硬产品一体化、智能工厂、物联网应用等示范试点。二是深化体制机制创新。加大对以研发投入为主的“轻资产”类项目的支持力度，探索深化“四百”强企工程的体制和机制，加快培育具有国际影响力的龙头企业。加快组建大数据、生产服务业等一批产业联盟、创新联盟和行业协会（商会）。

4. 优化产业空间布局

聚焦“三中心一体系”“一江两岸三带”建设，科学规划布局全市产业，推动中心城区集聚发展工业总部和生产性服务业，外围城区形成先进制造业集聚区、产业总部集聚区、产业创新集聚区，构建“一核三翼多点支撑”的产业发展格局。一是优化提升中心城区（一核）。结合城市更新改造，优先发展服务型制造业、高端生产性服务业和新一代信息技术，重点发展总部经济、平台经济、都市高端工业以及软件信息、研发中心、工业设计等。二是重点打造

① “五过”企业，即占地过大、附加值过低、耗能过高、排污过量、用工过多的企业。

② 一中心、五平台，即战略发展研究中心，功能试验检测平台、质量可靠性试验验证平台、工艺保障平台、产品设计开发开放平台、技术可靠性开发平台。

广州市东部、南部、北部（三翼）。优先发展先进制造业，发挥三大国家级开发区的带动作用，促进产城融合，加强广州开发区国家新型工业化示范基地建设，推进创新大项目向空港产业区集聚。加快 95 个重点产业区块调整优化，推动低效乡镇工业园区改造。建立“一网、一库、一会、一展厅”① 的合作支撑体系，加快中国（广州）中小企业先进制造业中外合作区“一核四区”② 建设。三是打造十大重点领域产业基地形成多点支撑。推进土地节约集约利用。盘活存量工业用地，产业用地指标优先向十大重点领域项目倾斜。推动建设 10 个各具特色的生产服务业功能区。

5. 争创信息经济新优势，实施大数据战略

出台《促进大数据发展的实施意见》，着力推进顶层设计、政府精准服务和治理，共享经济发展成果。一是大力培育互联网经济。组建互联网专家委员会、产业发展基金、产业联盟，培育引进一批领军企业和领军人才，全力打造国际一流的千亿元级琶洲互联网创新集聚区。加快发展物联网，推动广州率先进入万物智能、万物互联的新时代。加强“互联网 +”在制造业和中小企业专项的融合，积极引导三大电信运营商的参与，不断增强产业的竞争力。二是全面推进智慧城市建设。培育一批系统集成供应平台，建成一批示范智慧应用系统，完善市政府信息化云平台，深入推进公共管理和服务的智能创新，加快建设智慧政务、智慧民生、智慧城市管理。三是增强信息安全保障能力。落实国家网络和信息安全政策，推动政府信息化云安全平台建设，开展网络安全标准化和认证，提升移动互联网、云计算、大数据等新技术应用环境下的信息安全水平。加强无线电安全保障。

6. 提升民营和中小企业竞争力，着力缓解融资难问题

出台实施广州市贯彻落实《广东省创新完善中小微企业投融资机制的若干意见》工作措施，并针对建立健全中小微企业融资业务风险分担机制、改善中小微企业投融资生态环境、优化中小微企业投融资服务水平等方面提出 12 条扶持政策，不断拓宽中小微企业融资渠道，有效缓解融资难、融资贵问

① 一网、一库、一会、一展厅，即建立一批国内外合作交流网络，目标合作企业数据库，由风险投资专家、产业专家和政府人员等组成的专家委员会，中外合作成果展示厅。

② 一核四区，即建设以广州开发区为核心区，南沙经济技术开发区、增城经济技术开发区、广州国际创新城、天河智慧城为辐射带动区的“一核四区”园区体系。

题。一是强化中小企业成长服务。建立产值500万～2000万元企业培育库，市区联动在信息化提升、人才培训、市场开拓等方面对入库企业予以支持，力争390家企业“小升规”。二是全力开展“双创”[①]工程。扶持创新工场和虚拟创新社区、“互联网＋”等新型众创空间，积极打造孵化与创业投资结合、线上与线下结合的开放式“双创”载体。

7. 办好民生实事，加快基础设施建设

一是按照市、区、街（镇）三级牵头、电信运营企业主导实施、相关部门配合协作的建设管理模式，全面推进新建小区、既有小区及城中村信息基础设施建设，争取将光纤到户率达到80%，完成20户以上自然村光纤网络建设。在全国率先试点建设无线电网格化监测试验网，加快推进南沙国际通信专用通道建设，提升大学城信息基础设施。开展下一代互联网的部署试点。二是加快充电设施建设。制定充电设施建设专项规划，继续推进百家党政机关、公共机构及重点企业充电设施建设，启动“百家公共停车场充电设施建设”项目，在大型商场、车站和机场等地的停车场推行试点，拟选取100个停车场建设3000个充电桩以供使用。三是加快城中村和“一户一表”用电改造任务。会同各区政府、广州供电局落实改造资金，充分调动村社和用户改造的积极性。

① 双创，即大众创业、万众创新。

B.6

2015年广州市战略性新兴产业发展现状及2016年展望与政策建议

汤　萱*

摘　要：　本文在对广州市相关产业进行数据梳理的基础上，认为广州市已经完成战略性新兴产业发展规划中2015年既定的任务目标，预计2016年广州市战略性新兴产业产值及增加值也将以较快的速度增加，战略性新兴产业已经成为广州市经济发展新的增长极，对此提出了促进战略性新兴产业发展的政策建议。

关键词：　广州　战略性新兴产业　主导产业

2010年4月，广州市发改委发布《关于进一步加快培育战略性新兴产业的总体思路》，以新兴技术的发展趋势为依据选择战略性新兴产业，力争经过5年时间，在新一代信息技术、生物与健康、新材料与高端制造方面形成3个千亿元级战略性新兴产业群，并培育时尚创意、新能源与节能环保、新能源汽车3个百亿元级战略性新兴产业群。总体规划到2015年，战略性新兴产业的增加值超过2700亿元，占广州市地区生产总值比重的15%；至2020年，战略性新兴产业增加值年均增长20%以上，增加值占广州地区生产总值的比重超过20%。2012年9月，广州市人民政府办公厅发布《广州市战略新兴产业发展规划》，该规划是《“十二五”国家战略性新兴产业发展规划》和广东省《战略性新兴产业发展“十二五”规划》的具体部署，也是推动广州市战略性

---

* 汤萱，博士，广州大学社科处副处长、副教授。本研究报告系广东省教育厅广州学协同创新发展中心、广州市教育局广州学协同创新重大项目研究成果。

新兴产业健康快速发展的指导性文件。

在实践探索中，为促进广州市战略性新兴产业的发展，切实推动产业结构优化升级，广州市政府等相关部门也先后出台了支持战略性新兴产业发展的配套措施，如《广州市人民政府关于印发加快新业态发展三年行动方案》《广州市加快推进十大重点产业发展行动方案》《广州市战略性新兴产业示范工程专项资金管理暂行办法》《设立战略性主导产业发展资金管理暂行办法》《关于开展2015年广州市战略性新兴产业（生物、新材料、新能源与节能环保）示范工程专项项目的通知》《广州市战略性新兴产业发展资金参股孵化基金管理暂行办法》等，用于建设新一代信息技术、生物与健康、新材料与高端制造、时尚创意、新能源与节能环保、新能源汽车等六大产业领域的战略性新兴产业，加快高技术服务业和高技术制造业实施“双轮驱动”，积极推动南侧临海战略性新兴产业基地和北侧临空战略新兴产业的“双翼助推”，形成广州经济新的增长点，将广州市六大战略性新兴产业发展成为广州市经济发展的先导产业和主导产业。

一　广州市战略性新兴产业发展现状

由于战略性新兴产业统计分类及相关数据库的不完善，广州市战略性新兴产业的相关数据尚未有正式的官方统计来源，本报告中有关战略性新兴各相关产业产值是根据工业企业高技术产品中按照技术类别进行分类统计，并以此划分各相关战略性新兴产业，数据来源均为广州市统计信息网。

（一）广州发展战略性新兴产业的基础与优势

1. 战略性新兴产业规模效应初显

广州市定位的六大战略性新兴产业，即新一代信息技术、生物与健康、新材料与高端制造、时尚创意、新能源与节能环保、新能源汽车的产业集群已经初步建立，六大战略性新兴产业分布于广州市所辖的11区内，至2014年，广州市规模以上工业企业高新技术产品总产值已达到7730.84亿元，战略性新兴产业发展规模初步显现。

2. “一核两翼”错位发展

“一核两翼”是广州市发展战略性新兴产业的总体规划，在首批的24个战略性新兴产业基地中，综合型基地7个、专业型基地17个。新一代信息技术企业等3个千亿元级产业群中有新兴产业12个，时尚创意等3个百亿元级产业群中有新兴产业5个。在依托各类基地已有的建设基础之上，广州战略性新兴产业发展将在较短的时间内加速形成“3+3”的发展格局，从“提升发展、培育突破”两个层面推进，一是提升发展新一代信息技术、生物与健康、新材料与高端制造产业3个千亿元级新兴产业群。二是培育突破时尚创意、新能源与节能环保、新能源汽车产业3个百亿元级新兴产业群，形成“3+3”的发展格局。

在空间布局方面，战略性新兴产业基地重点打造“一核两翼”和谐发展的产业布局，向核心区域集聚集中。在东部提速核（战略性新兴产业核心基地）内，依托中新广州知识城、天河科技园、增城经济技术开发区等7个战略性新兴产业基地引领带动；南侧助推翼（临海战略性新兴产业基地）内，依托番禺节能科技园、慧谷科技创新基地、广州国际生物岛等5个战略性新兴产业基地高速发展；北侧助推翼（临空战略性新兴产业基地）内，依托花都飞机维修及制造产业基地、花都机场高新科技光电子产业基地、广州民营科技企业创新基地等6个战略性新兴产业基地实现突破。

3. 广州市六大战略新兴产业发展空间布局

表1是广州市六大战略性新兴产业发展空间布局概况。

表1 广州市六大战略性新兴产业发展空间布局概况

产业类别	空间布局
新一代信息技术产业	中新广州知识城、广州科学城、天河智慧城、黄花岗信息园、黄埔云埔国家电子商务示范基地、南沙集成电路产业基地和粤港澳数据服务试验区、国家数字家庭应用示范产业基地，广州光电子产业基地、广东从化经济开发区高技术产业园、增城开发区物联网产业园
生物与健康产业	广州国际生物岛、广州科学城、中新广州知识城、华南新药创制中心、广州国际健康产业城、南沙国际高端医疗城、南沙海洋与生物技术产业基地、珠江生命健康城、广州大学城健康产业产学研孵化基地
新材料产业	南沙钢铁基地、广州开发区、广东从化经济开发区高技术产业园、广州科学城、从化明珠产业基地、广州民营科技园、白云化工新材料基地

续表

产业类别	空间布局
高端制造产业	南沙港海洋工程装备制造基地、广州重大装备制造产业基地（大岗）、番禺数控机床产业园、番禺节能科技园、增城开发区高端装备产业园
时尚创意产业	南方文化传媒创意产业园、羊城创意产业园、白云创意产业集聚区、新港路文化创意科技产业带、天河软件园、华创动漫产业园、广东动漫城
新能源产业	从化明珠工业园新能源产业基地、增城开发区光伏产业园、国际风能发电和清洁能源研发应用基地、南沙核电装备产业园、广州科学城、广州开发区
节能环保产业	广州知识城、广州科学城、广州民营科技园、南沙资讯科技园、清华科技园广州创新基地、广州开发区、增城经济开发区、广东光电科技产业基地、广东从化经济开发区、广州番禺节能科技园
新能源汽车产业	广州市新能源客车产业基地、广州市自主品牌新能源汽车产业基地、广州增城经济技术开发区电动汽车产业基地

（二）广州市规模以上工业企业高新技术产品情况

1. 规模以上工业企业高新技术产业区域发展情况

2014 年，广州市规模以上工业企业高新技术产品总产值已达到 7730. 84 亿元，其中黄埔区为 3414. 61 亿元，南沙区为 1251. 71 亿元，花都区为 993. 55 亿元，番禺区为 761. 88 亿元，增城区为 607. 02 亿元，白云区为 287. 36 亿元，从化区为 144. 63 亿元，海珠区为 96. 77 亿元，荔湾区为 90. 09 亿元，天河区为 78. 77 亿元，越秀区为 4. 46 亿元（见图 1）。其中黄埔区规模以上工业企业高新技术产品产值达到了全市的 44. 17%，黄埔区和南沙区之和达到了全市的 60%，数据表明黄埔区和南沙区是高新技术企业的集聚之地。

从广州市规模以上工业企业高新技术产品增加值来看，广州市各区与广州市规模以上工业企业高新技术产品产值基本趋同，黄埔区增加值最多，为 1185. 91 亿元，占全市 50% 以上，黄埔区现有高新技术企业总数 519 家，说明黄埔区是广州市高新技术企业的集聚地，2015 年以来引进的高成长性企业已取得重要业绩，南沙及其他各区规模以上工业企业高新技术产品增加值合计为 1095. 87 亿元。

2. 规模以上工业企业高新技术产业技术类别发展情况

高新技术企业是以高新技术为基础，重点是关键技术的开发，属于知识密

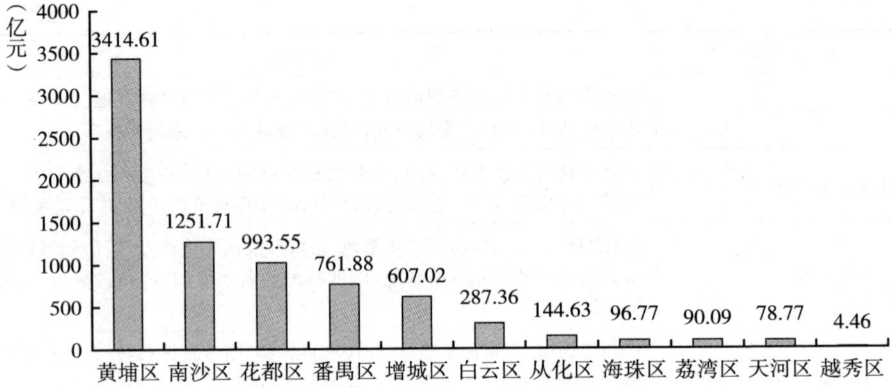

图1　规模以上工业企业高新技术产品产值

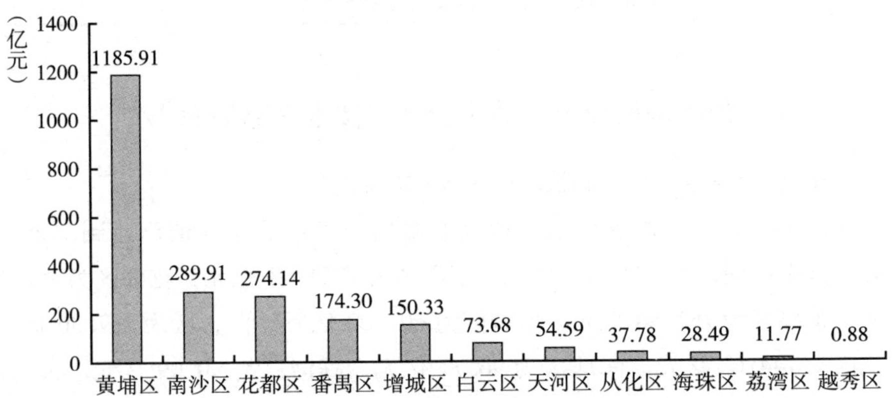

图2　规模以上工业企业高新技术产品增加值

集、技术密集的企业，高新技术产业也主要包括信息技术、生物技术和新材料技术三大领域。从规模以上工业企业高新技术产品产值的技术类别来看，机电一体化技术产值3199.86亿元，占比高达41.39%；电子与信息技术产值1530.96亿元，占比达到19.8%；新材料技术产值1324.09亿元，比例达到17.13%；生物技术、新能源高效节能及环保技术分别为890.14亿元、593.17亿元及192.61亿元，占比分别为11.51%、7.67%和2.49%（见表2）。高新技术产业也是战略性新兴产业的基础，战略性新兴产业是高技术和信息产业的深度融合，在国民经济和产业调整中具有重要的地位，也是推动区域经济发展的重要增长极。

表 2　广州市规模以上工业企业高新技术发展状况

单位：亿元，%

类别	产品数(个)	总产值		增加值	
		总额	占比	总额	占比
电子与信息技术	322	1530.96	19.80	519.42	23.61
机电一体化技术	472	3199.86	41.39	920.82	41.85
生物技术	322	890.14	11.51	321.09	14.59
新材料技术	417	1324.09	17.13	290.76	13.22
新能源高效节能	187	593.17	7.67	102.86	4.68
环保技术	105	192.61	2.49	45.15	2.05

（三）2015年广州市六大战略性新兴产业的发展目标及现状

广州市战略性新兴产业规划中明确，到 2015 年战略性新兴产业规模约 7500 亿元，增加值约 2000 亿元，目前已达到预想设定目标。

1. 新一代信息技术产业

新一代信息技术产业分为物联网、“三网”融合、新型平板显示、下一代通信网络及云计算等几大类，信息技术涉及 5 个细分领域，是国家七大战略新兴产业之一。根据经济发展需要，广州市将新一代信息技术产业纳入广州市六大战略新兴产业之一。2015 年广州市新一代信息技术产业的发展目标是在某些重要领域掌握一批关键技术和核心技术，争取有 3～5 家超巨型企业集团实现销售收入 200 亿元，培育 15～20 家销售收入超过 50 亿元的龙头企业，在产业竞争力和商业服务创新能力方面得到显著提升。

根据广州市统计信息网技术类别分类，将电子与信息技术的产业产值划分归类到新一代信息技术企业产值。从图 3 中可以看出，新一代信息技术产业 2010～2014 年稳中有升，2010 年仅为 885.81 亿元，到 2014 年达到 1530.96 亿元，增长了 72.8%，2014 年新一代信息产业产值占规模以上工业企业高新技术产品产值的 20% 左右，说明作为广州市战略性新兴产业中的新一代信息技术企业产值已呈蓬勃发展之势，将广州打造成具有重要影响的国家级新一代信息产业基地指日可待。

2. 生物与健康产业

广州市六大战略性新兴产业中，生物与健康产业的总体发展规模和速度相

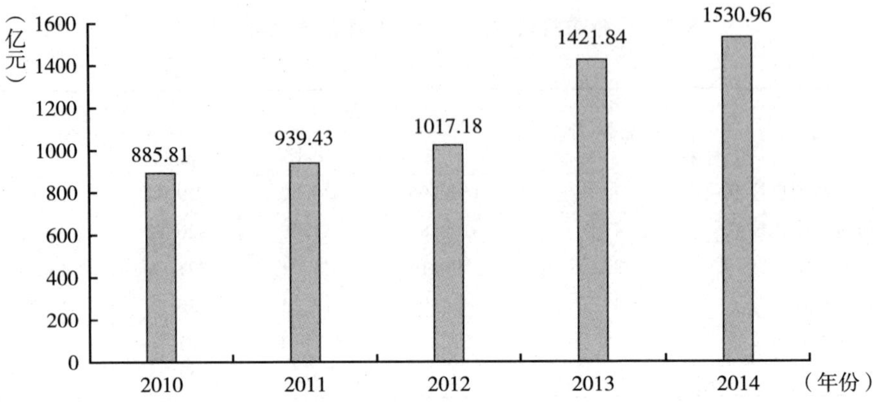

图3　新一代信息技术产业产值2010～2014年增长趋势

对较弱，主要构成部分是外企、国企及股份制企业。广州市生物与健康产业的发展目标是，到2015年基本建立生物产业技术创新体系、创新服务体系和产业配套体系，力争销售收入达到150亿元的巨型企业集团1～2家，超过10亿元的龙头企业10～15家；力争将广州打造成组织结构完善、空间布局合理、产业规模显著、创新能力较强的具有国际水平的创新型国家生物产业研发中心和产业化重要基地。

根据广州市统计信息网技术类别分类，从图4中可以看出，生物与健康产业也是稳中有增的趋势，2010～2014年生物与健康产业产值分别为414.80亿元、604.43亿元，864.10亿元、902.77亿元和890.14亿元（见图4），呈增长的趋势，增长了114.6%。2014年生物与健康产业占规模以上工业企业高新技术产品产值的11%左右，说明广州市战略性新兴产业中的生物与健康产业的发展潜力不可小觑，已经有较好的发展趋势。

3. 新材料与高端制造业

根据相关统计数据分析，广州市六大战略性新兴产业中的新材料行业基本实现了规模化快速发展，而且产业集群发展态势良好。广州市新材料与高端装备制造产业的发展目标为，到2015年力争产生销售收入为150亿元的巨型企业集团1～2家，销售收入超过10亿元的龙头企业10～15家；形成一批具有国际竞争力的新材料产业集群，努力将广州打造成技术水平高、创新能力强、产业优势显著的新材料技术中心与生产基地。

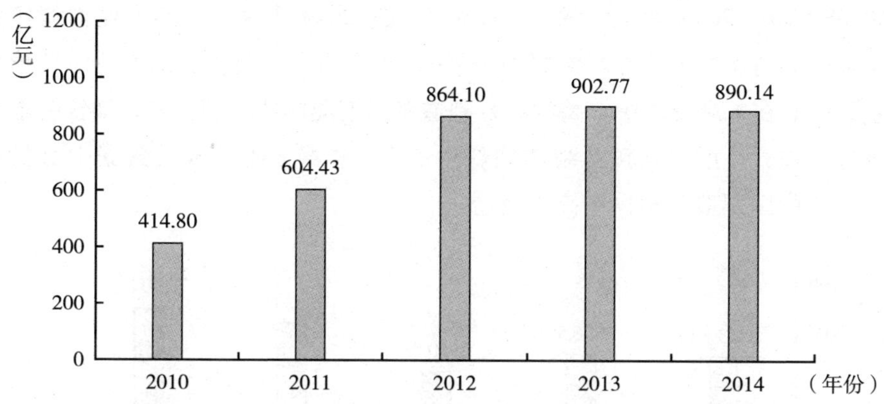

图4　生物与健康产业产值2010~2014年增长趋势

新材料产业2010~2014年产值分别为758.12亿元、1283.59亿元、1241.00亿元、1298.60亿元和1324.09亿元，有逐年增长的趋势（见图5），与2010年相比，产值增长74.7%；2014年新材料产业占规模以上工业企业高新技术产品产值的17%左右，可见新材料产业占据着战略性新兴产业的重要地位。

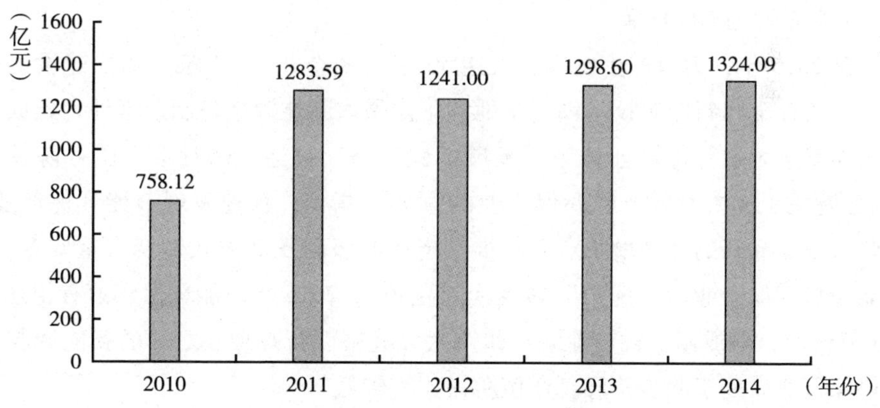

图5　新材料产业2011~2014年增长趋势

高端装备制造业产值平稳增长。高端装备制造业通过技术改造及工业技术水平的提升，在智能制造、高速轨道交通等方面明显增值。从图6中可以看到，2010~2014年高端装备制造业产值分别为2715.34亿元、2726.58亿元、

2560.08 亿元、3058.04 亿元和 3199.86 亿元；2014 年高端制造产业占规模以上工业企业高新技术产品产值的 41.39%，居广州市战略性新兴产业总产值的半壁江山。在未来发展中，高端装备制造将以智能制造为切入点，加快智能制造重大工程、一批“互联网制造创新中心”、重要工业领域大数据中心的建设，将“中国制造”迈向中高端制造。

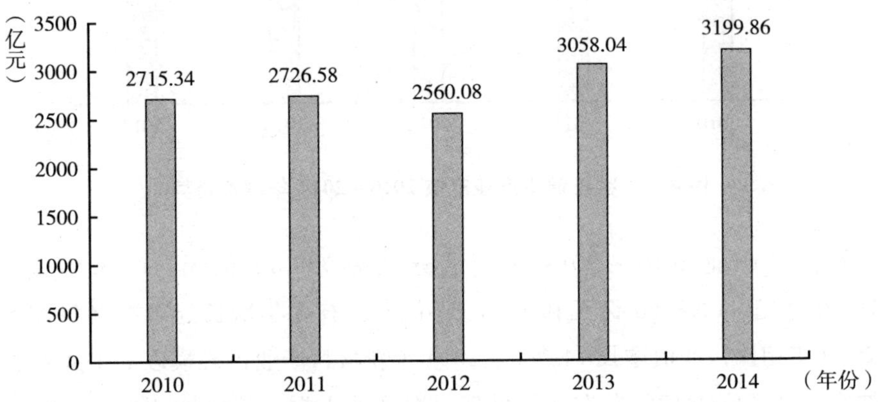

图 6　高端装备制造业产值 2010 ~ 2014 年增长趋势

4. 新能源与节能环保

至 2015 年，力争产生销售收入达 50 亿元的企业 2 ~ 3 家，加快建设能源开发，培育全国新能源技术创新基地和华南最大新能源装备制造基地，建成具有较强竞争力的环保产业体系，发展低碳经济，打造低碳社会。国务院发布《国务院关于加快发展节能环保产业的意见》指出，加速发展节能环保产业，在此领域形成新的经济增长点，对推动产业升级和发展方式转变有重要意义。新能源与环保产业由“配角”转变为“主角”，2015 年节能环保产值有望达到 4.5 万亿元，形成新支柱产业。广州市六大战略性新兴产业之一的新能源与节能环保行业尚处于起步阶段，产值所占比重较低。

新能源与节能环保产业产值 2010 ~ 2014 年分别为 553.88 亿元、771.21 亿元、594.93 亿元、678.89 亿元和 785.78 亿元（见图 7），2014 年新能源与节能环保产业产值占规模以上工业企业高新技术产品产值的 10% 左右。

5. 时尚创意产业

广州市时尚创意产业发展目标为，至 2015 年打造 3 ~ 4 条时尚街区和时尚

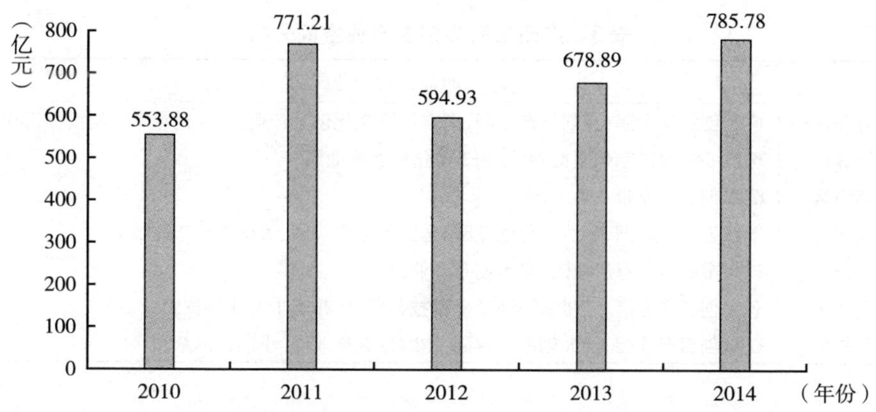

图 7　新能源与节能环保产业产值 2010～2014 年增长趋势

品牌集聚区，力争实现年销售收入超过亿元网游动漫企业 20 家，加快建设国家级创意产业基地，优化时尚消费环境，巩固振兴广州老字号，大力发展电子商务，积极推动由“千年商都”向“现代商都”转型升级。以较快的步伐培育发展出一批特色鲜明的时尚品牌，将广州建成具有重要影响力的区域性“网游动漫之都”和时尚人才集聚区、时尚产品发源区、时尚品牌核心区。

时尚创意产业已成为引领世界文化产业发展的重要趋势，是一个城市产业升级和发展的重要原动力，《中国广州创意发展报告（2008）》就明确指出，广州是国内最适合创意发展的城市，也是最有能力发展创意产业的城市之一。在广州六大战略性新兴产业中，时尚创意行业是最有特色的一个产业板块，《中国创意产业发展报告（2011）》显示，广州仅次于北京、上海，在创意产业综合排名居全国第 3 位。时尚创意产业是随着社会经济发展及产业结构演变、产业高度分化形成的新型产业，广州城市开放度、较强的创新精神及深厚的文化底蕴为发展时尚创意产业奠定了坚实的文化基础，其中羊城创意产业园被文化部命名为“国家文化产业示范基地”，直接纳入国家级创意产业园；红砖厂创意园按照国际标准定位为艺术生活中心；TIT 创意园传承了纺织工业和岭南纺织服装业悠久的历史，浓郁的服装文化和时尚创意成为其最大特色，TIT 成为引领时尚文化的风向标；以珠江—英博国际啤酒博物馆为依托打造了珠江琶醍啤酒文化创意艺术区。广州市时尚创意产业分布空间分布见表 3。

表 3　广州市时尚创意产业空间分布

区域	时尚创意产业园名
越秀区	广州创意产业园、金创意产业园、南方传媒文化创意产业园、金创意产业园投资机构
海珠区	珠江—英博国际啤酒博物馆、V12 文化创意产业园
荔湾区	滨水创意产业带
天河区	羊城创意产业园、星坊文化创意园、金脉创意产业园、海珠创意产业园
白云区	广州市好运创意产业园、嘉禾创意产业园
黄浦区	毅昌创意产业园、广州酷漫居动漫科技公司、广州励丰文化科技股份公司
番禺区	花城创意产业园、巨大创意产业园、中颐创意产业园、小洲村创意园区

6. 新能源汽车产业

至 2015 年，力争实现产生销售收入达 100 亿元的标杆企业 1 ~2 家。以发展新能源汽车整车和关键零部件为主攻方向，建设和完善整车平台，推动动力电池、电子控制等三大关键系统和关键附件的产业化，提升整车及关键零部件的开发能力，实现产销节能和新能源汽车达到 15 万辆。建立起适应新能源汽车示范应用要求的配套设施体系、技术支撑体系和政策环境体系，将广州打造成为国内新能源汽车研发、制造和推广应用的重要基地。

广州新能源汽车板块粗具规模，逐步形成了广州北部汽车产业板块、东部汽车板块及南部汽车产业三大板块。广州北部汽车产业板块主要由花都汽车城和从化明珠工业园组成；东部汽车产业板块以广汽本田和北汽乘用车为整车企业龙头，包括广州开发区汽车产业基地、黄埔汽车产业基地和增城汽车产业基地等；南部汽车产业板块以广汽丰田、广汽乘用车及广汽菲亚特等整车企业为依托，以南沙新区汽车产业基地和广汽自主品牌汽车产业基地为主要载体，集整车及零部件生产、技术研发、汽车物流、汽车贸易等功能于一体。

二　广州市战略性新兴产业发展存在的主要问题

（一）战略性新兴产业资金来源渠道单一，创业投资引导基金规模较小

“融资难和贵”是制约战略性新兴产业发展的关键问题，目前尚未有战略

新兴产业风险投资及资金来源渠道的统计，广州市战略新兴产业的资金主要来源于企业和政府部门，尚未充分发挥金融机构、风险投资、保险公司等金融机构的作用。尽管2007年财政部和科技部率先设立了科技型中小企业创业投资引导基金，通过风险补助、投资保障和参股等多种形式支持科技型中小企业发展，但与全国其他城市相比较，广州市在创业引导基金方面发展还不健全，有较大的提升空间。

（二）资本市场对战略性新兴产业与金融结合的引导机制不健全

不同类别的产业资本与金融相结合需要支撑的平台不一样，战略性新兴产业更需要知识产权交易市场、股权交易市场以及其他要素市场互动结合，共同构筑多层次的战略性新兴产业资本市场。目前广州市战略性新兴产业与资本市场融合的引导机制不健全，金融资产还不能通过市场体系在相关战略性新兴产业之间进行合理配置。

（三）战略性新兴产业研发投入不足，自主创新能力有待进一步提高

战略性新兴产业是知识、技术、资金密集型产业，但目前高新技术产业的战略性新兴产业还处于初创成长期，存在融资困难、资金瓶颈制约等问题，同时由于研发投入不足，高端产业和低端环节的矛盾还比较突出，研发投入明显不足。

（四）战略性新兴产业的关键核心技术、共性技术开发机制尚未形成

尽管战略性新兴产业近年发展迅猛，但战略性新兴产业的关键核心技术尚未被企业所掌握，缺乏对共性技术的基础性研究。一方面战略性新兴产业关键共性技术研发涉及知识领域较多、研发跨度较大导致协同研发投入的人力、物力和财力不足；另一方面技术创新体系的主体由企业、科研院所和高校三位一体组成，但在关键核心技术及共性技术的开发机制上，关键共性技术的研发主体不明确，导致战略性新兴产业共性技术研发主体之间存在矛盾，“产学研”模式的有效共性技术供给极度缺乏。

三 广州市战略性新兴产业发展建议及对策

培育发展战略性新兴产业是创造新供给，释放新需求的有效路径，是经济新常态下产业结构优化及动力转换的主要抓手，加快发展广州战略性新兴产业，将广州打造成我国重要的战略性新兴产业集聚基地，抢占科技产业发展制高点，加强创新驱动，具有重要的战略意义，应该在以下几方面加大投入力度，加快广州市战略性新兴产业的发展。

（一）完善战略性新兴产业发展的金融支持政策

第一，构建全方位、多层次、多口径的金融融资渠道。从战略性新兴产业投入总量来看，市财政性金融支持战略性新兴产业的发展具有明显的促进作用，但目前财政性资金对战略性新兴产业的支持还有待于进一步加大，无论是在渠道方面还是在金额上都有一定的局限性，要不断通过金融创新扩展战略性新兴产业发展的金融产品种类。同时，利用金融产业推动战略性新兴产业的发展，战略性新兴产业的不同发展阶段要与金融产业的发展相适应。第二，设立战略性新兴产业引导基金，设立共性技术开发投资基金，进行战略性新兴产业关键共性技术的开发。以政府产业创业投资引导基金为重点的战略性新兴产业支持系统不断创新和提升政府创业、产业投资和并购的运作模式，并针对广州市战略性新兴产业六大行业的特点做分行业引导基金项目，与科技政策相结合，形成有针对性的专项政策。第三，不断完善战略性新兴产业发展的金融服务体系。通过社会共性技术开发企业孵化器专项基金、财政资金引导，积极发展以企业为主体的多元共性技术孵化体系，建立完善的战略性新兴产业共性技术开发的信用担保体系，为共性技术开发提供更好的金融服务。

（二）制定发展战略性新兴产业的专项技术政策

为了促进战略性新兴产业的快速健康发展，要制定相关的战略性新兴产业技术政策。第一，技术政策的制定要突出自主创新，加速引领战略性新兴产业的技术进步。科技创新是战略性新兴产业的立足点，只有真正掌握拥有自主知识产权的核心技术和关键技术，提升战略性新兴产业的整体技术水平，实现创新驱动发展，才能在世界竞争中立于不败之地。第二，要创新技术研发的组织形式，积极倡导产业技术创新联盟。产业层面的技术创新组织形态，通过产学研各部门密切合作，建立产业技术联盟，进行有效的协同创新和联合攻关，对攻破产业关键技术有着重要的作用和意义。第三，加强各种技术政策的高度协调和配合。战略性新兴产业的技术政策是一项系统工程，相关政府部门出台的支持战略性新兴产业发展的各项技术政策涉及诸多方面的配合，但事实上一些创新能力建设的政策之间还缺乏相互协调，难以形成合力，不能发挥最佳效能。第四，要将技术政策与财政金融政策配套，完善相关政策的可实施性，发挥各种政策的组合力度，共同促进战略性新兴产业的发展。

（三）建立完善的共性技术供给体系和市场运行机制

政府主导的产业共性技术创新体系要防止政府过度干预，提高政府主导产业创新共性技术的活力和运动效率。坚持市场与政府相结合，实现互利共赢的战略性新兴产业共性技术供给体系。以市场为导向，充分吸收各相关产业的意见，积极鼓励和引导科研机构、高校和企业广泛开展相关研究，明确关键共性技术的研发主体，促进产业共性技术成果的有效扩散。

（四）加大在税、费、补方面的政府扶持力度

税收优惠、费用减免及政府补贴是政府扶持战略性新兴产业的行之有效的主要办法，对符合条件的战略性新兴产业在税收优惠、费用减免及补贴上加大政府扶持力度，可以吸引更多的企业参与战略性新兴产业的发展。目前，对战略性新兴产业的补贴主要是补贴生产环节，接下来要考虑对消费环节补贴。比如，在新能源汽车行业投资补贴由补贴给厂家转变为补贴给消费者。“十三五”战略性新兴产业规划应在财政和税收等方面全面支持战略性新兴产业的发展，应针对高新技术企业和战略性新兴产业给予更多的税收优惠，产业优惠手段应更加多样化，采取减免税、投资抵免、加进扣除等多种组合手段为支持战略性新兴产业发展提供优惠政策。

参考文献

《广州市人民政府办公厅关于印发广州市战略性新兴产业发展规划的通知》，2012。

余江、陈凯华：《中国战略性新兴产业的技术创新现状与挑战》，《科学学研究》2012 年第 5 期。

李文军：《战略性新兴产业的技术政策》，《中国科技论坛》2014 年第 4 期。

姜涛：《战略性新兴产业发展的路径创新——基于产业结构演变的视角》，《经济问题探索》2012 年第 5 期。

中国社会科学院工业经济研究所课题组：《“十二五”时期工业结构调整和优化升级研究》，《中国工业经济》2010 年第 1 期。

顾海峰：《战略性新兴产业演进的金融支持体系及政策研究——基于政策性金融的支持视角》，《科学学与科学技术管理》2011 年第 7 期。

B.7

关于中小企业转型升级与创新发展的调研报告

白云区政协工商组*

摘　要： 本调研报告深入分析了白云区中小企业转型升级和自主创新成本过高的各种原因，提出了推动白云区中小企业走上创新发展之路的若干建议。

关键词： 白云区　中小企业　转型升级

一　白云区中小企业转型升级和创新发展现状

白云区是广州市中小企业最集中的地区。目前，全区登记注册的市场主体总量达到22万户，占广州全市总量的近1/5，其中中小企业是主力军。但是一直以来，白云区大部分中小企业都是依托村社出租物业而形成的低端业态，技术含量普遍较低，创新发展能力较弱，拥有自主品牌的企业不多。

作为中小企业集聚大区，白云区政府近年来一直将中小企业的转型升级和创新发展作为政府工作的重中之重。

（一）着力解决中小企业融资难题

融资难一直是白云区中小企业在生存发展中普遍遇到的问题，白云区政府通过大力促进小额贷款公司的创建和成长，解决中小企业融资难题。数据显示，仅2015年上半年，区内3家小贷公司投放贷款9.7亿元，目前，全区建

* 课题组组长：涂成林；成员：周凌霄、谭苑芳、汪文姣、吕慧敏、戴荔珠、丁艳华。

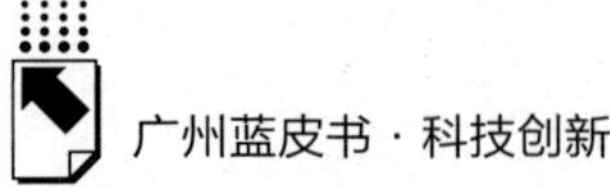

成社区金融服务站36家。

白云区唯一的独立法人银行广州白云民泰村镇银行成立3年来，积极支持中小企业的发展。截至2015年末，白云民泰累计发放贷款近20亿元，其中中小企业贷款占82.03%。

在政府一系列政策措施的推动下，白云区已成为创投基金聚焦的热点区，一个集天使、风投、私募股权投资、银行授信贷款于一体的科技金融服务网络初步形成，中小企业尤其是科技型的中小企业，融资难问题得到明显的缓解，只要有好的项目，都可以找到资金的支持。

（二）大力发展电子商务

近年来，白云区大力发展电子商务，并规划以民营科技园为核心，打造建设民企创新创业型电子商务产业基地。

白云区不但成立了自己的区电子商务协会，2014年9月成立的广东省电子商务发展促进会也落户到白云区的广州民营科技园，有力推动了区内传统企业、专业批发市场、物流业和仓储业的电子商务发展。

林安物流公司在同行中率先建立了物流信息和交易平台；白云区物流协会自2013年与“卡行天下”达成合作，联合打造“卡行天下”的广东网络。

白云区是广州专业批发市场最为集中区之一。在区政府的大力推动下，一大批服装、皮具、鞋业等传统产品电商企业正在白云区发展壮大。

（三）建立和完善转型升级和创新发展机制

近年来，白云区不断建立和完善对企业的自主创新服务机制。白云区2013年11月最早成立了广州市首个知识产权交易中心。政府出台一系列针对自主创新型企业的优惠政策，加大科技型企业扶持资金的投入、引进风险投资机构、简化商事登记和各项行政审批手续等。

白云区内目前共有116个传统专业批发市场和303个村社工业小区。政府对积极推进企业转型升级和大力发展现代产业的村社给予政策支持与扶持。

目前，全区已涌现出数十个由旧工业区、旧专业批发市场改造升级而成的创意园区，它们已完全具备了科技创新孵化器功能，吸引了一大批研发型中小企业入驻。白云区已成为广州科技孵化器的集聚区，其中有3家国家级科技企业孵化器，且均为民营性质，总量居广州各区前列。

从白云区目前中小企业转型升级现状来看，白云区整体经济正处于转型升级中，方向和趋势是明显的。然而，不容乐观的是，大量中小企业还在观望，不知道该如何做。

调研考察发现，经济规模较大、资金较为雄厚的企业，技术型企业以及新落户白云区各个现代产业园区、创意园区的企业，创新发展意识强，转型升级比较顺利；而大量经济规模较小的企业，尤其是传统型、订单型、加工型以及租赁型的企业，转型升级比较困难，创新发展能力较差。

总体而言，整个白云区的产业转型升级步伐与政府的期望还相差很远，真正实现整个白云区的创新驱动发展是无法绕开大量传统型中小企业转型升级问题的。

二 对几家创新发展企业的深入走访调查

调研组选取了白云区内几家创新发展比较成功以及目前转型升级比较顺利的企业或生产基地，进行深入走访，探寻加快中小企业转型升级和创新发展的关键性因素。

（一）白云化工实业有限公司

2015 年，广州白云化工实业有限公司入选广东省战略性新兴产业骨干企业。该公司的前身是1985 年创建的白云粘胶厂，20 世纪 90 年代初期研制开发出第一代用于玻璃幕墙建筑的白云粘胶产品，到 90 年代中期，虽然白云粘胶已占据国内市场最大份额，但由于一种名为“纳米白炭黑”的关键性原材料一直要从欧美进口，成本很高，产品利润微薄。

白云化工曾经想向欧美国家购买“纳米白炭黑”专利技术，但费用高昂，企业根本无法承受。

1999 年，白云化工与乌克兰国家科学院纳米技术研究机构建立起合作关系，白云化工以远远低于欧美国家的成本，从乌克兰获得“纳米白炭黑”生产技术，并且在整个产品开发和产业化过程中，乌克兰专家直接参与，一直给予朋友式的技术帮助。2001 年，白云化工成为全球第三家拥有“纳米白炭黑”生产技术的企业，并造就了白云化工十多年来一直稳居国内行业龙头的地位。

白云化工的企业元老承认，如果不是有了与乌克兰国家科学院在核心技术上的合作，白云化工的发展恐怕远没有那么顺利，至少公司要付出的资金成本高很多，风险也大很多。

可见，由于中小企业远远没有能力像当今的苹果、华为等大型企业那样“想砸多少钱就砸多少钱”搞研发，因此技术专利成本、产品研发成本，包括经营和用工成本等，直接关乎一个自主创新型中小企业的生死存亡。

（二）悦盛金发食品有限公司

位于白云区江高镇的广州市悦盛金发食品有限公司，是白云区典型的传统中小企业。该公司虽然也注册了自己的商标，但知名度不高，过去一直是以代加工某些著名品牌的月饼、酥饼等产品为主。近年来，该企业为了摆脱一直以来以代加工为主的局面，在市内开设多家自主品牌专卖点，加大宣传力度，打造自己的食品品牌。

在调研组的想象中，这样一家身处农村地区的代加工食品企业，能生存下来已不易，想要转型升级、创自主品牌，实在有点不可思议。

然而，这家外表看上去并无现代气息的食品企业，生产车间却是按照最严格的卫生标准设置，比如生、熟车间设置在不同楼层，这一点连很多知名品牌的食品企业都做不到。

该企业表示，为什么在经济环境那么差，食品安全标准又这么严格的条件下，企业依然能够生存和发展，还敢搞自动生产线，原因是经营成本低，同时自己有技术能力解决设备制造、更新、升级和维护问题，这些事情如果是请专业机构来做的话，费用相对较高。

调研组了解到，该企业整个建筑面积 7000 平方米的厂房是自有物业，每个月就等于节省了 15 万～16 万元生产场地的租金。

再有，该企业是一个“夫妻店”企业，女方擅长管理和业务，男方则擅长技术，企业的大部分生产设备，比如锅炉、烤炉、搅拌过滤设备等，竟然全部是丈夫带技术工人亲自加工制造出来的，并且全部能够通过政府部门的技术检验。2015 年，该公司自行设计，委托加工和安装了可日产 20 万个月饼的自动生产线，投入约 100 万元，在同行业中搞这样一条自动化生产线，投入资金动不动就是上千万元。

（三）长腰岭裘皮生产基地

钟落潭镇的长腰岭裘皮生产基地源于改革开放之初的港资裘皮企业落户该村。直到2009年全球经济危机之前，长腰岭裘皮产业仍处于比较低端的业态，没有自主品牌。

裘皮服装是价格昂贵的产品，主要销售市场在欧美及俄罗斯、乌克兰、日本和韩国等国家，随着全球经济市场的持续低迷，海外裘皮市场大幅度萎缩，内地许多厂家和商铺关闭。然而，过去6年来，长腰岭裘皮产业基地的制造企业不但没有出现倒闭，而且整个产业基地一直在转型升级，产业聚集的规模也在不断扩大。原因就在于，长腰岭村的裘皮生产厂房几乎全部都是老板的自有物业，不用负担厂房租金，即使生产规模小了、利润少了，但企业的生存依然不成问题。

此外，过去6年来，长腰岭村裘皮专业市场的商铺规模也在不断扩大。2009年长腰岭村第一个裘皮专业市场开业的时候，进驻商家只有不到100家，而到了2015年，长腰岭村的裘皮专业市场已经发展到3个，裘皮服装商铺的数量已经达到约500家。其中很重要的一个原因就是长腰岭的裘皮商铺经营成本比较低。

调研组了解到，北京、浙江及东北等地区的裘皮店铺在前些年经济繁荣时期租金被炒到很高，如今市场萎缩，很多内地经营裘皮时装的商家做不下去，便转到长腰岭来继续做。

当然，光是靠物业成本低，并不能实现转型升级。近年来，白云区政府对长腰岭裘皮产业的发展给予了极大的政策支持和引导，而省、市皮革协会和服装协会等专业组织的技术支持和帮助也是促进长腰岭裘皮产业基地转型升级不可缺少的重要因素。

调研组还走访了江高私企区和螺涌村内的4个工业小区及多个城中村内的一些企业。调研组发现，白云区内的中小企业，普遍存在两大特点。一是村社物业。有些是自有物业，经营过程不存在租金成本，有些是租用集体或私人物业，但厂房租金非常低廉。二是家族企业。白云区大量的中小企业都是夫妻或兄弟姐妹共同经营。白云区内很多家上规模的民营科技型企业，都是从家族企业或者“夫妻店”企业做起，包括白云电气、霸王洗发水、彩熠灯光等。

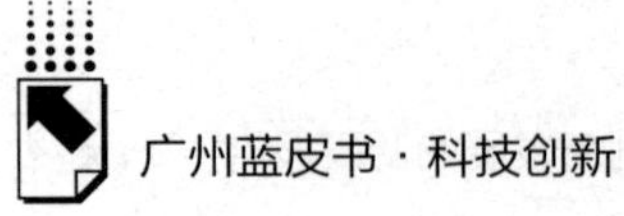

按照现代企业管理理论，家族企业的弊病很多。然而，家族企业抵御经济下行的能力却比较强。在科技型民营企业中，那种丈夫擅长技术研发、妻子擅长业务的“夫妻店”企业，或者家族中有技术专才的家族企业，更是具有独特的优势，因为企业可以将产品研发的成本降得很低。

相比之下，如果一个中小企业想研发自主产品，但老板和家族成员都不懂技术，那么无论是聘请技术人才组建研发团队，还是以外界合作的方式进行技术开发，成本都会高很多。

通过以上的走访调查，引出了一个值得关注的问题，中小企业的经营成本和技术研发成本等，会极大地影响一个中小企业的创新发展前途。

三　为何大量中小企业无法顺利实现转型升级

调研组在走访中观察到，早期出来创业的人，他们的企业大体分为两类，一类是市场型的，擅长开拓业务、扩展市场；另一类是技术型的，擅长技术研发。

在早期的经济环境下，往往是市场型的企业发展迅速，因此现在大量的中小企业都是属于早期的市场型企业，过去一直是跑市场订单、做来料加工。现在，大环境完全变了，企业要转型升级，靠自己搞研发做品牌，很多企业老板对此一筹莫展。

（一）转型升级到底要用多少钱心中无底

调研组了解到，在当下这个阶段，由于白云区的中小企业有物业租金低廉的优势，自有物业的企业更是不用负担租金，凭借多年的市场、人脉和信誉，很多中小企业依然能够在艰难中继续经营，但却无法改变原来的经营模式。

面对用工、原料等成本不断升高，企业能不能经营下去，有经验的老板大体是能够预见到的。可是，一旦要转型升级，对研发资金的投入、设备更新的投入以及技术人力的投入，心里根本没有底。

有企业老板说：“根本算不出投入多少资金才能够实现转型升级。当钱不断投入的时候，你不知道还要投入多少，这是一件很可怕的事情。”

许多企业老板表示，这些年，政府一直高喊转型升级，他们也知道不转型升级没有出路，可是就很少见到同行中的朋友中有几个成功转型的，而失败的例子见到不少。投进去的钱，就像仍进了大海里。他们甚至认为，把钱拿去炒股，风险都没有那么大。

（二）技术创新领域让老板变“小学生”

多年来，很多企业从小做到一定的规模，主要靠的是订单，在整个生产过程中，不需要什么技术，也不需要培养技术人才。现在要搞转型升级和创新发展，很多传统型企业对创新发展是怎么回事，包括技术研发、电子商务是怎么回事，认知程度完全是小学生水平。

传统的产生方式，在技术层面上普遍都是比较简单，可是自主创新型的生产方式，使整个生产环节超乎想象的复杂起来，它需要大量新的知识、经验，这是大部分中小企业普遍缺乏的。

一家服装品牌的企业老板介绍说，企业转型升级，表面上看好像是做同样的产业、同类的产品，但其实是完全不同的事情。比如，即使是技术含量不高的服装行业，做自主品牌和以往做订单是两个完全不同的概念。做自主品牌首先就要有一个创意、设计和开发团队，还要有一支营销队伍，要不断地调研市场、搞参展，这种转变太大了。

（三）传统行业的中小企业技术人才缺乏

大量无法实现转型升级的中小企业，普遍存在着整个行业技术人才缺乏，技术力量薄弱的问题。这个问题在早期订单式生产模式下是不存在的，因为那时候企业根本不需要一个技术团队或技术部门，这种状况导致社会上相关行业的技术人才数量大量减少。

到了今天这个转型升级的时期，当中小企业需要技术人员的时候，整个行业技术人才缺乏，很难招到有经验、有研发能力的技术人员。

目前很多传统行业的技术人才，只有在高校、专业学校、科研机构和大型企业里才能找到。相比之下，软件业、IT 业、通信业，整个社会的技术人才很充裕，高手如云，中小企业也比较容易招到技术人员，人工要求也不算高。所以，软件业、IT 业、通信业等行业能够一直不断地创新发展。

（四）技术合作没有经验，最怕对方唯利是图

有人说，搞技术研发企业可以借助外力，比如与高校或科研机构合作。其实，高校（或科研机构）与企业之间的合作是一直是有的，但一般都是与大企业技术团队的合作，在这种合作中，大量的工作还是由企业技术团队去完成的。可是，大多数中小企业往往没有自己的技术部门或团队，这样的企业与高校或科研机构的合作，任何一个环节都需要对方来完成，费用是非常惊人的。

冯先生从20世纪90年代初开始经营农作物进口种子，2000年冯先生计划自主开发自己的种子品牌。冯先生本人并没有任何相关专业知识，更没有研发的经验。但他认为，只要有钱，人才、技术都不是问题。但他怎么也没有想到，这个计划竟然一做就是13年，投入的资金超过1000万元，最后，投入和回报只是打了个平手。

有一个企业向调研组讲述了它的经历。企业生产线存在缺陷，导致产品质量出现问题。请了一个专业机构的专家来看，说解决这个问题需要有个技术团队，费用起码要10万元。老板觉得费用太高了，后来，手下员工介绍了一个技校的同学来试试，结果只花了3000元就解决了。

企业老板感慨地说，“如果邀请来的技术人才都是真心帮助他的，他对转型升级就有信心，最怕就是这些人是来骗钱的，这样企业能够转型升级吗？”

四　对推动中小企业转型升级和创新发展的建议

本调研报告认为，中小企业转型升级和创新发展，最迫切需要解决的是企业缺乏自主创新经验、缺乏技术研发人才，以及技术服务费用高昂、研发资金投入无法掌控等问题。如果政府帮扶中小企业的机制得当、措施得当，大量的传统中小企业便能够顺利实现转型升级。对此，本调研报告提出以下具体建议。

（一）建立各级服务中小企业的创新发展技术服务组织

建议政府广泛调动和整合社会上的技术人才和力量，以非营利、公益、志

愿组织等形式支持和参与中小企业的技术创新，助推中小企业转型升级和创新发展。

政府与区工商联、行业协会、地方商会、社会团体以及高校、专业机构等组织和单位合作，整合社会上的技术人才，在区、街（镇）、村（居）建立起各级“创新发展技术服务组织”，打造一支为中小企业转型升级和创新发展提供技术服务和培训教育的志愿者组织和人才队伍，服务范围覆盖区、街（镇）及各行业的中小企业。

第一，该组织应为政府公益性的机构，其运作机制可以借鉴参考志愿者组织、社会公益组织、社区民间团队等模式。功能是向中小企业提供志愿性、公益性的技术服务，为企业解决在转向升级和创新发展中的技术性问题，政府只需提供一些启动性或补贴性的资金，各级政府机构、村（居）等，负责提供创新发展技术服务组织的办公设施和场所。

第二，整合全社会技术力量，不分年龄、不看学历，广泛动员包括企事业单位里的技术专长人员、退休技术人员、技术维修的个体人员、社会上的技术专才和专业发烧友，以及在校大学生、大中专生等，参加各级、各行业、各层面的中小企业创新发展技术服务组织。除了提供技术服务，解决技术问题，还包括为企业转型升级出谋划策，定期举行技术创新交流、座谈和论坛活动等。

第三，为了吸引更多技术型人才加入创新发展技术服务组织，政府可为参加该组织的技术服务志愿人员建立人才档案、专业特长档案，其技术服务经历和工作成果作为人才评价的重要参考，颁发相应的证书。政府还可以规定机关和事业单位的技术人才、专业教师等，必须参加创新发展的志愿技术服务，以对口帮扶企业等方式，为企业提供技术指导、技术攻关、专业培训等服务。

针对这项建议的可行性，调研组对各年龄层次的专业技术人才开展调查询问，大部分人有参加这样一个组织的强烈意愿。因为，这个创新发展技术服务组织不但是一个服务中小企业的平台，也是一个年轻技术人员锻炼成长、积累经验、广交同行朋友的平台；对退休技术人员来说，则是一个发挥余热，让晚年生活更加充实有意义的平台。

（二）建立中小企业创新发展网络服务平台

在建立各级创新发展技术服务组织的基础上，打造建立集融资贷款、专利转让、企业技术研发项目招标、政府扶持资金、公益技术团队库、志愿者技术人才库、教育培训等为一体的中小企业创新发展网络平台。

第一，中小企业创新发展网络平台的作用，主要是依托各级创新发展技术服务组织，为中小企业提供的服务均为非营利、公益的以及志愿服务。该平台可以更加广泛和集中整合社会力量，为中小企业创新发展提供各种服务。

第二，企业的研发项目，通过该网络平台发布介绍后，不但可以与各级创新发展技术服务组织对接，还可以与投资资金、政府扶持资金、技术专利等对接。

第三，企业可以通过中小企业创新发展网络平台，主动与公益技术团队或志愿者技术人才建立联系，了解他们的专长和特点，选择需要的技术服务。

第四，企业可以通过中小企业创新发展网络平台提供新闻和专业资讯，全面了解和认识企业转型升级的经验和做法、创新发展的规律，还可以获得专家和经验人士的各种指导的建议，比如，研发项目的成本估算、项目市场前景等。

第五，中小企业创新发展网络平台，还可以充分整合区内各个行业、各个产业园区、各个专业市场的电子商务资源，相互融合，发展成为具有影响力的区域性网络门户。

（三）建立对中小企业的培训教育机制

在调研中发现，很多中小企业从管理层到技术人员的知识水平跟不上时代要求，这些都是制约中小企业转型升级的重要因素。因此，本报告建议政府建立对中小企业管理层和技术人员的培训教育机制，作为推动中小企业转型升级和创新发展的重要手段。

第一，建立一支服务中小企业的培训教育队伍。针对中小企业的知识和技术需求，政府、商会、行业协会开设系列讲习班、进修班等，学习内容包括中央和国家关于创新驱动发展的政策和措施、创新发展成功企业的经验、电子商务方面的知识和经营模式、相关行业的技术知识等。

第二，与高校和各类专业技术学校等建立广泛合作，一是学校开设服务各个行业中小企业的技术培训进修班，二是企业管理层和技术人员可以到这些学校选择相应的课程旁听。

第三，把对中小企业的培训教育作为一项长期性的工作来做，组织编制针对中小企业创新发展的系统教材和课程，把对中小企业的培训教育工作作为推动产业转型升级和创新发展的基础性工程。

（四）建立区级中小企业技术设备服务中心

目前，很多中小企业没有能力购置昂贵的研发设备，产品研发过程中的测试、调试、检测等需要依赖中介专业机构，费用非常高，大大增加了中小企业自主创新的成本。

第一，建议成立区级的中小企业技术设备服务中心，由政府购置企业研发中的常用设备，中小企业可以在该设备服务中心进行技术研发的测试、调试、检测等活动，让中小企业在自主产品研发之初免除购置昂贵设备的开支，大大减小技术研发中的测试、调试、检测等费用开支。

第二，各级创新发展技术服务组织也可以免费使用这些技术设备为企业服务。

第三，该中心的设备除了政府购置之外，还可以采用大型机构赞助、海外赠予，以及科研单位、高校更新换代腾出的二手设备等。

（五）建立服务中小企业品牌推广宣传机构

目前，对于中小企业来说，品牌宣传推广等费用太高，这是提高中小企业创新发展成本的重要因素之一。很多中小企业过去做订单、做外贸，不用做广告宣传，它们对企业宣传、品牌推广等毫无经验，现在要打造自主品牌，与策划机构、广告公司及影视公司等合作时，费用惊人，动不动就投入几十万元的宣传费，但效果却很一般。

对此，政府要充分利用白云区拥有电视和报纸两家新闻媒体的优势，建立服务于中小企业品牌推广的宣传机构。

第一，指导中小企业如何进行品牌宣传推广。向企业提供策划、广告设计、产品摄影、影视制作等低偿而且质量好的服务，使中小企业在产品宣传推广中的资金消耗大大降低。

第二，目前白云区大量的中小企业在互联网上的信息资料近乎空白，建议利用区内媒体力量，为所有已经加入各级商会和行业协会的企业，撰写和制作企业简介、企业历程、企业产品等资料，以及图片乃至视频等，上传互联网，让客户可以搜索到。

第三，在白云区内，部分企业有自己的企业刊物，企业刊物既是企业文化的重要载体，也是企业形象和产品宣传的重要平台。但是，目前这些企业刊物的办刊水平普遍比较低，可读性不强。企业刊物要办就办好，建议政府联合区级媒体，指导和帮助企业提高企业刊物的办刊水平。

B.8

强化广州民营企业科技创新的对策研究*

幸小涛**

摘　要：　近年来，民营企业已经成为广州国民经济的重要组成部分，在广州科技创新中发挥着主力军作用，为广州经济社会的发展做出了重要贡献。当前，我国经济发展进入新常态，呈现出一系列趋势性变化。在这个大背景下，广州的民营企业若要在激烈的市场竞争中立于不败之地，科技创新是最艰巨同时也是最重要的任务之一。本文通过对广州民营企业科技创新的现状、存在问题进行分析，试图提出加快完善广州民营企业科技创新和激励机制的政策建议。

关键词：　广州　民营企业　科技创新　激励机制

科技创新是提高社会生产力和综合国力的战略支撑，是增创城市发展动力、提升城市核心竞争力的基本要素。“三分天下有其一”的民营经济已发展成为国民经济的重要组成部分。民营企业已发展成为自主创新，特别是科技创新的主力军。近年来，广州高度重视建立健全民营企业科技创新，不断强化民营企业自主创新的主体地位，不断健全民营企业的科技管理体制，切实增强民营企业的核心竞争力，一批民营企业成为国内甚至国际同行业的技术领军者，为国家创新型城市建设做出了重要贡献。然而，与国内外先进城市相比，广州民营企业的科技创新还存在管理体制不完善导致科技与经济结合不够、科技人员激励缺乏导致创新动力不足、产学研合作不够紧密等问题，亟须通过营造良

* 本课题为广州市科协“国家级科技思想库研究课题专项”。

** 幸小涛，广东技术师范学院党委副书记，助理研究员，主要研究方向为思想政治教育。

好的企业创新生态环境、整合创新平台和资源、优化政产学研协同创新体系、深化推进科技金融创新发展、大力弘扬企业家精神、充分激发企业发挥创新主体作用等措施，调动全社会的力量，形成合力，共同推动提升广州民营企业的创新能力和水平。

一　发展现状

（一）创新生态不断优化

2013 年，广州市出台《广州市科技创新促进条例》，2014 年出台了企业研发费投入后补助实施方案、科技企业孵化器发展等系列配套政策，简政放权，改革科技计划，推动产业、科技、金融相结合，激发市场创新创业的活力。广州知识产权交易中心获省政府正式批复同意筹建。广州校地协同创新联盟的平台作用逐步显现，目前已组建（在建）11 个协同创新联盟，涉及健康医疗、生物 3D 打印、工业机器人等。市财政从 2014 年起，连续 5 年每年投入 1 亿元支持健康医疗领域协同创新和成果转化。2015 年，广州市获得国家科技奖励 17 项、省科技奖励 164 项，分别占全省获奖数的 51.52% 和 69.20%。此外，广州连续 5 年列中国城市创新创业环境排行榜第 2 位（不含直辖市）。

（二）民营企业产业创新能力日益增强

据统计，广州市 50% 以上的发明专利、80% 以上的新产品开发都是由民营企业完成的，IT 行业的企业中民营企业占了八成，高新技术企业中民营企业占 92.8%。目前，广州民营企业拥有国家级、省级企业技术中心 90 多个，占全市规模的一半；拥有省级、市级工程技术研究中心、开发中心 60 多家，占全市近四成。截至 2014 年底，广州民营企业拥有各类企业博士后工作站 18 个、中国名牌产品 18 件、中国驰名商标 66 件，均占全市半壁江山。累计有 30 多家科技型民营企业参与了近 80 项行业标准的研制，30 多家民营企业被评为广东省第一批重点创新帮扶高成长性中小民营企业等，数量居全省第 1 位。

（三）民营企业创新创业平台不断拓展

生物制药、集成电路、纳米光电材料等一批技术平台为全市乃至珠三角地区民营创新型企业发展提供服务支持。2015 年广州新增孵化器 34 家、增幅为 40%，累计达 119 家；14 家众创空间获批纳入国家级孵化器管理支持体系，30 家被省科技厅认定为众创空间试点单位，数量均居全省第 1 位，为科技型民营中小企业创新创业发展提供了良好的载体。2015 年，全市拥有省级新型研发机构 28 家，数量居全省第 1 位；新增企业建设研发机构 434 家。新增国家重点实验室 2 家，达到 19 家，占全省的 73.1%，形成了以国家级创新平台为骨干、省市级为支撑的公共研发服务平台体系。

（四）民营企业融资服务水平不断提升

建成全国首条集资金借贷、财富管理、支付结算、信息发布为一体的民间金融街，累计为民营中小微企业提供融资超过 20 亿元。2014 年 6 月，招商银行广州开发区科技支行成立，全市各科技支行为约 300 家企业提供银行授信 80 亿元，实际贷款 31.19 亿元。开展广州联合科技贷款风险准备金试点，累计为 40 多家高科技企业授信近 6 亿元，有 30 家企业提用近 4.4 亿元贷款；6 家科技企业办理纯知识产权质押贷款，授信余额 5700 万元。大力扶持引导科技企业通过上市和股权交易融资，2014 年，64 家企业申报新三板，新增 3 家科技型上市企业，完成股改企业 24 家，已有 15 家科技企业成功在新三板挂牌，300 多家科技型企业在广州股权交易中心挂牌交易。广州创业投资引导基金通过承诺出资 1.8 亿元成立 4 只子基金，建立超 15 亿元规模的创业投资资金落户广州。在投资导向上，重点引导社会资本投入初创期、成长期的科技企业，目前引导基金与子基金合作已完成投资 30 家，投资金额 9197 万元，带动社会创业投资 50.74 亿元。

（五）民营龙头科技企业不断涌现

越来越多的民营科技企业已成为广州发展高新技术产业和战略性新兴产业的主力军与先头部队。在促进产业结构调整和经济发展方式的转变中，广州市民营科技企业自主创新的步伐正在加快，培育了金发科技、白云电气等一批拥有自主知识产权突出、品牌响亮、具有国际影响力竞争力的大企业大集团，成为国内民营企业创新发展的排头兵；涌现了唯品会、金域检测等一批科技“小巨人”行业领军企业；壮大了鸿利光电、明珞装备等一批“专、特、精、新”的成长型、创新型民营中小企业；打造了宝供物流、林安物流、尚品宅配、环球市场集团等一批商业模式创新、示范带动力显著的民营企业。

二　存在问题

（一）政务环境有待进一步改善

当前，大力发展非公有制经济已成为社会共识，广州市各级党委、政府也越来越重视民营经济的发展。尽管目前国家和省、市先后出台了一系列鼓励和扶持企业开展创新的政策措施，但激励创新的具体举措对民营企业开展创新活动的效果与作用尚不明显。仍有个别领导和职能部门在民营经济发展上认识不足，尚未投入足够的精力，重视程度往往停留在会议和文件上，没有制定与之相对应的工作机制和考核体系。据调查，多家民营企业认为目前对自主创新的有关激励政策作用力不强，刺激力度有限，包括政府采购政策、金融支持政策、由企业承担政府部门的科技项目等。民营企业普遍反映，上述政策存在以下不足，一是宣传力度不够，民营企业取得政府政策、资讯的渠道不畅、信息传递普遍滞后；二是有些政策针对性不强，对民营企业开展自主创新的吸引力不强，作用有限；三是有的政策办理手续繁杂，落地难，企业需要承担较大的时间成本、人力成本。据不少民营企业反映，目前仍存在行政审批手续繁杂、办事效率低等问题，尤其是对一些未能明确归属部门或者需要多部门联合办理的问题，有关职能部门往往采取“拖字诀”，甚至互相推诿、扯皮，导致问题无法得到及时有效的解决，直接影响民营企业的经营与发展。

（二）鼓励民营企业科技创新和产业化的政策有待理顺

北京市中关村国家自主创新示范区，实行“1+6”鼓励科技创新和产业化系列的先行先试改革政策，在区内实行股权激励和创新平台开放共享，从根本上解决了创新动力和创新平台的最大化利用问题。相比之下，广州还没有针对中小型企业科技创新的特殊地位和自身特点制定相应的政策规范，也未能为中小企业技术创新提供平等竞争的法律环境和有效的产权激励机制，无法充分激励中小企业和民营企业进行技术创新活动。

（三）民营企业创新主体地位不足

企业是自主创新的主体。一个企业创新的活力和作用如何，关键在于企业自主创新的地位如何，作用怎么发挥。目前，广州民营企业自主创新的活力显得不足，无论是参与科技活动的人员数，还是科技经费内部支出，研发经费投入、新产品开发经费、新产品产值等，企业作为创新的主体地位都未能充分体现，缺少领军型的科技创新企业，尚未培育出类似华为、中兴、腾讯等旗舰型龙头科技企业。据统计，广州市高新技术企业1600多家，约为北京的1/4、上海的1/3、不足深圳的2/3。广州市中小型工业企业普遍缺乏科技研发机构，企业从事的科技活动较少，大部分中小型企业技术创新和新产品开发能力低，产品更新速度慢。据统计，广州市中小型工业企业平均每户的科技项目和新产品项目分别是0.43个和0.31个，分别比大型工业企业少14.93个和6.24个；平均每户拥有的发明专利为0.18个，比大型企业少2.49个。在综合能耗方面，中小型工业企业每亿元工业总产值综合能源消费量是大型企业的1.80倍，其中中型企业是大型企业的2.15倍，小型企业是大型企业的1.41倍。在可比的20个行业中，有13个行业中小型工业企业综合能源消耗均高于大型工业。民营企业人才短缺问题日益突出，现有人才队伍的数量和结构跟不上企业科技创新的需求，吸引人才的聚集力不足。不少民营企业在调研中提出，广州市的人才政策，在福利待遇上与不少国内城市相比优势不明显，对高素质人才缺乏吸引力，而且多侧重于引进新人才，对现有人才的政策关怀和人文关怀尚待加强。

（四）民营企业科技创新缺乏资金支持

一是政府财政科技经费投入不足。2015年广州各级财政科技投入71.7亿元，远低于深圳的209.3亿元。全市R&D经费支出占GDP的比重徘徊在2%左右，仍然不足深圳（4.05%）的一半，也远远低于北京（5.95%）和上海（3.7%）。二是融资困难成为制约创新的主要因素。资金不足、融资困难是民营企业自主创新过程中普遍存在的突出矛盾。据全国工商联的调查，86%的民营企业认为贷款太难。融资太难和不能创新是民营企业的共性问题。政府科技投入多倾向于高等院校和科研院所，投入到企业的资金很少，投入到民营企业的就更不足了。民营中小企业大多由于资信不完善、不完备，从银行金融机构取得贷款、取得资金相当困难，从资本市场上获得直接融资的机会也很少。民营企业普遍规模小，除了有一些技术人才、专利成果等无形资产外，很少有房屋、土地等不动产，而无形资产又不能作为信贷抵押品，因而融资难的问题普遍难以解决。

（五）面向民营企业的创新服务体系尚不健全

支撑民营企业自主创新，必须建立完善的服务体系，但目前广州还缺乏针对民营企业自主创新的服务体系。一是投资创业服务体系不健全，难以在政策层面推动创业投资的发展；二是科技创新服务体系不健全，公共研发平台建设滞后；三是信息服务体系不完善，成为制约民营企业自主创新的重要因素；四是人才培训服务体系缺失，民营企业难以获得自主创新所需要的人才支撑；五是法律援助服务体系不健全，民营企业难以解决自主创新过程中遇到的法律问题。从总体上看，广州尚未建立起完善的、能真正推动企业自主创新的政策法规体系。民营企业融资担保体系、创业投资服务体系、风险投资服务体系、人才培训支持体系、信息服务体系和法律援助体系不健全，必然会影响到民营企业自主创新的顺利开展。

三　对策建议

（一）优化民营企业创新生态环境

1. 健全对民营企业科技创新的分类指导制度

必须坚持分类管理、分类支持的原则，对不同类型、规模的民营企业区分对待。对民营大中型企业，鼓励和支持设立研发机构、技术中心，对设立科研机构的企业予以财政专项补助和税收优惠；对已经设立的研发机构，特别是国家级研究中心，给予重点扶持，打造培育成为具有世界领先水平的企业技术研发机构。对民营中小企业，积极培育和发展技术咨询、技术服务的中介机构，鼓励中小企业采取联合出资、共同委托等方式进行合作，建设研究开发机构，充分整合民营中小企业的资源优势、技术优势、产业链优势、价值链优势，增强技术研发实力，提高市场竞争力。

2. 加大财政经费投入，落实国家科技税收优惠政策

以深化科技管理体制改革为重点，完善促进民营企业科技创新的政策扶持体系。实施财政科技投入倍增计划，加大财政投入力度，优化财政投入结构，提高财政资金使用效益。强化国家税收优惠政策执行力度，全面落实国家关于营改增，科技创新费用纳入抵扣范围，科研支出所得税税前扣除，企业科技人员取得的技术转让费、技术专利使用费适用低税率等税收优惠政策。发挥财政资金对企业创新的引导作用、杠杆作用，推动企业加大研发投入。采取后补助的方式，重点鼓励和支持民营企业建立实验室、研发机构和中试基地，有条件的积极培育发展成为国家级、省级重点实验室，工程技术研究中心。以市场为导向，促进一批具备条件的公共研究与开发机构向生产力促进中心、工程技术研究中心转型，加大政府投资力度。

3. 构建引导型的政府风险投资体系

企业技术创新项目具有高投入、高回报、高风险的特点，要发挥财政资金补助的杠杆作用，降低企业的投资风险，在技术研究开发和中间试验阶段给予补助。政府增加事中和事后的扶持，对企业进行风险分摊和投资激励。允许民营企业按其销售收入，计提一定比例的科技开发基金。制定并出台完善的鼓励科技风险投资的政策，大力发展科技银（支）行，推动包括知识产权质押融资在内的科技金融创新发展。完善支持风险投资的财政金融联动机制，通过政府补贴、信贷担保、税收减免等财政政策引导社会资本向科技行业流动，务实解决民营科技创新企业融资难题。设立政府科技投资引导基金，引导和带动商业性资金和民间资本参与民营企业科技创新投资，发挥财政资金的杠杆效用。

4. 引导民营企业制定和完善技术创新规划以及路线图

围绕广州市产业结构调整方向和重点产业发展方向，促进行业技术升级和提高企业竞争力，及时发布产品、技术开发目录，减少和避免企业重复开发。技术创新的资金补助，重点向行业共性技术和关键技术攻关方面倾斜。

着力提高全社会研发投入强度，加强新产品、新技术的研发，加快新工艺、新设备的采用，为企业产品更新换代，为生产技术水平上台阶，提供扎实有效的技术保障和技术储备。大力支持企业开发具有自主知识产权的新技术、新产品、新工艺，鼓励引进技术进行消化、吸收和再创新。政府出台政策，支持企业全面创新发展，优先采购本土具有自主知识产权高新技术装备、产品。

5. 完善政府采购政策

结合中长期科技规划规定的重点技术和相关的技术创新产品，实行政府首购技术创新产品，在达到同等标准的情况下优先采购自主品牌等政策，通过政府采购支持技术创新。实行政府采购分类制度，综合运用强制性采购、扶持性采购、引导性采购等多种形式，给予创新产品优先待遇。探索建立民营企业技术创新产品认证制度，建立健全认定标准和体系，加大政府采购民营企业技术创新产品的力度。设立广州民营企业技术创新产品目录，对列入目录中的产品，政府采购要坚持优先采购、首先采购、预先订购的原则给予民营企业必要的支持，对企业在高新技术企业认定、促进科技成果转化和相关产业化政策中给予重点辅导和支持。改进政府采购评审方法，给予民营企业的技术创新产品优先待遇，对以价格为主的招标项目评标，在满足采购需求的条件下，优先采购民营企业技术创新产品；对以综合评标为主的招标项目，要考虑民营企业技术创新因素，并设置合理的评分标准。

（二）整合民营企业创新平台和资源

1. 整合民营企业科技创新资源

建设完善科技研发体系，建设可以提供研发设计、信息咨询、科技评估、共性关键技术攻关、企业孵化器、咨询培训、技术交易、知识产权、投融资等综合性科技服务的公共服务平台。完善市场化、专业化的科技服务体系，更好地为产业的发展提供技术支撑。推动实现产业内的协同发展，鼓励关联民营企业加强交流合作，组建产业联盟，开展产业链整合，为企业上市、重组、并购等提供相关支持和服务。

2. 搭建民营企业科技创新基础平台

在整合现有资源的基础上，着力打造一批高水平的工程技术研究中心、重点实验室、科研中试基地等科技基础设施。实施民营科技企业孵化器倍增计划，鼓励民营资本参与建设运营一批孵化器，建立与国际连接的孵化器体系。加快建设国家超算广州中心、大数据中心、国际生物岛等重大科技创新基地，支持新型研发机构建设，形成高水平开放式区域性产业创新平台。

3. 加强中介服务体系建设

增强科技中介机构的服务功能，拓宽科技中介机构的服务领域，规范科技中介机构的市场秩序，推动扶持发展包括成果转化、科技评估、投资服务全链条的科技中介机构。支持和引导生产力促进中心、创业就业服务中心、众创空间等现有骨干科技中介机构，积极探索以市场为导向的运行机制，不断提高服务能力和水平。推动建设高新技术产权交易所，进一步活跃技术市场。

4. 推动政产学研协同创新

充分发挥好校地协同创新联盟的作用，健全政产学研协调发展的科技创新体系。政府要积极成为民营企业参与协同创新的桥梁，加强指导民营科技企业与高校、科研机构的联系与对接，使民营企业紧跟全球科技发展方向，迅速掌握某一领域的最新科技成果，强化科技创新国际合作，积极融入全球创新网络，充分利用全球创新资源。

（三）弘扬企业家精神，发挥民营企业的创新主体作用

1. 民营企业家要成为创新发展的先行者

民营企业家要充分把握认识、适应、引领经济新常态的客观要求，顺势而为。一是要把握发展变化加强战略创新。在全面深化改革的背景下，民营企业要提前建立预测、预警、预案机制，应对市场、政策、环境等方面变化带来机遇和挑战。二是突出市场导向加快创新驱动发展。大型龙头民营企业是技术创新的中坚力量，要加大研发投入，提高资源整合能力，努力在全球配置研发链，同时要带动产业链上下游企业同步创新。三是整合信息技术加快商业模式创新。以互联网、移动互联网、云计算、大数据、物联网为代表的信息技术，正带来商业模式的变革和企业竞争格局的变化。民营企业要增强对信息资源的感知度，充分利用和整合庞大的物流、信息流、资金流等信息资源，通过不断提高包括技术创新、商业模式创新在内的全面创新能力，增强企业的可持续发

展能力和核心竞争力。

2. 以创新为手段抢占产业制高点

一是在产业形态上，传统优势制造业、商贸业和房地产企业，要加快向高技术高附加值先进制造业、战略性新兴产业和新兴服务业转变。要根据所处的行业、所处的业态，分类推进转型升级，向产业链的高端延伸发展，抢占制高点。二是在产业分布上，民营企业要从现有的块状经济、小规模经营、单打独斗的局面逐步向更高层次的集群化、规模化、集约化经营转变。通过组建产业联盟，以龙头企业带动相关中小企业集群，形成全产业链组织模式，打造产业聚集的“航母舰队”。三是在经营方式上，要从粗放型、密集型向智能型、质量效益型、生态型方式转变。通过建立现代企业制度，提高企业家素质，提高人力资本质量，提高管理精细化水平，增强企业的内生动力。

3. 推动民营企业实施品牌建设战略

自主品牌创新与自主技术创新犹如车之双轮、鸟之双翼，必须要有效融合。新技术通过品牌走向市场化，品牌有赖技术提供坚实支撑。要以品牌战略带动自主创新，以自主创新提升品牌建设。民营企业要增强商标意识，切实抓好商标、质量、标准、管理等品牌基础工作，争创驰名商标和著名商标，支持民营企业创造和保护知识产权，引导民营企业加强产品标准化建设，着力提高民营企业争创品牌的能力。充分发挥品牌集聚要素、整合资源的重要作用，尽快形成一批以自主创新为支撑、以知名品牌为标志、具有较强竞争力的优势企业、企业集团和产业集群。

4. 建立民营企业科技人才内部激励机制

建立科技人才内部激励制度，调动科技人员技术创新的积极性。建立企业内部产权制度，完善收益分享制度，让技术创新相关人员享有参与企业利润分配的权利。推进人才激励政策和创新高端人才的引进、培育、选拔任用及评价的激励政策，加快高端人才集聚。加强民营企业人才资源开发，建立民营企业人才培养合作机制，大力培养民营企业重点领域急需的紧缺人才，支持民营企业引进高层次人才，为民营企业提供人力资源招聘、劳务派遣、管理外包等服务。民营企业专业技术人员在职称评定、专家选拔、继续教育等方面享受与其他市场主体同等政策。进一步关注外来人才的服务和管理，特别是解决户口居住、幼儿入学、养老保险等问题，简化人才入户手续，对一定生产规模和纳税规模的民营企业给予一定的入户指标等。

参考文献

胡萍：《关于政府科技管理机制创新的若干思考》，《科技进步与对策》2010 年第 14 期。

张小红、张金昌：《科技管理体制改革初探》，《技术经济与管理研究》2010 年第 8 期。

刘秀华：《如何完善民营企业管理中的激励机制》，《中国商贸》2011 年第 2 期。

李振京、张林山：《“十二五”时期科技体制改革与国家创新体制建设》，《宏观经济管理》2010 年第 6 期。

B.9
广州市规模以上工业企业科技活动情况分析

郑 彦*

摘 要： 本文结合广州市全国第三次经济普查有关资料数据，对2013年广州市规模以上工业企业（以下简称工业企业）R&D（研发）人员和R&D经费投入、R&D投入强度、科技项目实施、机构建设以及科技成果等相关科技活动情况进行分析，并对有关问题提出建议。普查数据显示，2013年广州市工业企业科技投入与产出持续增长，创新能力不断增强，对推进广州市产业结构升级，转变经济增长方式发挥了重要作用。但同时也应看到，广州市工业企业总体研发能力不强，缺乏自主品牌和关键核心技术，高素质领军型人才不足等现状不容忽视。

关键词： 广州 工业企业科技 研发强度 创新能力

近年来，创新驱动已上升为国家发展战略的高度，科技创新关系未来国家发展全局的核心。纵观世界各国创新发展历程，毋庸置疑，科技是推进创新的引擎。制造业的发展对于国家经济发展具有举足轻重的作用，制造业创新能力的强与弱，决定着制造业发展的前景与水平。目前，我国制造业仍处于全球价值链分工的较低端环节，如何从制造业大国走向制造业强国，是我国当前乃至今后相当长时期面临的新挑战，就这一点而言，广州市也面临同样的问题与

* 郑彦，广州市统计局人口和社会科技处副处长。

挑战。

本文将结合广州市全国第三次经济普查有关资料数据，对2013年广州市规模以上工业企业（以下简称工业企业）R&D（研发）人员和R&D经费投入、R&D投入强度、科技项目实施、机构建设以及科技成果等相关科技活动情况进行分析，并对有关问题提出建议。普查数据显示，2013年广州市工业企业科技投入与产出持续增长，创新能力不断增强，对推进广州市产业结构升级，转变经济增长方式发挥了重要作用。但同时也应看到，广州市工业企业总体研发能力不强，缺乏自主品牌和关键核心技术以及高素质领军型人才不足等现状不容忽视。

一　广州市工业企业科技活动现状分析

（一）R&D人员投入情况

1. 研发人员规模扩大，投入强度提升

研发人员投入是保证科技活动①正常开展的关键要素之一，近年来，广州市工业企业不断加大研发人员投入的力度，为开展科技活动提供了人力资源保障。2013年，全市工业企业R&D②人员6.62万人，比2008年增长1.38倍，年均增长18.9%。按实际工作时间计算的R&D人员折合全时当量③5.27万人年，比2008年增长1.21倍，年均增长17.2%。R&D人员投入强度④（按每万名从业人员中从事R&D人员计算，下同）从2008年的162人扩大到2013年的443人（见表1）。

---

① 科技活动是指在科学技术领域（即自然科学、农业科学、医药科学、工程与技术科学、人文与社会科学领域）中与科技知识的产生、发展、传播和应用密切相关的有组织的活动。

② R&D（科学研究与试验发展，简称研发）是指在科学技术领域，为增加知识总量、以及运用这些知识去创造新的应用而进行的系统的、创造性的活动，包括基础研究、应用研究、试验发展三类活动。

③ R&D人员全时当量是国际上通用的、用于比较科技人力投入的指标。指R&D全时人员（全年从事R&D活动累积工作时间占全部工作时间的90%及以上人员）工作量与非全时人员按实际工作时间折算的工作量之和。

④ R&D人员投入强度是指R&D人员与从业人员平均人数之比。

表1　2008年和2013年R&D人员按规模分布情况

按规模划分	2013年			2008年		
	R&D人员（万人）	占比(%)	投入强度（人）	R&D人员（万人）	占比(%)	投入强度（人）
大中型企业	5.23	79.0	495	2.26	81.3	241
小微企业	1.39	21.0	317	0.52	18.7	67
总　计	6.62	100.0	443	2.78	100.0	162

2. 大中型企业是主力，小微企业投入明显加大

按规模划分，大中型企业研发人员是广州市工业企业的主体力量。2013年，广州市大中型工业企业R&D人员5.23万人，比2008年增长1.3倍；大中型工业企业R&D人员占全市工业企业R&D人员比重的79.0%；R&D人员投入强度495人，高于全市工业平均水平。值得注意的是，小微企业R&D人员1.39万人，比2008年增长1.7倍，增速快于大中型企业；占全市工业企业R&D人员比重的21.0%，比2008年提高2.3个百分点；R&D人员投入强度317人，是2008年的4.7倍，提升的幅度高于大中型企业，投入强度明显加大。

3. 内资企业R&D人员投入占比超五成，外资企业占比下降

按登记类型划分，内资企业研发人员的投入居全市首位。2013年，在广州市工业企业R&D人员构成中，内资企业3.62万人，比2008年增长1.5倍，占全市工业企业R&D人员比重为54.6%，继续保持五成以上的份额。港澳台商投资企业1.74万人，比2008年增长1.8倍；占比增加4.4个百分点，维持两成以上的占比水平。外商投资企业1.25万人，比2008年增长81%，占比出现下降，较2008年低6.0个百分点。

从R&D人员投入强度来看，2013年广州市内资企业投入强度由2008年的213人上升到2013年的565人，分别高于港澳台商投资企业400人及外商投资企业301人的投入强度（见表2）。

4. R&D人员聚集十大行业，四个行业投入强度较高

按国民经济行业划分，2013年广州市工业企业R&D人员主要集中在计算机、通信和其他电子设备制造业（1.6784万人），通用设备制造业（6814人），电气机械和器材制造业（6072万人）等十个行业，占全市工业企业R&D人员总量的83.6%（见表3）。

表2　2008年和2013年R&D人员按登记类型分布情况

单位：人，%

按登记注册类型划分	2013年			2008年		
	R&D人员	占比	投入强度	R&D人员	占比	投入强度
内资工业企业	36156	54.6	565	14751	53.0	213
港、澳、台商投资企业	17460	26.4	400	6132	22.0	97
外商投资企业	12549	19.0	301	6946	25.0	181
总　计	66165	100.0	443	27829	100.0	162

表3　2013年R&D人员按主要行业分布情况

单位：人，%

按国民经济行业划分	R&D人员	占比	投入强度
前十个行业小计	55296	83.6	676
计算机、通信和其他电子设备制造业	16784	25.4	797
通用设备制造业	6814	10.3	1090
汽车制造业	6794	10.3	539
电气机械和器材制造业	6072	9.2	580
化学原料和化学制品制造业	4764	7.2	559
医药制造业	3998	6.0	1204
橡胶和塑料制品业	2704	4.1	430
铁路、船舶、航空航天和其他运输设备制造业	2599	3.9	507
金属制品业	2510	3.8	445
专用设备制造业	2257	3.4	875
总　计	66165	—	443

从R&D人员投入强度来看，投入强度前四位的行业依次是医药制造业（1204人），通用设备制造业（1090人），专用设备制造业（875人）及计算机通信和其他电子设备制造业（797人）。

（二）R&D经费投入情况

R&D经费投入强度①是国际上通用的反映一国科技实力的重要指标，也是衡量企业自主创新能力和竞争力的重要标尺。

① R&D经费投入强度是指R&D经费支出与主营业务收入之比。

1. 研发强度突破1%，踏入中等创新能力门槛

根据经济合作与发展组织（OECD）《奥斯陆手册》的标准，企业 R&D 投入强度在 1% ~4%，表示企业创新能力中等；企业 R&D 投入强度小于 1%，表示企业创新能力较低；企业 R&D 投入强度超过 4%，表示企业创新能力较强。2013 年，广州市工业企业 R&D 经费 165.69 亿元，比 2008 年增长 82%，研发强度由 2008 年的 0.87% 提升到 2013 年的 1.02%，研发强度高于全国平均水平 0.22 个百分点。经过 5 年的发展，广州市工业企业创新能力由较低水平转入中等初级水平。

值得一提的是，从登记注册类型来看，内资企业研发强度跃居首位，取代外资企业排名位次。

2013 年与 2008 年相比，研发强度排名发生改变，内资企业研发强度跃升全市第一位，外资投资企业退居末位。广州市内资工业企业 R&D 经费投入强度由 2008 年的 0.75% 提升到 2013 年的 1.28%，高于全市工业企业 R&D 经费投入强度 0.26 个百分点；其中，股份有限公司 R&D 经费投入强度 1.76%，私营企业 R&D 经费投入强度 1.53%，分别高于全市工业企业 R&D 经费投入强度 0.74 个百分点和 0.51 个百分点。港澳台商投资企业 R&D 经费投入强度 1.19%，比 2008 年提升 0.29 个百分点，高于全市工业企业 R&D 经费投入强度 0.17 个百分点。外商投资企业 R&D 经费投入强度 0.68%，比 2008 年下降 0.28 个百分点，低于全市工业企业 R&D 经费投入强度 0.34 个百分点。

2. 大中型企业占主导，创新活跃度较高

按规模划分，广州市大中型工业企业研发经费投入规模及强度起主导作用，创新载体明显强于小型企业。占全市工业企业两成的大中型工业企业投入全市八成的研发经费，近五成大中型工业企业开展了研发活动，成为广州市工业企业科技活动的主力军。2013 年，广州市大中型工业企业 1040 个，其中开展 R&D 活动企业 315 个，分别占全市工业企业比重的 21.7% 和 43.7%；大中型工业企业 R&D 经费 134.78 亿元，占全市工业企业比重 81.3%；大中型工业企业 R&D 经费投入强度达 1.10%，高于全市工业企业 R&D 经费投入强度 0.08 个百分点（见表4）。

表 4　2013 年研发活动按规模分布

按规模划分	企业(个)	占比(%)	R&D 经费(亿元)	占比(%)	投入强度(%)
大中型企业	1040	21.7	134.78	81.3	1.10
小微企业	3763	78.3	30.91	18.7	0.78
总　计	4803	100.0	165.69	100.0	1.02

3. 近半研发源自内资企业，贡献全市七成增量

按登记注册类型分，内资企业对全市工业企业 R&D 经费增长的贡献率超过七成。2013 年，在广州市工业企业 R&D 经费中，内资企业 R&D 经费 81.85 亿元，比 2008 年增长 1.9 倍，在广州市工业企业 R&D 经费增量中，内资企业的贡献达 71.6%，占全市工业企业 R&D 经费的比重从 2008 年的 31.2% 提升到 2013 年的 49.4%；其中，私营企业 R&D 经费 37.23 亿元、有限责任公司 R&D 经费 23.05 亿元、股份有限公司 R&D 经费 19.42 亿元，分别占全市工业企业 R&D 经费比重的 22.5%、13.9% 和 11.7%。港澳台商投资企业 R&D 经费 34.75 亿元，比 2008 年增长 73.6%，占全市工业企业 R&D 经费比重 21%，与 2008 年基本持平。外商企业 R&D 经费支出 49.09 亿元，比 2008 年增长 15.2%，占比从 2008 年的 46.8% 下滑至 2013 年的 29.6%。

4. 研发投入呈现行业集中分布，医药行业创新能力最强

研发经费投入强度在各行业的分布情况可以看出科技资源的配置状况以及不同行业的自主创新能力。2013 年，广州市有 11 个行业高于全市工业企业 R&D 经费投入强度，主要是医药制造业（4.26%），专用设备制造业（2.64%），仪器仪表制造业（2.54%），通用设备制造业（2.13%），计算机、通信和其他电子设备制造业（1.81%）。其中，医药制造业研发经费投入强度突破 4% 的国际通用界定标准，比 2008 年提高 2.26 个百分点，在全市工业分行业 R&D 经费投入强度排名中继续居首位，创新能力由中等跃升至较强（见表 5）。

5. 企业为主，政府为辅，境外和其他资金为补充

从 R&D 经费来源看，呈现出企业为主体，政府为辅助，境外和其他资金为补充的格局，其中，政府资金集中投向三个行业。2013 年，在全市工业企业 R&D 经费中，企业资金 157.40 亿元，政府资金 6.04 亿元，境外资金 1.14

表5　2013年R&D经费及投入强度按行业分布情况

单位：亿元，%

行业	R&D经费	投入强度	行业	R&D经费	投入强度
合计	165.69	1.02	橡胶和塑料制品业	6.03	1.65
采矿业	0.00	0.00	非金属矿物制品业	1.42	0.84
石油和天然气开采业	0.00	0.00	黑色金属冶炼和压延加工业	0.87	0.18
非金属矿采选业	0.00	0.00	有色金属冶炼和压延加工业	1.33	0.32
制造业	161.08	1.09	金属制品业	3.49	1.02
农副食品加工业	3.25	0.73	通用设备制造业	13.11	2.13
食品制造业	1.72	0.33	专用设备制造业	4.74	2.64
酒、饮料和精制茶制造业	1.40	0.52	汽车制造业	31.46	0.94
纺织业	1.51	0.53	铁路、船舶、航空航天和其他运输设备制造业	6.17	1.52
纺织服装、服饰业	0.07	0.01	电气机械和器材制造业	12.68	1.48
皮革、毛皮、羽毛及其制品和制鞋业	0.30	0.11	计算机、通信和其他电子设备制造业	31.52	1.81
木材加工和木、竹、藤、棕、草制品业	0.04	0.15	仪器仪表制造业	1.91	2.54
家具制造业	2.14	1.51	其他制造业	0.00	0.00
造纸和纸制品业	0.79	0.55	废弃资源综合利用业	0.00	0.00
印刷和记录媒介复制业	0.37	0.31	金属制品、机械和设备修理业	0.32	1.36
文教、工美、体育和娱乐用品制造业	1.31	0.50	电力、热力、燃气及水生产和供应业	4.61	0.34
石油加工、炼焦和核燃料加工业	0.50	0.07	电力、热力生产和供应业	4.60	0.42
化学原料和化学制品制造业	22.95	1.31	燃气生产和供应业	0.01	0.01
医药制造业	9.69	4.26	水的生产和供应业	0	0
化学纤维制造业	0.00	0.00			

亿元，其他资金1.11亿元，分别占全市工业企业R&D经费的95%、3.6%、0.7%和0.7%。政府资金集中投向计算机、通信和其他电子设备制造业，医药制药业及化学原料和化学制品制造业三个行业，三者合计占政府资金的54.4%。

6. 引进技术步伐放缓，对外技术依赖度减弱

引进国外技术经费支出与 R&D 经费之比是衡量对国外技术依赖程度的指标。随着研发经费投入规模的扩大，广州市工业企业对国外技术的依赖程度呈下降趋势，这反映出广州市工业自主创新能力有所增强。2013 年，广州市工业企业引进国外技术经费支出 36.83 亿元，比 2008 年下降 18.7%；引进国外技术经费与 R&D 经费之比由 2008 年的 0.5∶1 下降到 2013 年的 0.2∶1。

（三）科技项目实施情况

通过设立科技项目（课题）开展研发活动是科研的基本组织方式，项目研究的布局和资源配置状况对相关的社会经济发展有重要影响作用。近年来，广州市工业企业进一步加大对科技项目的攻关力度，自主创新能力不断提升。2013 年，广州市工业企业共实施科技项目 7488 个，其中作为科技项目的核心，同时也是最能体现科技创新能力的 R&D 项目有 6270 个，比 2008 年增长 1.94 倍；R&D 项目占全市工业企业科技项目的比重为 83.7%，比 2008 年提高 31.5 个百分点。R&D 项目经费 141.22 亿元，比 2008 年增长 158.7%。其中，作为工业企业创新主体的大中型企业所承担的 R&D 项目 4477 个，经费 114.55 亿元，双双占全市工业企业 R&D 项目和经费总量的七成以上。

（四）企业办科技机构情况

1. 机构建设取得新进展，设置向境外延伸

企业办研究开发机构是企业有效开展自主创新活动的组织保障。经过多年发展，广州市工业企业办科技机构呈现出规模扩大，机构拓展至境外等特点。2013 年，广州市工业企业办科技机构 496 个，比 2008 年增加 125 个；机构人员 3.77 万人，比 2008 年增长 55.1%；机构经费支出 93.51 亿元，比 2008 年增长 5.1%。境外设立科技机构 23 个，集中分布在计算机、通信和其他电子设备制造业，通用设备制造业及化学原料和化学制品制造业三大行业，占全市工业企业境外办机构总数的 82.6%。

2. 机构多集中在内资企业，高学历人员结构优于外企

广州市工业企业办科技机构主要分布在内资企业，机构人员素质明显高于外资企业。2013 年，广州市内资企业办科技机构 337 个，比 2008 年增加 106

个；占全市工业企业机构的67.9%，比2008年提高5.6个百分点；外资企业办科技机构66个，比2008年减少10个。从高学历人员情况来看，全市内资企业所办科研机构共有2.33万人，其中具有博士和硕士学历人员0.32万人，占全市工业企业机构博士和硕士总量的62%；外资企业所办科研机构共有0.70万人，其中博士和硕士0.07万人，仅占全市工业企业机构的13.9%，数据显示广州市内资企业的高学历人员结构要优于外资企业。

（五）科技投入产出情况

新产品和发明专利是企业研发产出成果的两种形式。近年来，广州市工业企业科技成果转化能力不断提升，科技产出绩效取得新进展。

1. 新产品开发成效显著，促进生产规模扩大

从新产品的生产和销售看，新产品的开发为广州市工业企业扩大生产规模、开拓产品市场提供了支持。2013年，广州市工业企业完成新产品产值2537.22亿元，比2008年增长78.5%；占工业总产值的比重为15.1%，比2008年提高1.53个百分点。实现新产品销售收入2579.36亿元，比2008年增长80.1%；占主营业务收入的比重为15.9%，比2008年提高2.23个百分点。

2. 发明专利增长较快，知识产权保护意识增强

科技成果产出能力有了提高，广州市工业企业知识产权保护意识也进一步提升。2013年，广州市工业企业发明专利申请0.35万件，比2008年增长4.1倍。其中，大中型工业企业发明专利占全市工业企业发明专利总量的近七成。从行业的分布来看，集中在计算机、通信和其他电子设备制造业，电气机械和器材制造业，通用设备制造业及化学原料和化学制品制造业四大行业，占全市工业企业发明专利总量的67.5%。全市工业企业拥有注册商标0.90万件，其中境外注册0.14万件。

二　与国内主要城市对比情况

与上海、北京、深圳、苏州、天津和重庆等主要城市对比来看，广州市工业企业总体创新能力处于中下水平，特别是在研发投入强度、科技机构中高素质人员规模和科技成果产出能力等方面均处弱势。其中，广州R&D经费投入

强度（1.02%），排名第5位，高于重庆（0.89%）和苏州（0.96%），低于北京（1.14%）、上海（1.17%）、天津（1.11%）和深圳（2.39%）；科技机构中博士及硕士人数（5185人），排名第5位，高于天津（4167人）和重庆（3804人），低于北京（12220人）、上海（69718人）、苏州（9105人）和深圳（34141人）；发明专利申请（3472个），排名第6位，仅高于重庆（2509个），低于北京（9240个）、上海（11377个）、天津（6446个）、苏州（9611个）和深圳（30023个）（见表6）。

表6 2013年主要城市R&D经费投入强度、科技机构中博士及硕士占比、发明专利申请情况

城市	R&D经费投入强度(%)	位次	企业办科技机构中博士及硕士人数(人)	位次	发明专利申请(个)	位次
上海	1.17	2	69718	1	11377	2
北京	1.14	3	12220	3	9240	4
广州	1.02	5	5185	5	3472	6
深圳	2.39	1	34141	2	30023	1
苏州	0.96	6	9105	4	9611	3
天津	1.11	4	4167	6	6446	5
重庆	0.89	7	3804	7	2509	7

三 广州市工业企业科技活动面临的主要问题及原因分析

（一）广州市研发强度低于全省，汽车石化两大支柱产业拖全市后腿

广州市工业企业研发强度虽然突破了1%，但低于全省平均研发强度（1.16%），也低于北京、上海和深圳等主要城市。在广州市制造业三大支柱产业中，其中汽车制造业和石油化工制造业两大支柱产业研发强度均低于全市工业企业研发强度。主要原因在于，一是广州市工业企业多为来料加工贴牌生产型和简单引进技术型企业，全市开展研发的工业企业占比少于两成，有科技机构的企业占比不足一成，多数企业无力进行核心技术和前瞻性技术的研究，

技术创新活动普遍维持在相对低端技术的研发上。二是外商企业往往将关键核心技术的研发留在本土，生产规模的扩大，更显研发投入不足，影响广州市企业创新的内驱力和长远发展。以广汽丰田汽车、乐金显示（广州）公司、安利和宝洁等外资企业为例，2013 年其主营业务收入在全市均排名在前 10 位，但研发却是零投入。缺乏关键核心技术在汽车制造业尤为突出，2013 年，广州市汽车制造业主营业务收入达 3344.36 亿元，但发动机等关键核心部件仍需从国外购买，同时每销售一台汽车，还需付给外方价格不菲的技术使用费，核心技术受制于人成为制约广州市创新发展的瓶颈。三是由于开展科技活动需投入较多的资金和人才，风险大，回报慢，造成企业重生产、轻研发。四是受国内外宏观经济环境复杂多变，外需疲软、内需收缩的不利因素影响，广州市工业企业的 R&D 经费投入增速放缓。

（二）缺乏创新型龙头企业，创新人才不足

广州市缺乏具有自主品牌和研发实力强劲的创新型龙头企业，未能形成有效拉动研发投入增长态势。对比国内具有自主知识品牌的创新型龙头企业，包括华为、海尔和三一重工等企业，广州市在创新能力、竞争力和影响力等方面存在较大差距。2013 年全市 R&D 经费超 10 亿元的工业企业仅两家，占工业企业 R&D 经费比重为 15%，而深圳仅一家华为技术有限公司 R&D 经费就达 240 亿元，占其工业企业 R&D 经费近五成，超过广州市工业企业 R&D 经费的总投入，甚至接近广州市全社会 R&D 经费总量。此外，2013 年，广州市工业企业办科技机构中，拥有博士和硕士学历人员占科技机构人员比例仅一成多，而上海、深圳和北京其占比分别为 68.3%，29.2% 和 23.6%，高素质科技人员比例偏低是制约广州市创新能力提升的另一个瓶颈。

（三）引进技术和消化吸收能力不强

消化吸收强度①是衡量企业技术创新投入的重要指标，也是企业提高技术水平的重要途径之一。多年来，广州市引进技术和消化吸收经费比例长期倒挂，失衡现象突出，再创新能力明显不足，制约了广州市技术创新能力的提

① 消化吸收强度是指引进技术的消化经费支出与引进国外技术经费支出之比。

高。2013 年，广州市工业企业引进技术与消化吸收的比例仅为 1∶0.048，表现出只注重追求短期经济效益，缺乏对引进技术消化吸收再创新的内在动力。与国外发达国家相比差距较大，从日本和韩国等国家的经验看，引进技术与消化吸收的比例大致保持在 1∶3 的水平，部分重点领域高达 1∶7。

四　推动广州工业企业科技活动发展的对策建议

（一）提升科技创新能力，助推经济有效增长

创新驱动是未来经济发展的根本出路，要加快推进科技创新，实现科技创新引领支撑经济发展，提高科技进步对经济增长的贡献，以创新能力彰显支柱产业的作用。一是结合广州市产业结构调整、战略性新兴产业和高技术产业布局定位，加强对前沿技术和关键核心技术的攻关，提升广州市原始创新能力和集成创新能力，推进广州市制造业由传统向高端转型。二是落实好扶持企业自主创新的财政、金融和税收等各项配套政策，精准细化创新扶持的方向、结构及对象，促进创新资源高效配置。选择研发投入强度较高的行业和本土企业，支持其做大做强，培育广州市创新产业集群。三是加快建立和完善以政府财政投入为引导，以企业投入为主体，以银行信贷和风险投资等金融资本为支撑，以民间投资为补充的多元化、多渠道和多层次的科技投入体系。四是着力构建以企业为主体、市场为导向、产学研相结合的技术创新体系，充分利用高校和科研院所的人才聚集优势，提高协同创新能力。五是加快科技成果转化步伐，破除将科技成果束之高阁、难以转化为现实生产力的僵局，建立市场主导的技术转移转化体系，促进科技成果资本化及产业化，提高科技成果转化的专业化服务水平。六是加强知识产权保护，为技术创新提供良好的法律政策环境。

（二）培育本土龙头企业，为创新增长提速

要积极引导和支持财政、税收、项目、技术和人才等向本土重点创新型企业集聚，培育一批规模大、掌握关键核心技术、拥有自主知识产权和市场竞争力的本土创新龙头企业，带动中小企业集群发展，提高广州市创新能力，以广州创造提升广州制造。建立对本土创新型企业研发投入增长机制，落实好本土

企业研发投入补助政策和高新技术减免税政策。支持本土创新型企业申报和开展国家、省和地方科技计划项目研发，支持其设立国家、省和市重点实验室，企业工程研发中心和技术中心等多形式研发机构。加强创新人才队伍建设，吸引和培育高端创新型人才，建立健全本土高端人才岗位津贴制度和以技术要素参与收益分配等各项激励机制。

（三）突出消化吸收，加速二次创新

要坚持原始创新、集成创新和引进技术消化吸收再创新并举，以提高自主创新能力为立足点，瞄准国内、国际先进技术，围绕广州市产业结构转型升级，以市场为导向，形成引进、模仿、消化吸收再创新的良性发展模式。要强化政府在引进技术与消化吸收再创新的宏观指导作用，在政策、资金、税收、补贴和人才等方面制定及完善相应的法律和法规，构筑起完整的创新体系。做好对重大项目技术引进的审批、管理和服务。做好引进技术的前期论证评估，避免重复、浪费和低水平引进，确保引进技术有利于广州市科技进步和符合广州市制造业向高端发展的方向。鼓励帮助企业对引进技术的消化吸收，从而加速技术创新，克服后发劣势，实现技术突破并向前沿高端环节迈进。

（四）加快人才培养，增强创新软实力

科技创新，人才为本。要积极实施科技人才发展战略，完善人才培养、使用、评价、激励及发展等各项配套措施，培养造就科技领军人才、卓越工程师和高水平的创新团队，引进高层次人才，增强科技创新核心竞争能力。重点支持科技人才从事基础性、前沿性和前瞻性的研究以及承担国家、省、市重大科技项目，加强对关键核心技术攻关和产品开发，解决产业发展面临的重大技术问题，在重大科技项目和重大科技成果转化中培养、造就和集聚人才。建立有利于科技人才潜心研究和专心创业的良好环境，激发其自主创新的积极性、主动性和创造性，为促进产业转型升级提质增效。建立以能力和贡献为导向的评价机制，提升人才评价的科学性。扩大科研经费使用自主权，落实科技人才期权、股权和企业年金等中长期激励措施。营造宽松包容、严谨诚信、独立思考、尊重科学、尊重人才和尊重创新的良好氛围，积极为科技人才开展学术交流、知识更新、技能培训、创新创业、人才宣传等提供良好的服务。

B.10 广州市电子商务发展状况与对策研究

广州市统计局课题组*

摘　要：　电子商务是迅猛发展的新业态、新商业模式，正快速渗透到社会经济的各个领域，已经成为商贸业发展的重要动力源和增长极。本文利用大量翔实的网上销售统计数据，结合深度访谈和重点调查结果，对近年广州市电子商务总体发展情况、空间布局、主要平台发展状况，以及呈现的主要特点、存在问题进行了深入分析和全面总结，并就进一步促进电子商务健康快速发展，推动电子商务与实体经济深度融合提出对策建议。

关键词：　广州　商业模式　电子商务

一　电子商务基本情况

近年来，随着电子信息、互联网技术的飞速发展和推广应用，广州市不断加强电子商务发展顶层设计，全方位优化电子商务发展环境，积极推动电子商务与实体经济深度融合，电子商务发展取得显著成效。

（一）总体发展情况

目前，电子商务已经广泛渗透到广州市经济社会的各个领域，成为经济发展的新亮点。尤其是在商贸领域的应用，不仅为消费者提供了便捷、实惠的购

---

* 课题组组长：李华，黄平湘；课题组成员：陈幸华、邓谦、钟炳基、黄子晏、张亚召、杨俊辉、陈璐蕴；统稿：黄子晏。

物选择，也为广州市商品销售增长注入了强劲动力。广州市已成功打造黄埔国家电子商务示范基地，建成华南地区电子商务运营服务中心，被有关部门评为国家电子商务示范城市、中国电子商务最具创新活力城市和跨境贸易电子商务服务试点城市，培育出5家国家级电子商务示范企业、32家省级电子商务示范企业、9家上市龙头企业。

2014年末，全市开展电子商务的“四上”单位共20878户，覆盖批发和零售业、制造业等16个行业，全年电子商务交易额5436.07亿元。其中，限额以上批发和零售业法人单位网络销售额814.16亿元，同比增长86.4%；限额以上网上商店零售额509.74亿元，同比增长63.1%。

（二）空间分布情况

电子商务产业园区是电子商务的重要空间形态，也是电子商务产业集聚的主要载体。广州市已经建成或规划筹建的电子商务和移动互联网集聚区共11个，主要分布于城市的“中间圈”，培育出黄埔、荔湾2个省市共建电子商务战略性新兴产业基地，成功打造了黄埔国家电子商务示范基地。此外，建成的其他知名园区还有海珠区南中轴电子商务产业带、番禺区岭南国际电子商务产业园等。

1. 黄埔区国家电子商务示范基地

2014年10月，位于黄埔区的云埔电子商务园区，被国家商务部确认为全国34个首批“国家电子商务示范基地”之一。黄埔区按照“一基地多园区”的规划发展布局，充分发挥仓储物流网络发达、产业配套完善等区位优势，形成了状元谷、云埔、南岗头三大电子商务产业园区和四个中小微电子商务孵化中心。集聚了亚马逊、腾讯、鱼珠木材、化工交易中心、中经汇通、酒仙网、易票联等一大批国内外知名电子商务企业，涵盖综合性电子商务交易平台、大宗商品电子商务交易平台、专业性电子商务交易平台及第三方支付平台等，呈现出龙头引领、门类齐全、产业链条较为完整的良好发展势头。

2. 荔湾区花地河电子商务集聚区

荔湾区大力推进电子商务建设，通过降低场地租金、给予落户补贴、实施“无场地”注册等优惠政策吸引企业落户，在花地河沿岸形成了电子商务集聚区域。该区域覆盖花地、石围塘、茶滘、东漖、东沙、海龙、中南等7个街道。目前，花地河电子商务集聚区以唯品会、广东塑料交易所为龙头，以广佛数字创意园、五行科技创意园、广州邮政EMS网商创业园等为依托，聚集了130多家电子商务企业，汇聚多种主流电商模式，形成了多元化的发展格局，类别之全在全国首屈一指。其中，广佛数字创意园以电子商务等现代服务业为发展定位，是荔湾区规模较大的电子商务产业园区，该园区规划面积20万平方米，位于广州和佛山交界处，地理优势明显。

3. 海珠区南中轴电子商务产业带

2013年，网上交易与实体展示相结合的广一国际电子商务产业园、会展业与新兴科技产业相融合的龙腾18电子商务产业园、以时尚消费品为主题特色的洋湾1601电子商务时尚岛、集聚电子商务创意企业研发基地的南华西电商创意园和发展汽车配件及饰品电子商务业务的南洲电子商务园五大园区正式启动，总建筑面积达到33万平方米。上述五大园区位于广州南中轴线上，功能定位各异，将会展经济与新兴科技产业相融合，已经吸引了汇美服装、广贸天下网等一批特色电子商务企业入园发展，五大园区“以点连线，以线带面”的空间布局已具雏形。到2015年底，预计该电子商务产业带将扩容到80万平方米，年营业收入将达到300亿元。

4. 番禺区岭南国际电子商务产业园

岭南网商创业园拥有便捷的地理优势，位于“珠三角”中心位置，是广州市番禺区政府与岭南国际鞋城重点打造的现代化国际电子商务集散地。总建筑面积18万平方米，拥有2000多间办公室，构建大型停车场、托运中心和大量仓库，计划招商2000家。同时，亚运村、广州地铁三号线及公交枢纽站等交通优势具有市场竞争力，人流、物流、信息流、资金流汇聚于此，充分利用创业园“四流合一”商业资源优势，通过招商募集具有一定影响力的电子商务企业、网商服务团队以及网商创业者到创业园集中运营办公、仓储、配送、管理，通过信息共享、技能培训、专家交流、集中采购等全方位服务，提升电子商务商家的经营水平，降低经营成本，增强竞争能力，从而达到促进区域电子商务发展的办园目的。

5. 南沙自贸区跨境电子商务区

随着国家级新区、自由贸易实验区政策落地，南沙自贸区B2B2C进口模式稳步试行，跨境电子商务迅速发展。截至2015年9月底，南沙自贸区拥有海关跨境贸易电子商务监管系统备案企业170家，检验检疫监管系统备案企业334家。辖区内的风信子跨境直购商城是国内首家集合诸多商家、线上线下同步运营的跨境电商平台，广东南沙（奥园）跨境商品展示交易中心是目前广州地区规模最大、品种最多的跨境电商企业。此外，国务院批复的广东自贸区总体方案赋予广东自贸区汽车平行进口试点优惠政策，2015年10月22日，广物汽贸股份有限公司等13家企业成为广东自贸试验区南沙片区首批平行进口汽车试点企业。

6. 花都空港跨境电子商务试验园区

自2014年7月封关运作以来，广州白云机场综合保税区（以下简称机场综保区）充分利用海关特殊监管区域的政策优势和“区港一体”的有利条件，成为广州跨境电商试点园区，在推动广州空港跨境电商发展方面取得一定成效。目前，已获批在机场综保区开展跨境电商业务的企业达108家，其中电子商务企业64家、物流配套企业14家、支付企业2家，成功开展B2B2C保税进口、B2C直购进口和个人物品等3类跨境电商业务，跨境电商商品备案项数约6.5万种，主要涉及母婴用品、服装鞋帽、饰品、食品、护肤品、营养品等10多个类别，主要来自欧洲、大洋洲以及美国、日本等地。2014年，机场综保区累计处理跨境电商进口业务超过50万票，总货值约1.36亿元，业务规模约占广州地区跨境电商进口业务的50%，占广州海关关区的70%，在省内有关海关特殊监管区域中处于领先水平。

从空间分布看，广州市“东西南北中”五大区域电子商务发展各具特色、亮点纷呈，整体布局较为合理。此外，知识城京东电子商务港和广州白云电子商务总部示范基地也在积极筹建中。2010年，京东商城物联网基地及华南总部，成功落户中新知识城。

二 电子商务平台发展情况

广州市商贸领域涉及商品销售业务的电子商务平台主要包括大型知名网上商店、大宗商品电子交易平台、传统商业企业开设的门户网站，以及依托第三方电子交易平台的小微型网上商店等。

（一）大型网上商店

大型网上商店是推动广州市商品销售总额增长的重要动力。其中，广州晶东贸易有限公司（以下简称晶东商城）、广州市唯品会信息科技有限公司（以下简称唯品会）是广州市网上商店的龙头企业。2014 年，晶东商城和唯品会合计实现商品销售额 461.46 亿元，同比增长 84.9%，推动广州市商品销售额增长 0.51 个百分点；占全市商品销售总额的比重为 1.0%，较 2013 年增加 0.3 个百分点。

1. 京东商城

京东商城是目前国内最大的自营式电子商务企业，自 2004 年涉足电子商务领域以来，一直保持高速增长的发展态势，增长速度连续 8 年均超过 200%。截至 2014 年底，商城活跃会员数达到 9660 万人，总订单量达到 6.83 亿单，交易总额超过 2600 亿元，净营收近 1150 亿元（见表 1）。

表 1　2014 年京东商城各季度及年度相关指标情况

相关指标	一季度	二季度	三季度	四季度	全年
活跃会员数(万人)	3340	3810	4610	9660	9660
总订单量(亿单)	1.23	1.64	1.78	2.18	6.83
交易总额(亿元)	441.00	630.00	673.00	858.00	2602.00
交易总额同比(%)	83.8	107.0	111.0	119.0	107.0
净营收(亿元)	226.57	286.00	290.00	347.00	1149.57
净营收同比(%)	65.1	64.0	61.0	73.0	66.0

数据来源：京东商城 2014 年财务报告。

2007 年，京东商城在广州成立晶东商城，作为京东商城华南地区唯一的全资子公司，是京东商城在华南区乃至全国网络构建和物流配送的重要枢纽。公司自成立以来，商品销售额连续 6 年保持两位数增长，其中 2009～2012 年年均实现“倍增长”，年均增长速度达到 1.4 倍。在 8 年时间里，累计增长超过 210 倍，逐步成为广州市最大的网上商店。2014 年，晶东商城商品销售额同比增长超过 80.0%，增速同比提高 10 个百分点以上，比同期全市商品销售总额高 64.4 个百分点，拉动全市销售总额增长 0.3 个百分点。

2. 唯品会

唯品会与京东商城一样，立足电子商务，但在具体经营管理方面与京东商城又有所不同，品牌特卖的发展模式使得唯品会发展成为具有鲜明特点的电子商务企业，该公司于2008年在广州注册成立。7年来，公司用户数量不断增长，实现了注册会员从零到1亿人的增长。迅速扩张的庞大用户群有效地拉动了唯品会业绩的增长，2014年唯品会订单量达到1.07亿件，同比增长1.2倍，是2009年的1507倍；商品销售额同比增长近九成，增速比上年有所放缓，但仍比全市商品销售总额高出70个百分点以上，拉动全市商品销售总额增长0.2个百分点。随着企业发展模式逐步成熟和完善，企业毛利率也呈逐年走高态势，2014年，唯品会毛利率达到24.9%，比2013年提高0.9个百分点，比2009年提高16.7个百分点（见图1）。

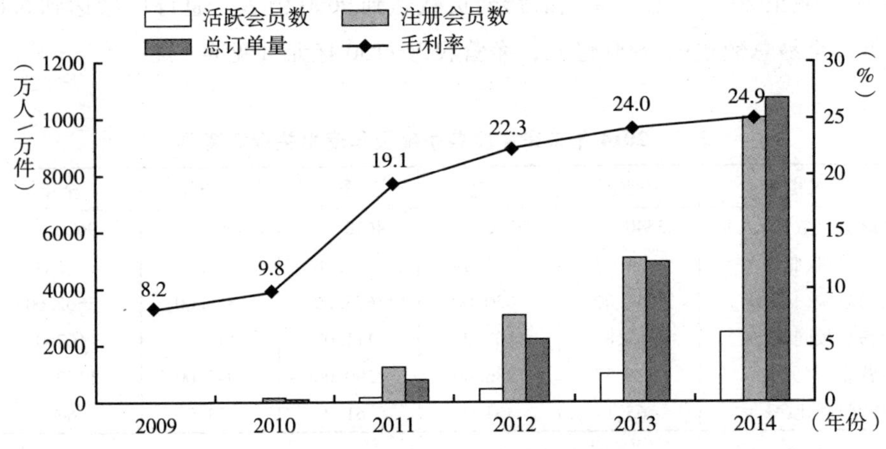

图1　2009～2014年唯品会相关指标情况

资料来源：唯品会2014年财务报告。

（二）大宗商品第三方电子交易平台

1. 广东塑料交易所

广东塑料交易所是经国务院批准的全国唯一一家塑料电子交易所，面向国内外塑料企业（包括塑料行业上下游厂家及中间贸易商）提供现货电子交易、物流、互联网金融和信息技术服务，已发展成为全国客户规模、交易规模最大，交易品种最齐全的塑料现货交易中心。该公司在全国首家发布的塑料商品价格指数“塑料所 + 中国塑料价格指数”已升级为国家级价格指数。

目前，广东塑料交易所在全国建有 28 个交收仓库，建成华南、华东、华北、西南和西北五大物流中心，总库容量达到 50 万吨。自有及挂靠车辆约 2000 多台，年运输量达到 100 万吨以上。拥有 5000 个自备集装箱，全年集装箱运力约 300 万吨。

广东塑料交易所经营收入主要包括收取交易商租金和交易续费等。注册会员行业性质包括批发和零售业、工业、服务业等。广东新能源集团有限公司、广州建隆塑料制品有限公司、广东金材实业有限公司等 7 家商品销售额超亿元的企业，2014 年合计销售额达 14.59 亿元。

2. 广州钢铁交易中心

于 2007 年开业的广州钢铁交易中心，是一座现代化的钢铁物流中心，集现货销售、电子交易、仓储物流、物业租赁和金融货押于一体，整合各种优势资源，全方位满足客户需求。拥有广州最大的钢铁现货交易、钢铁远期电子交易、国际钢铁资讯平台，6 万平方米钢铁仓储加工能力，为来自世界各地的商户提供安全高效的钢铁网上交易、银行结算、物流加工、金融货押、资讯发布等全方位一体化服务。交易品种丰富，涵盖螺纹钢、线材、热轧板、冷轧板、带钢、涂镀锌板、管材、工字钢、槽钢、角钢、不锈钢等多种钢材。

广州钢铁交易中心经营收入主要包括收取交易商租金和交易手续费等，注册会员行业性质包括批发和零售业、工业、服务业等。

（三）跨境商品直购体验中心

随着广东自贸区挂牌成立，催生了跨境电商。广州市跨境商品直购体验店接二连三开业，销售十分火爆，跨境电商的迅速发展为广大消费者提供了购买国外商品的好去处。目前广州市已建立起风信子、信天邮等多家跨境商品直购体验店，还有一些跨境商品直购体验店也在逐步建立中。

1. 风信子南沙跨境商品直购体验中心

风信子南沙跨境商品直购体验中心（一期）位于广州市南沙区滨海隽城商业广场内，经营面积达 1 万多平方米，目前已有 30 多家商户进驻，上架的国外进口商品达上万种，涵盖食品、母婴用品、化妆品、数码产品、箱包等众多品类。体验中心的每个商铺内设有完税商品售卖区和网购跨境商品展示区，完税商品交钱后可现场提货，网购跨境商品则需从网上下单，通过快递配送上门。所购商品均统一在风信子网上平台进行支付和结算，网上商城正式对外运营后，消费者可通过网上平台直接下单，不需要到现场购物。总的来说，体验中心及网上商城，以“线下体验中心＋线上购买平台”的O2O运营模式，为国内消费者提供全球同步的跨境商品直购体验，是国内首个集合诸多商家、线上线下同步运营的跨境商品直购平台。

风信子对入驻商户采取平台统一结算的管理模式，体验中心管理方能够实时掌握场内30多家商户的经营情况。体验中心管理方由两家公司组成，富宏网络科技有限公司负责风信子网上平台的运营，向商户收取平台服务费；富宏保税商品展示有限公司负责商场的物业管理，向商户收取中介费和管理费。

目前商场已经进驻的30多家商户都是独立核算的法人单位，均在南沙区登记注册和纳税，出售商品的发票由各企业分别开具，行邮税等也由各企业自行缴纳，财务报表由企业各自完成。该商场于2015年5月开始运营，开业期间吸引了大批市民来店体验和购买商品，其中“五一”节三天试业期间申请预约入场人数超过10万人次，单日客流高峰达2.5万人次。

2. 奥买家跨境电商体验店

位于南沙自贸区核心区域的奥买家跨境电商体验店于2015年9月正式开业。奥买家（Aomygod）是“奥园地产”旗下自营跨境电商品牌，经营范围涵盖日用品、食品、化妆品、生鲜、母婴用品、酒等，以“进口＋出口”“线上＋线下”“保税＋完税”“自营＋加盟”的经营模式，开展跨境电商进口及出口业务。同时，奥买家通过SGS通标标准技术服务有限公司国际第三方权威认证，确保所有进口商品为原装正品。依托“线下展示交易中心＋线上购买平台”开展O2O业务，开启“互联网＋”时代的海购新模式，“线上”建立联通海关、国检等数字化通关的“奥买家”跨境电商平台，“线下”在全国范围内打造奥买家跨境电商直购体验中心。消费者可以在体验门店直接购买数万种进口“完税”商品，或登录网上平台下单购买免税或“保税”进口商品。

3. 信天邮跨境商品直购体验中心

2015年8月3日，国内首家大健康产业跨境电商平台——信天邮第一家海购商城在广州富力金禧商务中心开业。信天邮广州富力金禧旗舰店位于广州沿江路、宝岗路和滨江路三大商圈黄金交会处，总建筑面积超过 1 万平方米，店内销售和展示包括保健品、母婴用品、美妆产品、日用洗护、休闲食品、进口水果、冰鲜海产等上万种“极速免税 · 海量爆款”商品。其中，“完税商品”从全球直接采购，顾客可现场购买并将商品带走，而“保税商品”则通过信天邮网上商城下单，从保税区直接发货到顾客指定地点。

（四）传统百货业网购平台

在经济下行压力较大、电子商务企业抢占市场份额、机构团体消费锐减的背景下，为顺应行业发展趋势，创新营销模式，走出经营困境，广州市传统百货龙头企业纷纷“涉网”，探索开展传统百货业网上销售业务。但经过几年的运营，企业网上销售业务在拉动业绩增长、增强赢利能力等方面，未能取得预期效果。

1. 广州市广百股份有限公司

2009 年底，广州市广百股份有限公司（以下简称广百股份）开通广百百货网上商城，后于 2012 年 12 月正式更名为“广百荟”。并于 2012 年 4 月在“天猫”等网站开设官方旗舰店。“广百荟”及官方旗舰店作为广百股份官方购物网站，涵盖众多一线品牌，囊括服饰、鞋品、箱包、护肤化妆品、家电、数码等十大类商品，提供货到付款、网上预售、即时客服等贴心服务，所售商品百分之百为正品保证，品牌特卖低至 1 折，为顾客提供高品质、高性价比的零障碍服务。广百股份网上销售业务自开展以来一直快速扩张，2012 ~ 2014 年营业额年均增速近 80%。但 2015 年一季度后，由于“天猫”调整搜索规则，广百天猫店流量下滑，直接导致广百股份网购业务减少。

面对行业竞争压力和电子商务发展的战略机遇，虽然“广百荟”等网上销售业务的运营遇到一定困难，广百股份仍然坚持创新经营模式，并取得实质性进展。2015 年 5 月，广百股份成功开通“广百荟 · 跨境购”频道，广百黄金珠宝大厦、广百新一城、番禺新大新三家体验店同步开幕，销售母婴用品、保健品、日用品、零食、家电等商品，开业之初的 15 ~ 17 日网上浏览客群近 11 万人次，新注册会员近 1100 人，实现线下体验销售近 100 万元，对“广百荟”拉动作用显著。

2. 广州友谊集团股份有限公司

2011 年 7 月，“友谊网乐购”正式上线，是广州友谊集团股份有限公司旗下唯一官方购物网站。“友谊网乐购”秉承“不搞两个价格体系”的基本原则，坚持线上线下联动，推行“放心”“称心”“开心”“贴心”的“四心”服务，率先引入 3D 全景现场模拟系统，支持 7 种付款方式，目前已引入数百个品牌、逾万款商品，涉及化妆品、家电、数码、服饰、钟表、珠宝等 18 个品类。自成立以来，“友谊网乐购”营业额以年均 30% 左右的增长速度稳步发展，预计 2015 年网上销售可突破 5000 万元。

3. 广东天河城百货有限公司

2013 年广东天河城百货有限公司在“天猫”设立网上旗舰店，正式涉足网上零售业务，网上销售的商品主要包括服饰、鞋品、家居用品、婴童用品等。根据目前的统计，从增速上看，由于网上销售是新开设业务，基数较小，所以维持了较高的增长速度，但 2015 年以来增速有放缓的趋势，对提高整体业绩的帮助较微。

总体来看，上述三家传统百货龙头企业“网购”业务规模小、竞争力不强，对提升整体销售能力和获利能力的帮助不大。同时，据企业反映，“网购”业务在拉动营业额方面没有达到预期效果，而且花费在平台建设、系统维护、人员配置等方面的资金明显增加了运营的成本，不利于业绩提升。

（五）中小网商聚集地——淘宝村

近年来，由于货源方便、房租便宜、交通便利以及电子商务的快速发展，“淘宝村”作为一种新的商业模式应运而生。根据阿里研究院的定义，“淘宝村”是指大量网商聚集在某个村落，活跃网店数量达到当地家庭户数 10% 以上，以淘宝为主要交易平台，以淘宝电商生态系统为依托，电子商务年交易额达到 1000 万元的网络商业群聚现象。

1. “淘宝村”的分布

2013 年，阿里研究院发布了 20 个中国淘宝村名单，其中番禺区南村镇里仁洞村是广州市唯一上榜的“淘宝村”。2014 年，这一数据就被刷新到了 211 个，而广州市的淘宝村数量激增到 24 个。这些淘宝村主要分布在白云区、增城区、番禺区和花都区等。其中，白云区 9 个、增城区 9 个、番禺区 3 个、花都区 3 个。在此基础上 24 个淘宝村还形成了 4 个淘宝镇（拥有 3 个及以上淘宝村的乡镇街道），分别是增城区新塘镇（9 个）、白云区太和镇（7 个）、番禺区南村镇（3 个）和花都区狮岭镇（3 个）。“淘宝村”的快速发展对促进电子商务发展、增加就业岗位、活跃商业经济起到积极作用。

2. 里仁洞村——广州市首个“淘宝村”

里仁洞村位于番禺区南村镇，地处番禺区的中北部，村内有番禺大道、新光快速路、金山大道、兴业大道等主干道贯通，呈两纵两横，交通便利。顺丰速运、申通快递、圆通快递、中通快递等多家物流公司在南村镇范围内设立分部或物流中心，村内有大量小微服装加工厂，为电子商务发展提供了交通、货源、物流等便利。调查数据显示：近几年，里仁洞村内从事电子商务（网店销售）的店铺约有 500 多家，主要分布在里仁村环城路、植地庄、新兴大道、朝阳新区等地，但尚未实施集中的产业园区管理。网店主要从事服装类商品，个别从事茶叶与茶具、电子产品、电池等商品的网上销售。

3. 犀牛角村——依附于专业市场的“淘宝村”

犀牛角村隶属白云区京溪街，位于广州市东北部，东接天河区元岗街，西傍白云山风景区，南连天河区兴华街，北邻同和街，处天河商圈辐射范围内，占地约 1 平方公里。得益于 2009 年物流停车场改造带来的低廉租金，以及毗邻沙河服装批发市场、交通便利等地理优势，犀牛角村在几年间发展成为集办公、仓储于一体的服装销售“淘宝村”。目前，犀牛角村云集了约 3000 户淘宝商家，衍生出近 30 个快递经营点、20 多家食肆，形成了快递服务、纸盒销售、产品拍照等基本完整的上下游产业链条。每天约有 15 万票网购商品由此发出。

三　主要特点和存在问题

当前，广州市电子商务发展正进入密集创新和快速扩张的新阶段，日益成为拉动消费需求、促进传统产业升级、发展现代服务业的重要引擎。经过几年的发展和积累，广州市在品牌建设、区域集聚、网上商店、平台建设等方面形成了较为鲜明的特点，但也存在一些值得重点关注的问题。

（一）品牌建设取得明显成效，但与北京、杭州等城市相比仍有较大差距

品牌建设是企业快速成长的重要保障，“无品牌不强，无品牌不大”早已成为企业发展的共识。广州市主要电子商务企业洞察自身发展基因，明晰自身品牌特质，亮化品牌传播，强化品牌内部认知，积极推动品牌建设，取得一定成效。代表性品牌主要包括唯品会、梦芭莎等。根据全球专业零售咨询机构 Kantar Retail 发布的《2015 年中国电商力量排行榜》，唯品会综合排名第 6 位，位次与上年持平。但在品牌数量和含金量方面，广州市与北京、杭州等城市存在明显差距。

从上榜电商品牌数量看，北京有 6 个品牌进入 B2C 榜单前 10 名，有 3 个品牌进入 B2B 榜单前 10 名，而广州进入 B2C、B2B 榜单前 10 名的品牌各 1 家（见表 2）。

表 2　2015 年电商排名前 10 名

排名	B2C		B2B	
	品牌	总部地址	品牌	总部地址
1	京东	北京	阿里巴巴	杭州
2	天猫	杭州	慧聪网	北京
3	1 号店	上海	中国制造网	南京
4	亚马逊	北京	科通芯城	深圳
5	苏宁易购	南京	京东	北京
6	唯品会	广州	网盛生意宝	杭州
7	聚美优品	北京	一呼百应	广州
8	我买网	北京	敦煌网	北京
9	顺丰优选	北京	金泉网	扬州
10	当当	北京	我的钢铁	上海

数据来源：Kantar Retail：《2015 年中国电商力量排行榜》，中国商情网，2015 年 10 月 13 日。

从品牌占市场份额情况看，根据艾瑞咨询最新发布的《2015 年第二季度电子商务核心数据》，杭州的天猫占 B2C 市场份额的 55.7%，阿里巴巴占中小企业 B2B 电子商务运营商平台营收份额的 46.4%，而广州的唯品会和一呼百应网占市场份额均不足 5%。

（二）空间集聚效应初步显现，传统商业优势区域发展相对滞后

广州市将电子商务作为加快现代服务业发展的重要抓手，围绕结构调整和产业升级，加快培育电子商务企业和电子商务交易平台，有力推动了电子商务集聚发展。黄埔、荔湾、南沙等区立足本地实际，充分发挥区位优势，用足用好激励政策，大力发展电子商务，实现从无到有，从小到大，已形成明显的集聚效应。2015 年 1 ~ 10 月累计，限额以上网上销售额占黄埔、荔湾两区批发和零售业商品销售总额的比重分别超过 10% 和 5%，并且保持高速增长。同期，受自贸区政策刺激，南沙区限额以上网上商品销售额同比增速超过 2 倍。

但在一些传统商业中心区域及区位优势区域电子商务集聚效应反而不明显，部分传统优势地区未采取得力措施利用电子商务新业态推动实体经济创新发展，电子商务整体发展水平相对偏低。

（三）网上商店发展迅猛，商品零售额增势减缓

随着广州市电子商务活动的普及，网上商店凭借商品价格低、交易便捷、不受时空限制等诸多优势，迅速为广大消费者接受，发展速度十分迅猛。据统计，2014 年末，广州市拥有限额以上网上商店 41 家，全年实现零售额 509.74 亿元，单位数量、销售规模分别是 2010 年的 20.5 倍和 514.9 倍，零售额 5 年间年均增长 2.9 倍。同时，在复杂多变的市场竞争环境中，广州市注重引导企业迎合市场需求，不断创新完善经营模式，目前已形成综合商城、百货商店、垂直商店、复合品牌店、轻型品牌店等多种不同类型的网上商店，颇受消费者欢迎。

值得注意的是，电子商务新业态经过几年的爆发式发展，新旧业态转换加速，产业优化升级加快，但由于市场竞争日趋激烈，企业拓展市场的难度逐步加大。近年来，广州市部分大型电子商务企业陆续遭遇各种困难和瓶颈，网上商店零售额增速有所放缓。全市限额以上网上商店零售额增长速度逐年回落，从 2011 年的同比增长 190% 回落至 2014 年的 63.1%（见图 2）。从龙头企业的情况来看，由于仓储用地不足，唯品会已将零售业务外迁至他市，京东商城在日益激烈的市场竞争下增长速度逐年回落。这两家企业的经营情况在很大程度上决定了全市网上商店零售额的走势。此外，知名电子商务企业梦芭莎，由于股权变更、经营方式调整等原因，营业额大幅下滑。

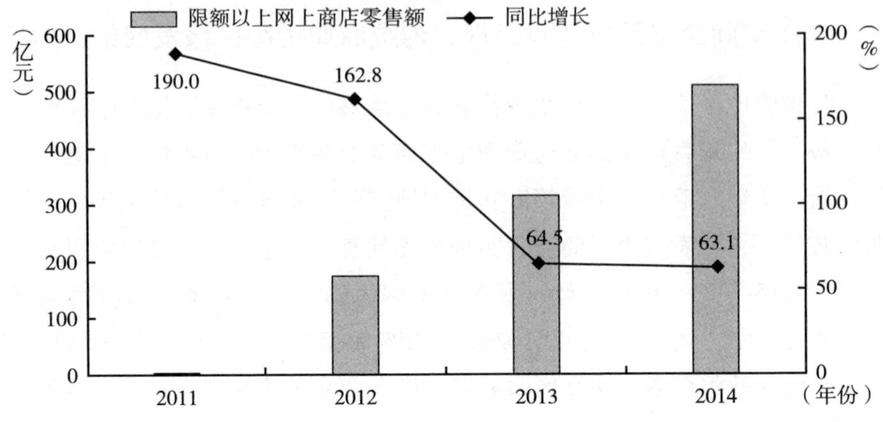

图2　2011～2014 年限额以上网上商店零售额及增速

另外，由于国内市场需求的总体状况并未根本改变，广州市电子商务新业态发展的相对优势还未充分显现，相对电子商务发达的城市来说，利用这种新业态手段来抢占国内市场份额效果并不十分突出。因此，虽然新业态促进了现代与传统商业经营模式的快速转变，但由于新业态规模相对不大，全市社会零售总额增长仍然相对平稳。从年均增速看，2005～2009 年广州市社会零售总额年均增长 16.6%，仅比电子商务迅速崛起的 2010～2014 年低 0.2 个百分点；从近年年度增速看，2011～2014 年，限额以上网上商店零售额每年都保持 50% 以上的高速增长，而全市社零总额增速均在 10%～20% 的较快增长区间。

（四）电商平台发展前景总体看好，部分新兴市场电商规模仍然弱小

广州市积极推动电子商务普及应用，加强顶层规划设计，研究制定配套政策，电子商务整体实现较快发展。目前，广州市知名电子商务产业园区集聚效应不断增强，唯品会等品牌龙头企业继续快速发展，传统产业积极试水网络营销，“跨境购”和“淘宝村”等新商业模式迅速兴起，“互联网＋”和“＋互联网”等现代元素正在与实体经济快速融合，电子商务交易平台发展前景总体看好。但近年大宗商品交易和“跨境购”等电子商务平台自主完善扩张能力仍然不强，整体上仍处于起步阶段，尤其是“跨境购”布局分散、规模不大，发展水平有待提高，急需政府有关部门扶持引导。

1. 大宗商品电子商务交易平台影响力偏弱

作为现代新兴市场的重要分支，大宗商品电子商务交易平台近年在广州的发展不尽如人意。除广东塑料交易所在全国具有较强的影响力和辐射力之外，其他交易中心（所）的注册会员大部分是本土企业，外来企业进驻不多，辐射范围基本局限于广州本地或华南地区，在全国和国际上影响不大。

2. “跨境购”规模不大、知名度不高

由于起步较晚，尽管目前广州市各大“跨境购”企业发展速度较快，但与国内知名“跨境购”企业相比，在规模上仍有明显差距。2015 年在全国跨境零售电商排行榜前 15 名中没有广州企业的身影，这与广州商业中心城市地位不匹配。可见，广州“跨境购”品牌建设需要在政府大力支持下迅速加强，以抢占有利地形。

（五）电子商务发展共识已经形成，传统商业领域业态升级还需加强

2014 年，广州市先后出台了《关于全市电子商务与移动互联网集聚区总体规划布局的意见》和《关于印发加快电子商务发展实施方案的通知》两份纲领性文件，政府部门关于大力发展电子商务、积极推动互联网元素与实体经济深度融合，已经形成指导性意见。同时，近年来电子商务深刻影响社会生产和人民生活，部分竞争意识和创新意识较强的企业充分认识到电子商务对增强行业竞争力的重要意义，积极尝试开展线上营销；人们逐步体验到电子商务对改善生活质量、降低生活成本的积极作用，“涉网”购物的人群规模快速扩张、人均消费水平不断提高。总体来看，政界、商界、民界对发展电子商务已经形成高度共识。但与新型商业模式快速发展相比，近年广州市对于传统商业领域转型升级的推动仍有待加强，特别是中小商家众多的专业市场和零售业两大传统商业领域。

1. 专业市场网上销售平台建设总体水平较低，而且参差不齐

为适应电子商务普及和发展的需要，广州市部分专业市场自发搭建了中小型电子商务交易平台供商户入驻经营。但由于缺乏统一管理和整体规划，导致平台技术水平高低不一、入驻商户质量参差不齐，“零、乱、散”的问题突出，难以形成电子商务品牌效应，未能打造出国家级示范性专业市场电子交易平台。如果不及早

解决这些问题，广州市专业市场在今后的行业竞争中有可能会丧失比较优势。

2. 中小传统零售业企业网店业务起步较晚

中小传统零售业企业网店业务整体上起步晚，发展慢，竞争力不强。根据限额以上统计数据，截至2015年上半年，全市中小微型传统零售业企业1572家，开设网上销售业务的27家，占比仅为1.7%；从经营规模看，27家开设网上销售业务的企业实现网上销售额约1.3亿元，户均月网上销售额只有80万元。

（六）财务制度改革相对落后，行业管理亟待加强

按照现行会计制度，财务报表、会计科目无须进行“电商”及“非电商”分组。在我国实行按行业分类统计的制度下，电子商务企业完成的各项主要统计指标会根据行业统计情况计入全市GDP核算，但是由于难以掌握细分的“电商”财务数据，单独开展电子商务业态的增加值核算面临极大困难。同时，一些企业也无法提供细分的电子商务业务量数据。因此，按现行的统计制度，全面、系统地反映电子商务发展情况难度较大。

此外，电子商务还存在行政监管困难的问题。如在广州形形色色的“淘宝村”中，数目众多的商户，普遍具有规模小、办公场地要求不高、流动性强等特点，日常行政监管面临一定困难。调研发现，很多商户存在民居商用、偷逃税款、逃避登记注册等不法行为，工商、税务、统计、消防、治安等部门开展行政监管难度较大。此外，随着“淘宝村”集聚效应不断增强，村内房租水涨船高，商家经营成本普遍大幅增加，商户流动性不断加大，进一步增加了监管难度。

四　对策建议

电子商务是经济发展的新引擎，是“十三五”期间加快广州市三大战略枢纽、“三中心一体系”建设的重要推动力之一。为进一步促进广州市电子商务健康快速发展，推动电子商务与实体经济深度融合，加快“网络商都”建设进程，提出以下几点建议。

（一）不断优化发展环境，全面推进电子商务集聚发展

深入贯彻落实市委、市政府关于发展电子商务的工作部署，将政、商、民

共识转化为促进新业态发展的强大推动力，全面推进企业总部区、商业集聚区和产业基地的电子商务基础建设，力争做到空间布局合理、各区协调发展，实现“一区一特色，区区有亮点”。继续做好企业电子商务发展的个性化指导、行政审批绿色化等政务服务，加强信息网络、互联网金融、物流运输等配套设施建设。针对重点产业、重点行业、重点区域、重点企业，制定鼓励电子商务发展专项财政金融的扶持优惠政策，进一步引导电子商务健康发展。充分发挥高校的创新和人才优势，持续优化电子商务企业发展的人才环境。

（二）完善行政监管体系，全面掌握电子商务发展动态

为应对电子商务迅猛的发展势头，要进一步健全完善行政管理制度，创新服务体制机制，为电子商务发展提供更优厚的条件。一是将电子商务发展列入广州市政府重点工作。各级政府要把电子商务发展摆上重要议事日程，科学规划，狠抓落实，定期督办，真正做到年初有规划，年中有督办，年终有成绩。二是完善广州市电子商务发展行政监管体系。加大电子商务平台规范化运营和电商产品质量监管，强化网上销售假冒伪劣商品和网络金融欺诈的处理和打击力度，净化广州市电子商务市场环境。三是鼓励中小商户落地注册登记。落实注册资本登记制度改革，探索制定办公场所租金补贴、一次性注册奖励等鼓励政策，吸引中小型商户落地注册登记为法人单位，推动众多的中小零售商，特别是个体经营户，纳入企业规范化管理。四是健全财务会计制度。适时修订完善会计制度，对电子商务业务规模达到一定标准的企业，在会计报表中增设电子商务子表，切实规范电子商务财务会计管理体系。

（三）培育引进龙头企业，增强网上商店行业竞争力

网上购物正在快速瓜分传统商业的市场份额，大型“电商”的经济贡献和示范效应与日俱增，加速培育和引进龙头企业势在必行。一是保持现有电子商务龙头企业竞争优势。通过智库建策、专家论坛等形式，帮助现有龙头企业实时掌握市场动态、准确定位目标客户群体、实现差异化经营和个性化发展，保持龙头电子商务企业的行业领先优势。二是培育一批电子商务龙头示范企业。筛选一批电子商务竞争力强、商业基础好、发展潜力大的本土企业，开展示范性试点培育，鼓励企业创新服务、创新技术、创新商业模式，引导优势资

源重组整合。三是积极引入企业总部和大型（知名）电子商务企业落户广州。健全完善企业总部经济政策措施，建立大型电子商务企业落户鼓励措施，积极引进国内外电子商务龙头企业的大区总部、地区总部等高端项目，吸引大型（知名）电子商务企业来穗发展。

（四）发挥传统产业优势，科学引导传统产业转型升级

面对互联网经济的猛烈冲击，政府相关部门应主动担当，积极作为，通过优化升级网上交易平台，引领专业市场、百货业等传统产业转型升级，拓展市场发展空间。一是加强资金支持网上交易平台建设。引导传统商贸企业加快网上交易平台建设，帮助重点企业解决网站建设、服务器购置等资金缺口，缓解开展“电商”业务带来的资金压力。二是完善网上交易平台管理制度。制定出台基本的网站建设标准、平台监管细则等，有效避免交易平台建设无序化、品质参差不齐等问题的出现，切实保障平台服务水平和交易质量。

（五）继续加强品牌建设，提升电商国内外影响力

实行政企联动，采取组织推介会、投放广告等措施，在大宗商品交易中心、“跨境购”、百货店网上商城等领域，选取有发展潜力的项目（企业），分类打造拳头品牌，大力提升广州电子商务企业、品牌在国内外的知晓度和信誉度，让广州交易走出中国、走向世界。一是大力打造国家级大宗商品电子交易中心。科学指导塑料、有色金属等交易中心搭建可提供网上交易、银行结算、联盟仓储、物流加工、质押融资、咨询发布等全方位一体化服务的区域性、社会化电子交易平台，努力打造国家级价格指数体系。二是培育1~2个“跨境购”国内知名品牌。做好“跨境购”企业与海关等部门的备案审批、通关检验等协调工作，丰富货物品类、提高通关效率，争取在一年时间内帮扶1~2家企业进入国内跨境零售电商榜单。三是增强专业市场电子交易平台辐射力。对服装、布匹、皮具、珠宝等传统优势专业市场，加强电子交易平台的建设，加大海内外宣传推广力度，积极拓展“广货”辐射范围。四是重点推介一个百货店网上商城。在现有百货业龙头中，选取一家网上销售基础好的企业，在国外华人集聚区及国内进行重点推介，积极抢占各地实体百货店市场份额。

B.11

工业转型升级背景下推进广州市新一轮技术改造的思考与对策

朱裕忠*

摘　要：　近年来，工业投资与工业技术改造投资增速下降制约了广州市工业发展后劲。在当前发达国家和其他发展中国家对我国制造业“双向挤压”、国内经济供给侧结构失衡的大环境下，广州市大力推动工业企业技术改造，通过有效的增量投入，使“广州制造”强筋健骨、提质增效，推动工业加快转型升级。

关键词：　技术改造　工业投资　转型升级

工业技术改造是企业通过信息化应用、智能化改造以及采用新技术、新工艺、新设备、新材料对现有设施、工艺条件及生产服务等进行改造提升，实现提质增效，促进内涵式增长的投资活动，是加快新的先进生产力建设的重要抓手，是促进两化深度融合、实现技术进步、提高生产效率、推进节能减排、提高质量和效益的重要途径。特别是在当前发达国家和其他发展中国家对我国制造业“双向挤压”、国内经济供给侧结构失衡的大环境下，工业技术改造作为一种有效的增量投入，可以发挥引导存量调整、减少过剩产能、增加高端供应的作用，为推进供给侧结构性改革“打前站”。2015 年 11 月，李克强总理在国务院常务会议指出，加快企业技术升级改造，使“中国制造”强筋健骨、提质增效，形成竞争新优势，是改善供给和扩大需求的重要举措，既是当务之急，更是长远大计。2015 年出台的《中国制造 2025》也强调，要持续推进企

* 朱裕忠，广州市科技创新委员会技术改造与创新处主任科员。

业技术改造，分业分类施策，推动企业提升技术装备水平，促进产业向价值链高端发展。因此，加快推进企业技术改造，具有提升有效供给、化解过剩产能、加快工业转型升级的重要意义。

“十二五”规划以来，广州市工业投资总体呈现先抑后扬的走势，年均增长速度仅为3.3%，与其他3个国内中心城市比较，高于上海（-5.0%），低于重庆（16.8%）和天津（15.8%）；在广东省内城市中，与东莞基本一致（3.6%），高于深圳（2.1%），低于佛山（12.7%）；广州市工业技改投资年均增长速度仅为5.1%，但不同年份投资额起伏变化较大，与东莞、深圳变化趋势相似。工业投资与工业技改投资增速下降制约了广州市工业发展后劲。

2014年以来，广东省政府、广州市政府出台了关于推动新一轮技术改造和工业转型升级三年攻坚战的工作方案，广州市工业和信息委员会主动适应经济发展新常态，接轨“中国制造2025战略”的新趋势，以推动工业企业扩产增效、智能化改造、设备更新、绿色发展、公共服务平台建设为重点，大力推进新一轮技术改造，扭转了近年来工业投资和技术改造投资增速双降趋势。2015年，全市完成工业投资754.78亿元，同比增长10.2%，超额完成广东省下达的750亿元目标任务；完成工业技改投资210.61亿元，同比大幅增长51.7%，超额完成广东省下达的176亿元的目标任务。通过实施新一轮技术改造，有力推动广州市工业发展实现“三提升”。一是高端化发展水平有新提升。2015年，规模以上工业高技术产值完成3169.15亿元，比2010年的2243.69亿元增加925.46亿元，“十二五”期间年均增速超过10%。二是创新能力有新提升。2015年，国家级、省级、市级企业技术中心分别达22家、188家、258家，比“十一五”期末分别增加8家、93家、217家。三是质量效益有新提升。全员劳动生产率由“十一五”期末的21.5万元/人，提高至2014年的32.29万元/人，年均增速达10.7%。

一 主要做法

（一）抓政策措施引导

出台《广州市工业转型升级攻坚战三年行动实施方案（2015～2017年）》，

明确提出2015～2017年安排30亿元财政资金支持工业转型升级，其中8亿元支持工业技术改造和制造业转型升级，7亿元支持机器人及智能装备产业大发展，15亿元作为引导资金，筹集社会资金共同设立总规模60亿元的广州工业发展基金。同时，每年安排不少于333公顷（5000亩）用地指标专门支持工业项目，优先安排高端制造业项目。

（二）抓产业精细摸查

召开全市工业产业摸查动员会，组织各区政府对本地区2014年主营业务收入1000万元以上的工业企业进行摸查，切实摸清工业项目（含技改项目）、用地需求、研发机构等情况，及时收集企业在审批、用地、资金等多方面的需求，将摸查得到的技改投资、开展技改的规上企业数量、规上企业开展“机器换人”数量等情况作为广州市制定配套扶持政策的重要依据。截至2015年12月底，全市完成摸查主营业务收入1000万元以上的工业企业数8183家，摸查率达到99%。

（三）抓重点项目服务

广州市工业和信息化委员会成立了12个重点项目工作组，由各工作组专门负责对应区，强化2015年28个市工业和信息化重点建设项目、6个重点招商项目、20个工业机器人及智能装备产业重点项目和287个新一轮技术改造项目的跟踪服务与协调推进工作。2015年以来，服务组先后协调解决广东骏丰频谱股份公司新增扩产用地、立白集团白云地块项目征地、广东白云清洁集团有限公司旧厂房地块“三旧”改造、中国石油化工股份有限公司广州分公司环保手续、东风日产启辰晨风电动车列入公安巡逻用车、广汽番禺化龙基地等重点产业项目用地、粤新海洋工程装备有限公司资金缺口等问题，着力帮助企业解决转型升级、扩大产销、行政审批等过程中遇到的瓶颈。

（四）抓技改政策宣传

制定了新一轮工业企业技术改造工作指引，先后赴各区开展有关省市出台新一轮技术改造和工业转型升级攻坚战的政策宣讲活动。截至2015年12月，广州市共召开宣讲会议42场，参会人员合计5300多人，已将技改政策传达到4500多家规模以上企业。

（五）抓项目示范带动

组织编制《2015年广州市开展新一轮技术改造项目滚动计划》和《2015年广州市开展新一轮技术改造项目完工计划》，建立全市重点工业投资和技术改造项目库。2015年以来，累计安排工业转型升级专项资金2亿元，扶持广州市工业企业技术改造投资项目超过150项。

（六）创新财政扶持模式

设立15亿元引导资金，探索采用公司法人制模式，再由广州产业投资基金管理有限公司筹集3倍左右的社会资金共同设立总规模60亿元的广州工业发展基金。母基金公司按照市场化方式运作，全部资金用于设立工业发展子基金，在子基金中参股不控股，发挥财政资金的杠杆效应和引领作用，引导社会资本进入广州市工业领域。

二　存在问题

广州市工业企业技术改造积极性不断提升，但在推进工业企业新一轮技术改造工作中仍遇到一些问题，主要体现在“四不”方面。

（一）产业结构层次不高

从产业内部结构水平看，广州产业结构低端化仍较明显。高新技术产业实力较弱，拥有自主知识产权产品比重大大低于北京、深圳等城市；作为广州第一支柱产业，汽车制造虽然形成了较大规模，但其核心技术基本为外方垄断。三大支柱产业面临不同程度的挑战，汽车过于倚重日系品牌，石化难以发展新的大项目，电子产品制造业则缺乏大型骨干企业。在航空航天、环保节能等代表新一代工业未来的战略性新兴产业方面，广州远未形成规模和优势。

（二）龙头企业数量不多

“星星多、月亮少”是广州工业的长期顽疾，2013年广州世界500强和中国500强企业数量分别为2家和10家，远低于上海的7家和42家，与深圳的

4家和27家相比也差距明显。此外，广州虽拥有海量的中小企业，但像金发科技那样具有行业领袖地位的企业较少。

（三）产业创新能力不强

广州拥有全省60%的普通高校、77%的科技研发机构和100%的国家级重点实验室，但高新技术产业化和战略性新兴产业的发展却远远落在同省的深圳后面。R&D支出占GDP比重为2.26%，比深圳低1.34个百分点；工业企业新产品率为10.9%，远低于北京的25.96%，比深圳低6.5个百分点。

（四）工业企业对技改政策理解不够

广东省、广州市密集出台了一系列扶持工业企业技术改造的政策，并采用股权投资、贷款贴息、事后奖补等多种政策扶持措施，但部分工业企业对省财政资金股权投资的进入、退出、使用等存在疑虑，申报股权投资等项目的意愿不高。

三　对策与思路

当前广州市工业发展的动力和下行压力并存，基本面向好的趋势没有改变。下一步，围绕中央经济工作会议精神，推进供给侧结构性改革，抓好去产能、去库存、去杠杆、降成本、补短板五大任务，把国家、省、市一系列稳增长、促发展政策落实到位，推动工业技术改造快速发展。

（一）大力推动智能制造

实施“机器换人”工程，支持在电子、家电产品装配企业和家具、纺织服装等劳动密集型行业购置先进适用设备，鼓励应用集机械、电子、控制、计算机、传感器、人工智能等多学科先进技术于一体的工业机器人装备，普及现代化制造模式。建设智能制造示范基地，鼓励有条件的地区积极发展智能制造产业基地，重点建设黄埔智能装备产业园等智能制造基地，加快智能产业聚集。培育发展智能制造骨干企业，积极引进国外著名机器人公司及国内外高端智能制造企业，着力培育本土智能制造产品及服务品牌，培育发展智能装备整

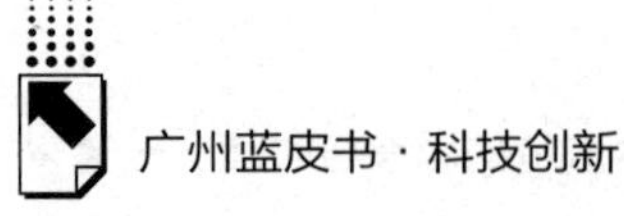

机和关键零部件研发制造骨干企业。建设智能制造公共服务平台，推动成果孵化、研发设计、检验检测、认证认可、金融租赁等公共服务平台建设。

（二）推进“两化”深度融合

围绕信息化技术在现有产业的普及应用，鼓励使用柔性自动化生产装配线、大型控制系统、数控机床等自动化、数字化、网络化制造模式，推广应用新型传感、嵌入式控制系统、系统协同技术等制造技术，推进精益制造，改进工艺流程，加强过程控制，提高制造水平。支持制造企业应用电子商务转型升级，推动制造业企业开展电子采购、电子分销和电子商务。推动企业应用信息技术打造供应链系统、营销网络等，发展新业态，实现管理网络化、商务电子化、服务定制化。以制造业改造提升拓展现代服务业的需求，以现代服务业的发展支撑制造业向价值链高端攀升，鼓励现代物流、工业设计、品牌会展等现代服务业加速发展。

（三）加快推动设备更新

重点针对传统优势产业实施设备更新和升级换代工程，着力淘汰企业老旧设备。推进优势传统工业企业购置先进适用设备，实施设备更新。突出抓好优势传统产业整体改造提升，分行业制定技术突破、产品升级、企业培育、链条配套、产业集聚、淘汰落后等“六个一批”行动路线，推动食品饮料、家居家电、灯光音响、电子产品等整体优势传统产业转型升级。鼓励使用首台（套）装备，围绕广东装备制造业的优势、基础和发展重点，支持工业企业优先购置和使用由广州市首次自主研发和生产的集机、电、自动控制技术为一体的成套装备或核心部件，鼓励重大通用装备在跨领域的首次推广使用，推动广州市高端装备制造产业化发展。同时积极探索以技术标准引领产业发展，围绕创新成果开展创业创富，促进科研与生产紧密结合，充分发挥市场主体的创造性和积极性，加快科技成果产业化。

（四）促进绿色低碳发展

以推动工业企业新一轮技术改造为重大契机，大力开展节能减排技术改造，实施提升工业能效、清洁生产、资源综合利用等技术工程，促进绿色发展、循环发展、低碳发展。着力在石油化工、有色金属、电力、建材等高能耗产业实施电机能效提升工程。全面铺开注塑机节能改造。组织实施节能和循环经济改造工程，培育一批资源节约型、环境友好型示范企业和园区。

（五）强化重点技改项目库建设

按照“储备一批、开工一批、投产一批、达效一批”的思路，重点围绕重大技术装备的研发及产业化、高端材料和新材料研发及产业化、电子信息产业创新、机器换人、新产品和先进产能的提升、节能减排和绿色发展等方向，加强优势重点技术改造项目的摸查、审核和上报，建立全市技术改造重点项目库，逐步完善动态跟踪、分级管理的重大前期项目储备制度。组织实施2016年度全市重点工业技术改造项目滚动计划，市、区合力做好项目的跟踪、服务和完工评价等工作。

（六）强化企业项目跟踪服务

充分发挥广州市工业和信息化委员会12个重点项目工作组的协调带动作用，加强重大项目建设的跟踪管理和协调服务，建立健全重大工业项目动态跟踪机制，切实协调解决项目建设中遇到的困难和问题。密切监测和分析全市工业经济运行情况，特别是先进装备制造业发展情况。

（七）大力提升企业创新能力

加大企业建立技术中心等研发机构的培育和指导力度，引导技术、装备、资金、人才、信息等创新要素向技术中心等聚集，使企业技术中心成为企业加强自主创新能力的策源地和发动机。积极推荐符合条件的市级中心申报国家和省级技术中心认定。加强工业设计对工业经济转型升级的带动作用，推动“广州制造”向“广州创造”的转变。

参考文献

冯德连：《中小企业集群式创新的动力机制研究》，《商业经济与管理》2010年第

12 期。

刘彦弘：《株洲工业技术改造思路探讨》，《企业管理》2006 年第 3 期。

谢富胜、陈享光：《改革开放以来技术改造投资规模的实证分析》，《经济理论与经济管理》2004 年第 4 期。

吕津、程淑佳：《传统产业技术改造的制约因素》，《社会科学战线》2005 年第 3 期。

B.12

广州制造业创新发展对策研究

刘金山*

摘　要：　广州制造业稳步增长，为广东“世界制造中心”地位做出重要的总量贡献和结构贡献。但制造业产业总量和质量有待提升，支柱产业较少且面临变迁和更替；产业的空间联系有待加强，产业生态系统有待提升，出口能力有待加强；面临前所未有的、全方位、多层次竞争。广州制造业创新发展需要确立五个发展战略，即存量提升、增量择优、空间连接、内外并重和生态系统。这需要正确认识制造业的战略地位，采取综合措施全面提升制造业竞争力。

关键词：　制造业　全球价值链　新工业革命

制造业是中国具有国际影响力大国地位的关键支撑点，也是广州国家中心城市建设的关键支撑点。在中国经济进入新常态背景下，广州制造业创新发展的目标是在关键行业成为领先者而不是追随者，其路径是寻求新工业革命与新常态下的新红利。当前广州需要洞察制造业的发展基础，借鉴制造业发达城市的经验，把握新工业革命时代制造业发展趋势，准确定位未来发展的关键领域，并构建制造业创新发展的生态系统。

* 刘金山，暨南大学经济学院副院长、教授、博士生导师。

一　广州制造业发展现状分析

（一）广州制造业稳步增长，为广东“世界制造中心”地位做出重要的总量贡献

2008 年以来，广州规模以上制造业产值总体呈上升态势，2008 年为 9642.84 亿元，2009 年突破 1 万亿元，2013 年达到 15749.26 亿元。其占广东省规模以上制造业产值比重相对稳定，一直处于 15% 以上（见表 1）。

表 1　2008～2013 年广州规模以上制造业产值与增加值情况

单位：亿元，%

指示	2008 年	2009 年	2010 年	2011 年	2012 年	2013 年
产值	9642.84	10426.71	12795.15	14514.55	13590.33	15749.26
占省比重	16.03	16.56	16.09	16.55	15.43	15.50
工业增加值	2554.83	2750.77	3363.64	3714.45	3615.21	4058.62
占省比重	16.49	16.81	18.36	19.17	17.73	16.99
增加值率	26.49	26.38	26.29	25.59	26.60	25.77

资料来源：2008～2014 年《广州统计年鉴》和《广东统计年鉴》。

同期，广州规模以上制造业增加值逐年攀升，2008 年为 2554.83 亿元，2010 年超过 3000 亿元，2013 年达到 4058.62 亿元。其占广东省的比重一直处于 16% 以上。

广州制造业增加值占广东省的比重，一直高于其产值占广东省的比重，表明广州在为广东“世界制造中心”做出总量贡献的同时，也做出了很好的效益贡献。2008 年以来，广州制造业增加值率一直稳定在 25% 以上。

（二）广州制造业体系不断优化，为广东“世界制造中心”地位做出重要的结构贡献

根据《国民经济行业分类》（GB/T 4754－2011）指标体系，制造业共包含 31 个行业。广州 31 个行业全面发展，形成了完整的制造业体系。完整的制造业体系和产业层次，具有广泛的关联效应，对国家中心城市建设与发展形成

有力的产业支撑。2013 年制造业各行业总产值比重，最高为汽车制造业 21.07%，最低为化学纤维制造业 0.05%（见表 2）。

表 2　2013 年广州制造业各行业占总产值比重

单位：%

行业	比重	行业	比重
农副食品加工业	2.97	橡胶和塑料制品业	2.38
食品制造业	2.92	非金属矿物制品业	1.12
酒、饮料和精制茶制造业	1.85	黑色金属冶炼及压延加工业	3.43
烟草制品业	1.28	有色金属冶炼及压延加工业	2.98
纺织业	1.90	金属制品业	2.39
纺织服装、服饰业	3.43	通用设备制造业	4.11
皮革、毛皮、羽毛及其制品和制鞋业	1.77	专用设备制造业	1.17
木材加工及木、竹、藤、棕、草制品业	0.18	汽车制造业	21.07
家具制造业	0.93	铁路、船舶、航空航天和其他运输设备制造业	3.51
造纸及纸制品业	0.91	电气机械及器材制造业	5.79
印刷和记录媒介复制业	0.80	计算机、通信和其他电子设备制造业	12.38
文教、工美、体育和娱乐用品制造业	1.66	仪器仪表制造业	0.49
石油加工、炼焦和核燃料加工业	4.75	其他制造业	0.11
化学原料及化学制品制造业	11.68	废弃资源和废旧材料回收加工业	0.33
医药制造业	1.52	金属制品、机械和设备修理业	0.15
化学纤维制造业	0.05		

汽车制造业，计算机、通信和其他电子设备制造业，化学原料及化学制品制造业所占比重远远超过其他行业所占比重。2008～2012 年，三大支柱产业总产值占全市工业总产值比重均在 40% 以上，且总体上呈不断上升趋势，从 2008 年的 43.42% 增长到 2011 年的 48.21%，仅 2012 年所占比重稍微下降（见表 3）。可见，广州市制造业三大支柱产业的地位比较牢固。

表 3　2008～2012 年广州制造业三大支柱产业总产值

单位：亿元，%

	2008 年	2009 年	2010 年	2011 年	2012 年
汽车制造业	1840.66	2317.57	2898.52	3037.09	2721.29
计算机、通信和其他电子设备制造业	1031.08	1359.85	1763.25	2045.22	1886.71
化学原料及化学制品工制造业	1694.05	1612.92	1978.9	2492.8	2344.2
总计	4565.79	5290.34	6640.67	7575.11	6952.2
占全市工业总产值比重	43.42	46.5	48.01	48.21	43.27

（三）广州制造业固定资产投资持续快速增长，居全省前列

2008 年金融危机后，广州制造业固定资产投资不仅没有受到重大冲击，反而取得长足的发展，连续迈上新台阶。2009 年突破 300 亿元大关，2011 年突破 400 亿元，2013 年达到 581.26 亿元（见表 4）。

表 4　2009～2013 年广州与广东制造业固定资产投资情况

单位：亿元，%

	2009 年	2010 年	2011 年	2012 年	2013 年
广州	345.59	371.43	427.95	453.41	581.26
广东	3109.33	3788.01	4523.42	5352.26	6044.49
广州占广东比重	11.11	9.81	9.46	8.47	9.62

数据来源：广东省产业发展数据库和 2009～2013 年《广东统计年鉴》。

从各市制造业固定资产投资占全省比重看，在广东省 21 个省辖市中，广州一直处于领先地位，虽然比重从 2009 年的 11.11% 降到 2013 年的 9.62%，但比重仍然一直保持在 8% 以上，占全省比重稳定。这既是一种资本形成的存量贡献，也是一种需求贡献。

（四）广州制造业利税总额呈现“先增后降”的态势

2008 年金融危机后，广州制造业利税总额稳步增长。2008 年为 1679.80 亿元，2009 年为 1886.92 亿元，2010 年达到 2435.29 亿元；2011 年下降到 2282.06 亿元，2012 年更是下降至 1468.58 亿元，同比下降达 35.65%。

其关键原因之一是主营业务成本率较高。2008～2012 年，广州规模以上制造业细分行业中，除烟草制品业的主营业务成本率最低（为 30% 左右）以外，食品制造业、化学原料及化学制品制造业、医药制造业的主营业务成本率在 30%～65%；而交通运输设备制造业（包括汽车制造业在内），计算机、通信和其他电子设备制造业，石油加工、炼焦与核燃料加工业的主营业务成本率都在 80%～90%。支柱产业的主营业务收入的赢利贡献较低。

（五）广州制造业出口交货值稳步增长，增长速度有所波动

广州规模以上制造业工业企业出口交货值在从2008年的2209亿元增长到2012年的2847亿元，增长28.9%，总体保持较为平稳的增长趋势。受2008年金融危机影响，2009年出口交货值增长率一度下降到0.37%，随着经济回暖，2010年增长率回升至24.67%，随后增长率下降趋势明显，2011年为12.55%，2012年下降至-8.49%。

从细分行业看，皮革、毛皮、羽毛及其制品和制鞋业，文教、工美、体育和娱乐用品制造业，计算机、通信和其他电子设备制造业的出口交货值占行业销售产值的比重从2008~2012年连续5年均处在50%以上，表明其国际市场销售较好；纺织业从2008年的46.97%降到2012年的38.28%，仪器仪表制造业从2008年的61.63%降到2012年的37.24%，其他制造业比重从2008年的74.41%下降到2012年的24.79%，比重下降幅度均较大，表明这三类制造业企业国际市场销售情况不乐观（见表5）。

表5　2008~2012年广州六类细分行业出口交货值占行业销售产值比重

单位：%

	2008年	2009年	2010年	2011年	2012年
皮革、毛皮、羽毛及其制品和制鞋业	59.28	52.93	49.05	51.70	52.62
文教、工美、体育和娱乐用品制造业	66.37	58.39	61.44	51.22	62.51
计算机、通信和其他电子设备制造业	71.04	71.84	73.98	75.25	72.74
纺织业	46.97	42.61	34.71	34.25	38.28
仪器仪表制造业	61.63	55.33	47.45	58.65	37.24
其他制造业	74.41	75.90	61.10	59.21	24.79

数据来源：广东省产业发展数据库和2008~2013年《广东统计年鉴》。

二　国内其他城市制造业发展比较分析

（一）广州与苏州、深圳、天津制造业发展差距在拉大

苏州、深圳、天津是我国制造业发展的典型城市。与之相比，广州有所落

后，且差距在不断拉大。从制造业工业总产值看，广州从2009年1.04万亿元增长至2013年的1.57万亿元，增加了0.53万亿元；深圳从2009年的1.43万亿元增长到2013年的约2.18万亿元，增加了0.75万亿元；天津从2009年的1.08万亿元增至2012年的1.98万亿元，增加了0.89万亿元；苏州从2009年的1.99万亿元增至2012年的2.82万亿元，增加了0.83万亿元。

表6 2009～2013年部分城市制造业工业总产值

单位：亿元

城市	2009年	2010年	2011年	2012年	2013年
深圳	14325.99	17369.5	19109.99	20050.03	21780.26
天津	10847.68	13948.60	17009.46	19768.59	—
苏州	19913.45	24225.01	27298.12	28225.56	—
广州	10426.71	12795.15	14514.55	13590.33	15749.26

（二）广州制造业支柱产业相对较少，在产业转型升级方面滞后于苏州、深圳、天津

从制造业的支柱产业看，深圳具有8个支柱产业，主要集中在数字化、智能化、信息化制造业，产业转型升级较快，代表高技术制造业的发展方向；天津有8个支柱产业，分布较广，既有传统优势产业，又有先进制造业；苏州有6个支柱产业，同样分布较广，体量较大；而广州只有3个支柱产业，体量虽然较大，但急需转型升级（见表7）。尤其是在设备制造业方面，广州落后于深圳、天津和苏州三个城市。

表7 部分城市制造业支柱产业

城市	数量	支柱产业
深圳	8	计算机、通信和电子设备制造业，汽车及汽车电子制造，数字化装备制造，基础装备及新型装备制造，半导体照明产业，新型平板显示产业，软件产业，超大规模集成电路产业
天津	8	航空航天产业、石油化工产业、装备制造业、电子信息产业、生物医药产业、新能源新材料、国防科技、轻纺工业
苏州	6	电子、钢铁、电气、化工、纺织、通用设备制造业
广州	3	汽车制造业、电子产品制造业、石油化工制造业

1. 深圳

深圳制造业发展的重心集中在以下三个方面。一是电子信息产业。深圳致力于建设全球电子信息产业基地，以华为、中兴通讯和华星等企业为代表，集中优势发展通信、软件、新型平板显示等六大产业链。二是先进装备制造产业。深圳集中力量发展计算机、通信和电子设备制造业、汽车及汽车电子制造业、数字化装备制造业、基础装备及新型装备制造业。其中，重点发展新能源、智能机器人、关键零部件、数控等先进装备领域。三是优势传统产业。除了新兴产业外，深圳将先进技术应用于具有优势和潜力的传统产业，涵盖黄金珠宝、高档服装和钟表等领域，以推动产业的转型升级，并实现向高端价值链的延伸。

2. 天津

天津积极发展航空航天、石油化工、装备制造、电子信息等八大支柱产业，制造业发展也集中发力于三个方面。一是以滨海新区为对象，建设高水平的现代制造业和研发转化基地。明晰定位，集中对三大类产业进行优化调整。对重化工行业不断提升技术装备水平，集中调整优化石化和钢铁等；对装备制造业不断发展壮大，加速电子信息、航天航空和汽车制造的发展；对轻纺工业结合现代都市发展的特点，致力于食品、服装加工和工艺品等行业的培育。二是加强京津联系，共同培育新兴产业集群。以“中关村海淀园产业有序转移基地”“京津新能源汽车研发总部聚集区”为抓手，启动以武清区京津科技谷和天津海河高新区为代表的市级高新区多产业集群的建设，重点发展航天航空、轨道交通和新能源等，以创新驱动为引领打造产业集群高端平台和载体。三是密切与科技部的服务对接。按照科技部科技服务体系的指引，出台《天津市科技服务体系创新工程实施方案》，并在国家级和省部级重点实验室、企业技术中心和工程技术中心等取得突破和进展，着力培育产业技术平台。

3. 苏州

苏州从产业重点、基地建设、核心技术和主导产业四个方面强化制造业发展。一是以战略性新型产业为发展重点，集中攻克技术难关，大力发展市场需求旺盛的节能环保、新材料、新能源、生物医药和新信息技术等。二是推动各地产业园和产业基地等载体的发展。目前张家港、常熟、太仓、昆山、吴江等地纷纷建立了现代装备制造基地、汽车零部件和医药产业园、光电产业和光电缆基地，为苏州新兴产业发展提供了强有力的发展载体。三是加紧培育具有核心技术和前沿技术的行业骨干企业。苏州加大研发力度，重点发展新能源、光纤和传感器、新型医疗设备、纳米材料、重型装备和工程机械以及太阳能的优势产业链。四是促进“两化融合”，巩固主导产业优势。提升苏州主导产业的发展水平，立足于冶金、装备制造、石化、服装等行业，同时将信息技术和主导产业相融合，不断推进主导产业的转型升级。

三　新工业革命对广州制造业的影响

（一）新工业革命与制造业发展新趋势

新工业革命以数字化和信息化为核心，在制造业领域的应用则体现在新制造方法和“互联网+”商业服务的融合，对新材料、3D打印、智能软件等进行技术升级，打造新的制造范式。同时推动设计、制造、消费整套系统的一体化，推动制造的个性化和微型化，改变过去的大规模批量生产，增强产品的动态制造能力，延长生命周期，并加大人力资本投入，以知识型员工为主导。

美国和德国纷纷响应新工业革命浪潮，分别提出了“再工业化”战略和“工业4.0”，创造出新的以设计为主导的制造业模式，推广新材料和新制造方法，并致力于智能化制造，推进生产模式向分布式生产转变，进而推动互联网和其他产业的无缝对接，建立一个灵活的、综合的生产系统来提供个性化和数字化的产品和服务。

（二）广州制造业在全球价值链中的地位

广州制造业企业的产业链分布有以下几个特征。

第一，设备进口依赖。广州制造业企业的自动化生产设备绝大部分是进口的，生产中间产品的企业，核心元器件主要依赖进口。自动化、精密化、智能化的生产设备，如何摆脱依赖进口，这是制造业乃至中国面临的一个关键问题。

第二，以劳动密集型加工组装企业为主，属于全球代工体系的组成部分；部分企业只是全球价值链的一个节点。

第三，部分企业具备一定的国内价值链或区域价值链特征，这类企业技术性特征明显。科技型企业尤其是民营企业的自主创新与产业链联系，代表着制造业企业转型升级与集群式发展的方向。基于产业链联系的集聚，更能充分发挥专业化分工与协作的效率优势。

第四，生产最终产品的企业多数是国内市场导向型的，但这类企业不可能担负起国内价值链培育的重任。

总之，广州制造业企业全面切入全球价值链，具有一定的低端锁定特征；部分企业呈现出一定的国内价值链或区域价值链特征；自动化生产设备的进口依赖，制约未来企业转型升级；国内市场导向型最终产品企业具有产值贡献，但难以支撑转型升级。

（三）新工业革命影响广州制造业发展的路径分析

1. 广州制造业发展面临的三大任务

（1）拓展微笑曲线。不能囿于制造加工环节，而是要向高附加值的产业链延伸。加大研发、材料、设计和采购等研发环节的投入，并且在营销环节注重品牌建立、渠道拓展以及金融和物流的支持。

（2）超越微笑曲线。以自动化、智能化和精密化取代单一人力投入，变“血肉长城”为“钢铁长城”，改变广州现有的制造业模式，积极引进技术，将产品生产的机器投入作为发展重点，转变单纯的产品加工，实现“用机器生产机器”。

（3）超越产业边界，迈向产业生态系统。积极对接当前国际发展趋势，将重心从企业竞争和产业链竞争转移到产业生态系统的竞争上，从国家和地区的长远发展入手，重塑产业格局，合理布局产业生态系统，不断激发广州产业发展的新活力和增长潜在力。

2. 探索三大路径

（1）高生产率与高工资率的良性循环。从传统制造业的“产品设计—产品开发—产品制造”分离模式逐步演变为“设计、开发和制造”互动一体化模式，其所依靠的人力资源将由操作型员工向知识型员工转变。知识型员工是高生产率的，需要支付高工资。必须构建高工资率与高生产率的良性互动机制，即高工资—智能化机器替代劳动—知识型员工—高生产率—高附加值—高工资等。

（2）高附加值与大规模定制的良性互动。“设计、开发和制造”互动一体化模式，意味着定制生产将逐步替代大规模、标准化、批量生产。这将在一定程度上撼动广州经济运行的微观基础。必须探索商业模式创新，开放与即时互动的互联网服务模式与定制系统相结合，通过个性化制造实现高附加值。这一可重构生产系统通过提供丰富的产品和市场高度细分，吸引更多的消费者。

（3）工业化与生态化的良性互动。在新工业革命背景下，生态问题资本化与生态问题贸易化，正在成为发达国家经济增长的新动力。工业活动产生生态问题，生态问题意味着商机，资本介入进行创新与生态化生产，通过生产系统重构，形成生态化工业品生产体系。这不仅包括生态化消费品，更包括生态化、智能化生产设备。

四　广州制造业发展创新的 SWOT 分析

（一）S：内部优势

广州制造业具有较好的产业基础，具有一定的产业规模，2014 年制造业工业总产值达到 2 万亿元。产业体系完整，支柱产业发展良好。中山大学、华南理工大学、暨南大学、广东工业大学、广州中国科学院先进技术研究所、广东深蓝产业创新中心、广州市现代产业技术研究院等制造业技术研发实力强，产业技术支撑体系相对良好。

（二）W：内部劣势

必须认识到，广州的制造业仅凭过去的成绩，并不能给未来的发展提供保障。目前，广州制造业产业总量和质量有待提升，支柱产业较少，面临支柱产业的变迁和更替，需要寻求新的产业升级方向。产业的空间联系有待加强，产业生态系统有待提升，南沙新区、广州开发区都是国家级战略平台，两者产业链如何连接，有待破题。

产业成本增加。“用工荒”将成为一种常态。广州对产业工人吸引力下降。部分企业用机器人（机械手）替代劳动力。

出口能力有待加强。德国的汽车制造商比美国企业具有更高的创新水平，原因之一是其高度重视参与全球市场。着眼于本地市场的日本电脑企业，最后走向了财务灾难。对广州支柱产业而言，关键的考验是如何能够扩大出口。

（三）O：外部机遇

工业强国战略是“中国梦”的微观载体。制造业是中国立足于世界强国之林的重要经济基础，也是中国国际地位保障的有力后盾。从全球经济发展来看，美国的“再工业化”和欧洲主权债务危机对实体经济的影响表明，制造业是一个国家（地区）的产业之魂，必须高度重视制造业对于一个国家（地区）经济安全与经济发展的重要意义。

“一带一路”战略和广东自贸区为制造业发展提供了历史机遇。国家中心城市定位，需要制造业产业生态系统的支撑。制造业也将成为南沙新区、广州开发区等国家级战略平台发展的微观载体。广州制造业与珠三角制造业逐步形成良性互动。广州逐步成为珠江东岸经济带、珠江西岸经济带的制造业服务中心。

（四）T：外部挑战

广州制造业发展面临前所未有的、全方位、多层次竞争。

1. 国际竞争

国际投资全球格局变化，资本品工业回流到发达国家，消费品工业流向发展中国家。发展中国家生产能力日益增强。

2. 国内竞争

中西部地区优势逐渐凸显，扶持政策吸引力超过广州。天津、苏州等地各自有明显的比较优势。广州要与东部地区竞争创新升级的主导权，与中西部地区竞争生产权与出口权。

3. 省内竞争

面临深圳、东莞、佛山、中山等地竞争，深圳具有金融和技术优势，其他地区制造业发展迅速。

五　广州制造业创新发展的基本思路

广州制造业创新发展，需要回答几个问题。一是如何成为产业的领导者，如何在关键产业领域成为第一（珠三角第一，广东第一，全国第一，乃至全球第一），如何改变当前追随者的角色而成为若干战略产业的领导者；二是如何提升现有支柱产业，各自的关键着力点在什么地方；三是如何发现和培育新的制造业增长点；四是如何构建制造业生态系统，包括空间系统。

解决以上问题的关键路径，就是在新常态下如何追求“新红利”。红利的实质就是低成本。人口红利已经不复存在。在新工业革命背景下，自动化技术和机器人将是未来的重大变革，甚至免费将成为一种商业模式。广州的着力点是通过自动化追求低成本，实现技术红利。

广州制造业创新发展，需要确立五个发展战略，即存量提升、增量择优、空间连接、内外并重和生态系统。

（一）存量提升

现有制造业产业体系必须提升，化解成本压力和市场压力。现有汽车、电子、石化等支柱产业亟待进行升级，既要保持传统优势，又要增强竞争新优势。

（二）增量择优

美国汽车城底特律衰落的警示值得重视。必须解决现有支柱产业衰落之后，新的支柱产业定位何处。现代产业业态，往往是“大中小共生并存”。根据产业链原则，进行集群式引进。

（三）空间连接

广州市的各区要合理安排制造业布局，分工合作、协同发展、布局合理，突破行政壁垒和樊笼，在产业链上进行有效衔接。重点关注广州开发区和南沙新区，加大这两大国家级战略平台的打造和产业的空间连接。

（四）内外并重

全球化是产业发展的永恒动力，具有较高的全球市场份额是制造业发展成功的关键指标之一。广州制造业如何扩大出口，不能仅仅着眼于国内市场，而是一场真正的考验。同时，广州制造业如何“走出去”与“请进来”相结合，亟待探索。

（五）生态系统

完善高端制造业的产业配套，对接国际标准，加强产业生态系统的建设，通过细分行业明晰具体的产业配套服务，开展科学的产业链分析，明确各区发展的优势和劣势、机遇和挑战，及时做出相应的规划和调整。

六　广州制造业创新发展的关键领域

（一）存量提升的重点领域

1. 汽车制造业

（1）重视出口。扩大汽车出口并维持国内较高市场占有率是下一个阶段的目标。在全球市场进行细分竞争，整车出口是关键。

（2）培育专业化公司生产发动机和变速器。汽车业发展需要大量技术，包括发动机技术、车身材料、传感器、特种材料、轮胎、变速箱、制动系统、发动机控制算法等。围绕核心部件组织生产，汽车产业必须如此。

（3）重视设计与生产新能源汽车。新能源汽车是产业升级的重点方向之一。重视低油耗汽车的设计与制造。

（4）汽车业需要与电子产业融合。全面应用信息技术和半导体技术，发展车联网技术和改善交通安全的通信技术，形成配套产业。实现汽车和云连接，把汽车作为数据提供者。

2. 电子产品制造业

（1）发展网络通信基础设施产品，如物联网、云计算、地理空间信息系统等。通信基础设施代表了互联网的战略能力，无线基础设施市场巨大。

（2）发展新型平板显示器件、新一代通信设备产品，成为先进显示屏制造基地。智能手机和平板电脑是现代世界的象征，智能手机和平板电脑传递内容方面的有效性是创新水平的一个关键性指标。

（3）发展软件与集成电路设计、数字家庭、高端消费电子产品。引进与培育半导体晶圆供应企业，对电子产业而言，掌握晶圆制造供应链的控制权非常关键。建设高端新型电子信息千亿元级的产业集群（如广州开发区）。

（4）推进电视机产业智能化。电视机领域一个重要变化是从共享的视觉体验迁移到个人的视觉体验。智能手机和平板电脑是关键驱动因素。推动品牌彩电、平板电脑等整机厂商与面板厂商及配套厂商垂直整合，建立跨地区产业配套体系。围绕互动电视平台建立完整的生态系统（见表8）。

表8　高端新型电子信息主要行业的产业链

分类	上游	中游	下游
下一代通信网络	芯片制造、网络测试	网络设备制造、终端制造、系统集成服务、内容提供、服务提供、应用软件开发等	电信运营服务
物联网	芯片制造、传感器设备、执行器设备、射频识别(RFID)、二维码、智能装置等设备制造	系统集成、信息处理、云计算、解析服务、网络管理、Web服务等	电信运营服务、管理咨询服务、M2M服务、原始设备制造服务等
新型平板显示器件	ITO导电玻璃、偏光片、掩膜、彩色滤光片、镀膜设备、衬垫料、液晶材料等	TN面板、VA类面板、IPS面板、CPA面板(ASV面板)、电阻式模块触摸屏、红外模块触摸屏等	电脑、通信、仪器、音响、工业、车用、消费类电子
高性能集成电路、云计算	单晶片、多晶硅、外延片、单晶棒、芯片黏结材料、感光树脂材料、陶瓷/塑料等材料的研制	芯片制造、高性能集成电路制造设备研制、芯片封装测试设备研制	计算机制造、消费电子、通信设备、工业控制、智能卡等应用
	OS操作系统、数据库、虚拟化、信息安全、芯片制造设备、服务器设备、存储设备、网络设备	云平台开发、系统集成、云应用服务、云计算服务、云平台服务	云平台、云计算用户服务

3. 石油化工制造业

精细化工是新材料的重要组成部分，也是当今化学工业中最具活力的新兴领域之一。广州要重点发展特种精细化工材料。

（1）发展光刻胶、超净高纯试剂、封装材料、基板材料、平板显示用材料等需求增速快的电子化学品，并与电子信息、液晶显示等行业形成配套发展。

（2）积极发展食品添加剂，加强营养性和功能性食品添加剂的开发，发展天然食品添加剂。引进与生产需求增速快的绿色环保水处理剂，满足工业用水和生活用水处理需求。

（3）依托大型跨国公司等龙头企业，积极发展高端日化产品，拓展男士化妆品、儿童专用品等高端新兴领域。

（二）增量择优的重点领域

1. 自动化设备与机器人产业

（1）培育或创建一个设计和建造机器人的工业基地，自动化能够有效抑制劳动力成本的增长，将机器人纳入现有的技术人员系统，能够弥补劳动力不足带来的断层，形成成本竞争力。

（2）3D 打印设备。传统方法是面向制造工艺的设计，现在是面向性能的设计。3D 打印能够提供个性化定制服务，满足消费者多样化的需求，变革传统制造模式，形成“一人一工厂”的新型制造体系。

（3）重点发展工业机器人。目前我国工业机器人市场需求旺盛，具有良好的发展前景。根据调研，从工业机器人使用企业方面看，外国产品占据主要份额，而且国产产品主要应用于性能要求低的领域，高性能的机器人仍然被外国产品垄断。

（4）有序发展家庭机器人。推广家庭机器人，预期未来，其成为和智能手机或汽车一样的家庭用品，形成规模产业链。

2. 工业软件和芯片设计

未来，制造业将以工业软件研发为重心，工业软件的实力直接决定了产品功能的强弱，因此，工业软件是未来制造业主动权争夺的核心和关键。

（1）加快广州软件和集成电路战略性产业基地建设，重点发展嵌入式软件、中间件、工业软件和行业解决方案、管理软件、工具软件、信息安全产品、虚拟现实与平台、数据处理和运营服务等高端软件。

（2）引进世界 500 强芯片和集成电路企业，重点发展高性能专用芯片设计技术、支持计算机及网络、数字音视频、智能卡、工业控制、电力、通信、汽车专用等芯片设计，发展新型集成电路封装技术（球栅阵列、系统级、芯片级、方形扁平无引脚、倒扣封装等）、集成光电子技术等。

（3）培育与建设数字化企业平台。发展传感器技术及产品，重点发展医疗电子产品，开展基于智能手机支持的远程医疗功能研发。建设网络化系统，实现系统数据管理。设立具有原形设计能力的创业孵化中心。

3. 海洋高端工程装备制造业

依托南沙新区，重点发展海洋船舶及装备制造、船舶工业配套、海洋观测（监测）、测绘仪器设备制造。推进广州船舶制造基地、海洋工程装备基地、海洋油气资源勘探开发后勤基地、油气终端处理和加工储备基地建设。重点发展特种船舶、主流移动钻井平台、海洋工程作业船和辅助船等具有自主品牌的高端船舶，提升主流海洋工程关键设备的配套生产能力，形成造船、重机、服务和海洋工程等较为完整的产业链。未来要建设成辐射东南亚地区的现代化海洋高端设备制造基地。

（三）空间连接的关键环节

1. 南沙新区与开发区产业链有效连接

南沙具有良好的政策优势，发展前景良好，但是产业基础相对薄弱，亟待完善和调整；老牌的广州开发区则面临转型升级的重要时期，产业基础良好。因此，两者必须取长补短，互为补充，通过有效的产业链接共同发展，例如南沙新区的海洋生物产业和开发区的生物医药产业具有很强的共通性，加强连接将形成强有力的合力。因此，如何加强两者的空间产业连接将成为广州下一步发展的重头戏。

2. 建设云园区与开放型产业园

传统制造业正受到新工业革命带来的数字化和信息化浪潮的冲击，虚拟化制造业进入全民时代，全球供应链和网络的融合使得线下服务不断向线上服务转变。个性化的服务和智能制造将成为新业态，以3D打印为里程碑，云工厂和云园区也将相互建立，成为新兴制造业的有效载体。因此，广州要跳出地理空间的束缚，重新进行园区规划，加强全球互动，建设开放型产业园。

（四）内外并重的关键环节

重视发展跨境电商与制造业的融合。培育综合服务类跨境电商，为制造业企业提供供应链解决方案，包括快速通关、财税规划、贸易资讯、国际展览、贸易融资、外贸培训、国际物流和国际采购等环节。

培育与建设制造业国际合作平台和信息平台。全球范围内的制造商、合作伙伴及供应商之间的合作现在已经成为常态。

依托电子商务，加大力度开拓国内市场，提升“千年商都”的区域品牌。

（五）构建制造业产业生态系统的关键环节

改革开放初期，广州具有吸引跨国公司总部的良好优势，土地和劳动成本低，区位良好，商业氛围浓厚，有集聚优势和规模效应。但是，随着跨国公司向内地市场不断拓展，腹地不足、经济辐射力有限成为制约广州的重要因素。大量跨国公司总部逐步离开广州，奔向上海，以获取更大的内地市场。供需脱节使广州丧失了吸引跨国公司的优势。

因此，为重新提升广州地位，构建制造业产业生态系统，就必须紧密联系市场，实地调研考察当前广州营商环境的发展状况，并和企业需求进行一一匹配，从而切实提供企业需要的行之有效的解决方案，立足于细节，找准问题的关键，巩固广州现有的优势，补齐发展中存在的短板，有的放矢。

七　广州制造业创新发展的对策建议

（一）正确认识制造业的战略地位，重视政策的协调性

无论城市发展如何定位，制造业战略基础地位不可动摇。先进服务业与先进制造业双轮驱动，制造业是本。一定要统一认识，这关系广州发展的未来，这也是由国内区域分工和国际格局变迁的历史与趋势所决定的。

政策协调至关重要。一是有企业反映，政府对 GDP 目标定得过高给企业很大的经营压力。增加产量受到设备和配套设施约束；跨国公司生产规划性较强，任何一个环节想提速，均涉及全方位的计划和生产活动；因突增产量而打乱生产计划，无法向股东交代。二是政策滞后性问题。例如，《外商直接投资指导目录》没有汽车变速器，后经争取才有；部分进出口设备、原材料在海关没有编码，没有进出口免税鼓励。这需要政府及时收集企业产品信息，上报相关部门。

（二）准确定位靶向目标，有针对性地开展选资工作

第一，组建国际混业经营跨国公司招商团队，绘制招商路线图。基于跨国公司的全球产业链布局，着眼于跨国公司需要“什么”。

第二，柔性引进国内本土企业。做好打硬仗的准备，引进国内本土企业的难度高于引进国际企业的难度。项目策划书重点强调招商对象在国内产业链整合与市场整合的战略意义。增量引进开始阶段，不求所有，但求所在。

第三，做好靶向招商服务工作。对引领产业集聚发展的国际跨国公司30强、国内大型国企和民企，做好“一对一”“面对面”的招商服务工作。完善重大项目招商引资工作机制和奖励政策，设立对招商中介机构和中介个人的奖励基金，出台招商奖励实施细则。拓宽招商引资方式，充分利用产业链招商、会展招商、登门招商、驻点招商、委托招商、网上招商等各种方式，提高招商引资的针对性和实效性。

第四，鼓励制造业企业设立总部、区域性总部、研发中心、采购中心和结算中心，鼓励企业把技术研发和销售等环节留在广州。经认定为企业总部的，按相关规定予以奖励。

第五，推进制造业龙头企业的规模提升和市场拓展。为单项冠军企业提供产业配套服务，基于产业链引进配套企业，形成集聚效应；协助“瞪羚企业”做好市场推广工作，为快速成长的新兴企业提供技术服务支撑；推进高端设备产业做好设备技术创新与企业中间产品、最终产品制造的一体化转型。

（三）千方百计降低制造业成本

1. 水电按用途分类计价

根据调研，广州部分企业虽然提供了员工的食堂和公寓，但是仍然按照商用价格征收水电费，增加了生活成本，进而转嫁给企业员工，导致员工生活福利下降，生产积极性不足。因此，对企业而言，应当将生产过程和生活过程的水电消费计价方式分开，在生产过程中的用水用电应当按照商用价格，而涉及员工生活的用水用电应当则按照居民价格计算，以降低企业生产成本，更好地激励企业为员工提供良好的生活条件。

2. 实施减费工程

除了基本支出外，必须严格规范“费”的支出。实行水费分流，减免不合理的“费”，以降低企业成本。例如，防洪支出属于政府公共服务支出，不属于私人的范畴，具有消费的非排他性和非竞争性。但在现实中，防洪堤围费按照企业产值（或销售额）征收，企业生产越多、销售越多，交纳的该项费用就越多，这是一种不公平的成本负担。

（四）构建制造业发展的财政支持体系

1. 强化税收支持

利用广东省委、省政府出台《关于加快经济发展方式转变的若干意见》提出的“研发费用税前加计扣除”“高新技术企业减按15%的税率征收企业所得税”以及相关进口设备免税等政策，推进制造业企业的高新技术企业资格认定。

2. 完善结转与返还

应允许制造业中的战略性新兴产业的企业在一定时期内（尤其是起步阶段）经营亏损可以向前或向后若干年进行结转，进行税收抵免。对企业当年上缴财政收入比上年增长幅度较大的，由政府按照当年上缴财政收入增长部分的一定比例对企业予以奖励。

3. 提供财政贴息与专项支持

成立先进制造业产业发展专项基金，对企业信贷融资提供担保和财政贴息补助。鼓励和支持企业加大研发投资。鼓励先进制造业企业与高校、科研院所等科研机构联合技术研发，组成技术联盟突破核心技术，市财政可列出专项科技经费，鼓励进行探索性试验项目。

（五）形成多元化的投融资支持体系

探索并推进制造业企业债的发行。培育制造业龙头企业，成为资本市场的后备上市公司，建立制造业非上市公司股权交易市场平台。发展各类股权投资基金，拓展制造业企业融资渠道。探索知识产权质押融资机制。引导民间资本有序进入。鼓励各类风险投资机构、信用担保机构、金融机构对制造业发展予以支持，为具体项目的论证、宣传与前景预测提供服务。

（六）建立全球化的“融智”机制

建立支付高薪的生产与就业基地。培训能适应全球市场竞争的管理人员和工程师，需要把培训水平提高到全球管理的层次。建立国际性智力精英的人力资源贮备库，做到及时了解国际上特定领域领军人物及其团队的基本信息，便于沟通与联系，不求所在，但求所用。政府可支持企业派遣技术人员赴境外学习，可请国际知名专家讲学与帮助企业培训技术人才。鼓励企业与行业协会，积极参加国际组织，了解吸收先进制造业的发展理念。鼓励和协助企业加强与境内外高水平大学合作研发，与研发机构共建创新平台，及时追踪、了解、掌握产业技术发展的最新动态。

（七）实施制造业企业家工程

培养企业家全球化视野，使其成长为理解全局、能领导和负责一个基于智能联网的开发与制造的复杂技术系统的企业家。大力引进企业家，绘制制造业企业家人才分布地图，制定相关办法，引进高端人才。奖励企业高级管理人员，设立企业高级管理人员“鼓励奖”“突出贡献奖”“特别贡献奖”。效仿国务院特殊津贴方式，设立高级人才特殊津贴，改变财政补贴到企业的方式，直接补贴到人，降低补贴的交易成本，提升激励效应。

（八）加快3D打印技术发展与应用

尽快出台3D打印产业的整体规划，制定行业标准，明确3D打印产业的长远目标、重点培养领域、具体发展步骤等。建造3D打印科研点，设立重点培养对象。推进3D打印产品的推广，进行技术产品的推广与试点，尤其着重于航天航空、汽车、医疗等领域进行应用推广。强化3D打印的知识产权保护，尽快完善3D打印知识产权保护的相关制度。

（九）加快工业机器人发展和应用

鼓励工业机器人制造企业明确目标市场，生产适销对路的产品。利用财政手段扶持不同的工业机器人制造业潜心研究相关技术，掌握核心技术。组织制造企业与使用企业沟通、联系，相互促进。支持工业机器人应用企业转变生产方式，引进新型机器设备，利用工业机器人代替人力提升产品利润空间。引导小微企业灵活选择其他方式如融资租赁、经营租赁将工业机器人运用到企业的生产中去。

（十）实施制造业品牌建设工程

1. 培育一批制造业企业自主品牌上升为国家级名牌名标

鼓励和扶持企业参与各级标准化活动和各级标准的制定，对获得国家名牌、“中国驰名商标”的企业，分别给予相应的奖励。对名牌产品生产企业，在技术改造、技术引进、科研立项、银行贷款等方面优先安排财政支持。

2. 支持企业加大品牌宣传

加强广州制造业整体形象宣传，建设区域品牌。鼓励企业参加国际重大交易会、展销会、博览会等会展活动，对参展企业进行补贴，补贴金额根据参加展会的规模、层次等具体情况而定。探索制造业“走出去”，逐步树立广州制造业的全球化品牌。组织、引导企业加强与各地政府、行业组织、知名商场、知名电子商务平台的合作。

科创环境篇

Science and Technology Innovation Environment

B.13
关于加强广州市创新环境建设促进产业发展的调研报告

广州市发展改革委员会高技术处课题组

摘　要：　加强广州市创新环境建设对于促进广州市产业发展具有重要意义。广州市发改委赴深圳开展创新驱动发展专题调研，总结了深圳在坚持创新战略定力、依托市场精准发力和善用政府“有形之手”方面的经验做法，分析了广州市在创新环境建设方面存在的问题，提出了对策建议。

关键词：　创新环境　产业发展　深圳经验

2015 年初，广州市发改委赴深圳开展创新驱动发展专题调研，学习借鉴深圳在科技创新环境建设、战略性新兴产业及未来产业发展方面等的先进经验和做法。调研组实地考察研祥智能科技股份有限公司、大族激光科技股份有限公司和大疆创新科技有限公司，与深圳市发改委、科技创新委等部门进行座谈，研讨深圳市在自主创新方面对广州的启示和借鉴作用；同时，对中山大学、华南理工大学、暨南大学等广州地区高校科技成果转化情况进行了实地调研，在此基础上，形成了加强广州市创新环境建设、促进产业发展的调研报告。

一　深圳经验

深圳作为创新的发源地，创新成果不断涌现、创新人才脱颖而出，涌现出一批像华为、中兴、腾讯等很有活力的创新型企业；深圳市战略性新兴产业整体竞争力显著提升，呈现规模快速扩张、质量稳步提升的良好态势，深圳已成为全国战略性新兴产业重要基地。深圳创新能力强，在于有战略定力——创新战略决策一以贯之；能精准发力——激发市场在创新发展中的决定作用；善用“有形之手”——做好创新规划、政策、服务的“影子政府”。

（一）坚持创新战略定力

深圳市委、市政府高度重视科技创新发展，从20世纪90代中期开始坚定不移地以创新引领产业转型升级，实行“梯进式”现代产业扶持政策，依次扶持高技术产业、战略性新兴产业和未来产业的发展。

1. 以高新区示范创新

深圳市紧紧抓住获得国家首批高新区的契机，全力推进高技术产业发展。通过自主认定高新技术企业，实施普惠性扶持政策，在高新区集聚成长了一批高新技术骨干企业。深圳高新园区营造的浓郁创新创业氛围，对全市起到了良好的示范引领作用。

2. 以战略性新兴产业带动创新

深圳大力发展战略性新兴产业，专门设立了由市领导任组长的战略性新兴产业基地集群区专责工作小组，于2009年在全国率先出台生物、互联网、新能源等战略性新兴产业振兴发展规划和政策，赢得了培育和发展新兴产业的先机。

3. 以未来产业引领创新

深圳实施创新驱动发展战略，提出未来产业这一概念，并于2014年出台了《深圳市未来产业发展政策》，大力推动军民融合深度发展，构建生命健康、海洋、航空航天、智能装备等以“高、新、软、优”为特征的现代产业体系，形成了梯次发展的产业结构和新的竞争优势。

（二）依托市场精准发力

深圳市在科技创新促进产业发展的过程中，充分发挥市场的决定性作用。

1. 激发企业作为创新主体的原动力

深圳的企业创新主体地位突出体现在“6个90%”，即90%以上的研发机构设立在企业、90%以上的研发人员集中在企业、90%以上的科研资金来源于企业、90%以上的职务发明专利出自企业、90%以上的重大科技项目发明专利来源于龙头企业、90%以上的创新型企业是本土企业。企业成为创新主导力量的背后，是市场这一“无形之手”在起作用，以市场需求作为自主创新的主攻方向，紧紧围绕市场变化进行技术创新，使创新成果迅速转化为现实生产力。

2. 完善科技金融服务和产业配套服务两个助动力

深圳市与国家部委联合组建了一批新兴产业创业投资基金，形成了以主板、中小板、创业板和代办股份转让系统为核心的多层次资本市场框架，全市登记注册风险投资（VC）和私募股权投资（PE）的机构超过3500家，机构数量和管理资本额均占全国的1/3，为新兴产业发展提供了从项目研发到产业化，从企业孵化到上市的全过程、高效率的金融服务。同时，深圳作为全国重要的电子信息产品制造业基地、出口基地、配套中心和交易中心，形成了计算机制造业、通信设备制造业、消费电子制造业、电子元器件制造业、软件产业、信息服务业等六大IT产业领域，已占到全国将近1/6的比重，这种产业和市场配套优势，均对高新技术产业形成强有力的支撑作用。

（三）善用政府“有形之手”

深圳市政府自称是“影子政府”，企业不需要时见不到，企业需要时随时在身边。政府担任自主创新规划者、推动者和服务者的角色，为企业创新活动提供完善的政策环境，培育、整合和动员创新资源，打造创新平台，营造有利于自主创新的社会环境和文化氛围。

1. 重视统筹规划先行

深圳市高度重视统筹规划和产业政策的引导作用，针对战略性新兴产业和未来产业的每一个细分产业都制定了发展规划和扶持政策。同时密切联系企业，吸引其参与政府规划政策的编制工作。

2. 改革资金扶持方式

通过银政企合作贴息、科技保险、天使投资引导、科技金融服务体系建设、股权有偿资助等方式，发挥财政资金引导功能和杠杆作用。仅银政企合作贴息一项，政府资金就可放大6～10倍。

3. 加强创新人才和创新载体建设力度

通过贯彻落实“孔雀计划”和高层次人才“1＋6”等政策，累计引进广东省创新科研团队和孔雀团队45个，累计认定高层次专业人才3011名，发放人才安居住房补贴7.9亿元。华大基因、光启研究院等一批新型研发机构快速发展，成为引领源头创新和新兴产业发展的重要力量。

二　广州市面临的主要问题

广州市是广东省科技力量最集中的地方，但科技人才优势发挥得还不够，突出现象就是大多数科技资源在广州，但许多创新活动不在广州；创新成果出在广州，但许多创新成果的转化及应用不在广州。经研究，造成这种现象的主要原因是没有充分发挥高新区的辐射带动作用、科技人才的促进作用、科技金融的服务作用、企业主体的带动作用和政府政策的引领作用。

（一）没有充分发挥广州高新区的辐射带动作用

广州高新区作为国家首批高新区，成立以来对广州高技术产业发展起到了较强的龙头带动作用。但是，近年来广州高新区发展趋缓，地缘优势逐步下降。2014年底，科技部通报的国家级高新区最新评价结果显示，广州高新区综合排名仅为第11位，位列北京中关村、深圳高新区、成都高新区之后，且比2007年排名下降了3位。对比国家创新型科技园区2020年的目标要求，广州高新区目前经认定的高新技术企业占企业总数比例、服务收入占营业收入比例、国家级研发机构数与从业人员中硕士和博士占比这4个指标均未达到目标值的一半（见表1）。

表1　国家创新型科技园区2020年目标要求和广州高新区2012年现状对比

单位：个，%

序号	指标	要求	广州高新区(2012年)
1	从业人员中硕士和博士占比	8	3.7
2	国家级研发机构数	50	17
3	万人年新增发明专利授权	25	55
4	国家级创新服务机构数	50	43(2014年11月)
5	经认定的高新技术企业占企业总数比例	35	16
6	服务收入占营业收入比例	35	11.4
7	产业集群与巨型企业数	2个国内领先的创新型产业集群,2家产值超300亿元或4家产值超100亿元的企业	1个国内领先的创新型产业集群,2家产值超300亿元的企业,8家产值超100亿元的企业
8	从业人员人均增加值(万/人)	50	27.7
9	高企出口额占营业收入比例	10	—
10	营业收入利润率	8	10

（二）没有充分发挥科技人才的创新资源作用

广州市科技资源丰富，但高校科技创新成果对地方创新产业发展的溢出效应较低。一方面，受限于科技成果处置和审批程序烦琐的制约，广州地区高校专利转化（转让与许可）比例极低，每年只有个位数的转化。另一方面，在能较好实现高校科技资源与地方经济服务相结合的横向课题上（包括技术开发、许可和转让），广州市利用的高校资源也相对较少，重点工科类高校承担的广州市内横向课题远远不足其横向课题总数的一半（见表2）。

表 2　广州地区部分高校近年专利及横向课题情况

<table>
<tr><th rowspan="3">学校</th><th colspan="4">专利情况</th><th colspan="4">横向课题情况
（技术开发、许可和转让）</th></tr>
<tr><th rowspan="2">专利授权总数</th><th colspan="3">交易情况</th><th rowspan="2">合计</th><th rowspan="2">广州市</th><th rowspan="2">广东省内</th><th rowspan="2">广东省外</th></tr>
<tr><th>广州市</th><th>广东省内</th><th>广东省外</th></tr>
<tr><td>中山大学（2014）</td><td>414</td><td>1</td><td>5</td><td>7</td><td>783</td><td>709</td><td>71</td><td>3</td></tr>
<tr><td>华南理工大学（2013）</td><td>1347</td><td>0</td><td>0</td><td>0</td><td>1468</td><td>451</td><td>618</td><td>399</td></tr>
<tr><td>暨南大学（2014）</td><td>132</td><td>2</td><td>4</td><td>1</td><td>186</td><td>68</td><td>81</td><td>37</td></tr>
</table>

（三）没有充分发挥科技金融的创新服务作用

缺乏有针对性的科技金融政策，科技与金融结合不紧密，创新风险投资机构发展缓慢，全市创投机构有 100 家左右，与京、沪、深及苏州相比属较低水平；全市仅有 3 家科技支行，对科技企业授信额度为 100 亿元，实际贷款规模只有 33 亿元，全市范围内的科技贷款风险补偿金制度尚未建立。

（四）没有充分发挥企业的创新主体作用

2012 年，广州市规模以上工业企业开展 R&D 活动的有 674 家，占比仅为 15.4%，设有科技机构的有 364 家，占比为 7.9%。2012 年广州大中型工业企业研发支出占工业产值比重为 1.07%，低于深圳的 2.05%、上海的 1.52%。广州开展 R&D 活动的企业覆盖率低，投入强度小，致使企业关键核心技术储备不够，集成创新和原始创新能力不足，影响企业的可持续发展。

（五）没有充分发挥政府的政策引领作用

广州市历来高度重视科技创新工作，但缺乏将创新驱动摆到城市发展的战略高度和核心位置并一以贯之。仅从研发投入来看，2013 年广州市全社会 R&D 经费为 292.07 亿元，占 GDP 比重的 1.9%，近年来均低于全省和全国的平均水平。此外，广州市创新及产业政策缺乏层次性，至今尚未制定针对各细分产业的规划和政策。同时，有的政策过于“一刀切”，没有掌握企业不同的发展阶段、各种产业类型的差异需求，从而无法向企业提供有效服务。

三 对策建议

国家火炬中心依据“创新集群理论”提出的创新生态体系研究报告显示，一个区域的创新生态体系主要有5个测度，即不断推出新制度，中小企业活跃度，创投资本活跃度，大公司机制和创新文化氛围。因此，广州要以深圳为标杆，结合全省科技创新大会广州与省政府签订责任书的工作任务，加强创新环境建设、促进产业发展，加强企业、研究机构、大学、风险投资和专业服务中介等创新要素之间的紧密合作，通过产业链、价值链和知识链的融合，形成具有竞争优势的创新体系和产业集群。

（一）以创建珠三角国家自主创新示范区为契机打造创新生态环境

1. 重振广州高新区

广州高新区的国家级、省级研发机构拥有量均占广州市总数的1/3；总孵化面积达249万平方米，培育认定科技企业孵化器25家，约占全市的40%，广州高新区的发展与全市创新产业的发展息息相关。因此，应以创建国家自主创新示范区为契机，争取国家和省的创新改革政策试点，加大市对广州高新区的规划和政策支持力度，推动广州高新区“二次创业”，使其发挥应有的创新带动引领作用。

2. 完善科技金融服务体系

（1）改革科技资金投入方式。实施科技投入倍增计划，优化整合科技资金，全方位撬动银行、保险、证券、创投等资本市场各种要素资源投向科技创新，促进创新链、资金链、产业链融合发展。力争2017年全社会R&D经费支出占GDP比重达到2.7%。

（2）全面推进国家科技与金融结合试点城市的各项工作。完善科技信贷风险分担机制，大力发展科技支行，制定《广州市科技型中小企业贷款风险补偿资金管理办法》。加强科技金融服务体系建设，组建广州市科技金融服务中心，将其作为广州市科技金融政策实施的依托平台和服务科技企业投融资的窗口。

（3）加大对战略性新兴产业创投引导资金规模。设立战略性新兴产业基地孵化基金作为天使基金，投入在孵化小微企业和孵化后技术产业，运用创业投资引导基金撬动社会资本，引导资金投向初创期和早中期企业。筹建市创业投资行业协会，推动广州市创业投资发展。

3. 优化综合创新环境

推动技术、产业、金融、管理、商业模式创新跨界融合，促进创新多主体协同、多要素联动、多领域合作。支持中小微创新型企业和创客的发展，引导中小企业以产业链专业分工方式进行模块化创新，鼓励分布式、网络化创新和全社会“微创新”。大力弘扬“敢为人先”的广州精神，改变“小富即安”的思维，在全社会营造鼓励创新、宽容失败的社会氛围，使广州成为新一轮创新创业的热土。

（二）以学习深圳自主创新经验为标杆激发创新动力活力

1. 加大政策倾斜力度

（1）争取广东省下放高新技术企业认定权限。争取广东省下放广州高新区区域内高新技术企业认定权限，复制推广北京中关村、深圳高新区等国家自主创新示范区有关“注册满半年不足一年的企业可申请认定高新技术企业”“对示范区从事文化产业支撑技术等领域的企业，按规定认定高新技术企业的，可减按15%的税率征收企业所得税”等优惠政策。2014年，广州高新区被认定为国家级文化和科技融合示范基地，具备认定为高新技术企业的基础条件。

（2）出台科技企业用地优惠政策。出台优化空间资源配置促进产业转型升级的政策文件，明确土地利用年度计划优先满足高技术产业项目用地需求。每年安排一定比例的全市计划用地作为科技企业孵化器建设用地。利用新增工业用地开发建设科技企业孵化器，可按一类工业用地性质供地。工业用地建设的科技企业孵化器，在不改变科技企业孵化器服务用途的前提下，其载体房屋可按幢、层、套、间等固定界限的部分作为基本单元进行产权登记并出租或转让。

2. 激发社会创新创业活力

（1）将创新指标纳入国有企业考核体系。进一步完善国有企业考核体系，把技术创新能力作为国有企业考核的重要指标，引导国有企业加大研发投入。国有企业均须建立企业工程中心或技术中心，实现企业研发机构全覆盖。落实《广州市企业研发经费投入后补助实施方案》，对企业研发经费支出额度按比例给予后补助，引导规模以上工业企业普遍建立企业研发机构。

（2）建立中小微企业的风险补偿机制。深圳为鼓励创业投资基金对中小微企业的投资，从信用贷款、贴息、创投机构风险补偿金等方面建立了一整套激励机制。广州市应加快落实《广州市战略性新兴产业创投引导资金参股创业投资基金管理暂行办法》相关规定，建立对创业投资机构投资初创期和早中期企业的风险补偿机制，鼓励创投机构加大对此类企业的投资，通过风险金补偿、贴息、再保险等措施降低创投机构的投资风险。

（3）以国际化带动本土企业创新。进一步解放思想，加快研究合作机制，落实跨国企业在研发方面的国民待遇，着力引进国内外知名的创新型龙头企业。制定广州科技计划对外开放的管理办法，按照对等开放、保障安全的原则，明确外资机构参与科技计划的准入条件、经费和研究成果使用规定等，吸引国际知名科研机构来穗联合组建国际科研中心。

（三）以推进全面创新改革试验为动力提高科技成果转化水平

1. 下放高等学校和科研机构的科技成果处置权

除涉及国家安全、国家利益和重大社会公共利益外，赋予高校、科研机构科技成果自主处置权，可自主决定科技成果的实施、转让、对外投资和实施许可等科技成果转化事项，免去上报上级行政主管部门的烦琐程序。高校、科研机构科技成果转化所获收益全部留归单位自主分配，纳入单位预算，实行统一管理，处置收入不上缴国库，有效释放广州市丰富的创新资源红利。

2. 大力发展新型研发机构

充分利用本地科研资源，改革研发机构投入方式，探索与高等学校、科研机构和大型骨干企业建立新型研发机构，在政府项目承担、职称评审、人才引进、建设用地、投融资等方面可享受国有科研机构待遇。建设一批开放式的重大科技设施、创新载体和服务平台，加速科技成果转化。

3. 探索政府以股权投资方式参与重大科技成果转化

设立市重大科技成果转化和产业化投资专项资金，以股权投资方式，支持重大科技成果转化和产业化。筹备建立广州知识产权交易所，支持民营资本建设新型技术交易服务平台，发展和规范网上技术交易市场，定期发布企业技术需求目录、高等学校和科研机构科技成果转化目录。支持科技成果转化中介服务机构的发展，通过政府购买服务和受益股权补助的方式，设立功能投行化、收益股份化的科技成果转化中介服务机构，大力发展技术交易市场。

（四）以增强自主创新能力为核心加强国际合作和人才引进

1. 创新国际合作机制

改变以引进单个项目为主的对外开放模式，针对特殊区域、特定产业，建立专业化的国际合作平台，促进国外技术、项目与园区对接。定期组织有关部门和企业赴古巴、以色列进行合作投资项目靶向招商，签署相关项目的合作协议。重点推进广药集团和古巴生物技术医药产业集团产业合作项目，设立中以生物产业创业投资基金，加快建设广州中以生物产业孵化基地、中新（广州）知识城院士专家创新创业园。依照中古、中以国家合作工作组、广东省合作工作小组的构成与职责，加快建立广州市相应合作工作机制，进一步深化中古、中以国际合作。

2. 培育引进各类创新人才

围绕产业链关键环节、产业集群发展，加快引进和聚集高层次领军人才、“千人计划”团队，积极吸引海内外高层次人才、外国专家参与人才特区建设。加大创新人才培育力度，鼓励高校设立创新创业学院，鼓励大学生创业。优化人才发展环境，实施人才“安居”工程，加快完善对科研机构和高校科技人员的多元化激励机制。

B.14
广州建立国际技术交易市场的条件及运行机制研究

王世豪　吴伟威*

摘　要：随着全球化发展的持续深入，国际技术转移日益引起各国、各地区政府的关注。广州作为广东省的省会，是政治、经济、文化的中心，拥有良好的经济条件和区位优势，更有大量的人才储备，完全具备建立一流国际技术交易市场的基本条件。虽然广州近年在技术交易金额上屡创新高，但与北京、上海等城市相比仍有一定距离。技术市场中的评估咨询、风投、经营和中介这四个方面都存在一定缺陷，跟不上技术市场发展的要求。广州要建立合理有效的运行机制。另外，还要重视环境建设，积极推进珠三角统一技术市场体系建设；建立统一的技术交易市场的制度和规范，形成有效监管；积极培育和扶持技术中介，促进技术交易服务专业化；加强产学研合作，鼓励和支持技术成果的交易和转让。

关键词：广州　技术　技术交易

一　导语

国际技术交易市场中发生的技术转移，主要是科研机构、企业及大学之间

* 王世豪，博士，广东外语外贸大学经济贸易学院教授，研究方向为区域经济；吴伟威，广东外语外贸大学，经济学学士。

在境外国家或地区发生的。发达国家之间的科技开发及技术市场交易的贸易额均占全球的80%以上，而发达国家与发展中国家之间的技术交易市场不旺，其技术贸易额仅在10%以下。很明显，发达国家由技术交易市场旺盛所带来的技术转移，整体上形成对发展中国家强势的技术优势，这种优势并有拉大的趋势。

本文根据广州市建立国际技术交易市场的基本条件和现有运行机制进行分析，对如何促进广州国际技术转移以及交易市场机制的建立和完善，提出一些政策建议。

二 广州建立国际技术交易市场的基本条件

（一）经济条件

广州经济增速虽然高于全国增速，但仍落后于同级城市。以2014年数据为例，广州GDP（1.67万亿元）增速分别高于全国1.2个百分点（达8.6%）和全省0.8个百分点，经济增长稳定，在全国城市排行中列第3位（见图1）。

（二）区位条件

广州作为广东省省会，在珠三角经济圈中与深圳起到双核心的作用，与港澳毗邻，在近40年的改革开放中一直扮演领头羊的角色。如今，在国家“一带一路”的战略中又作为海上丝绸之路的起点之一，将会起到十分重要的作用。

我国改革开放后，促使外国陆续在广州开设领事馆，至2015年共有53个国家在广州开设总领事馆，开设数量仅次于上海。这些领事馆的处理事务范围涵盖了广西、江西、湖南、海南、福建、云南、贵州和四川等省份。这些事务在一定程度上促进了国际科技的合作交流及国际交易市场的发展，特别有利于广州国际科技合作和国际技术的转移。

（三）人才条件

广州市高等教育发达。迄今拥有普通高等院校79所，其中本专科每年招

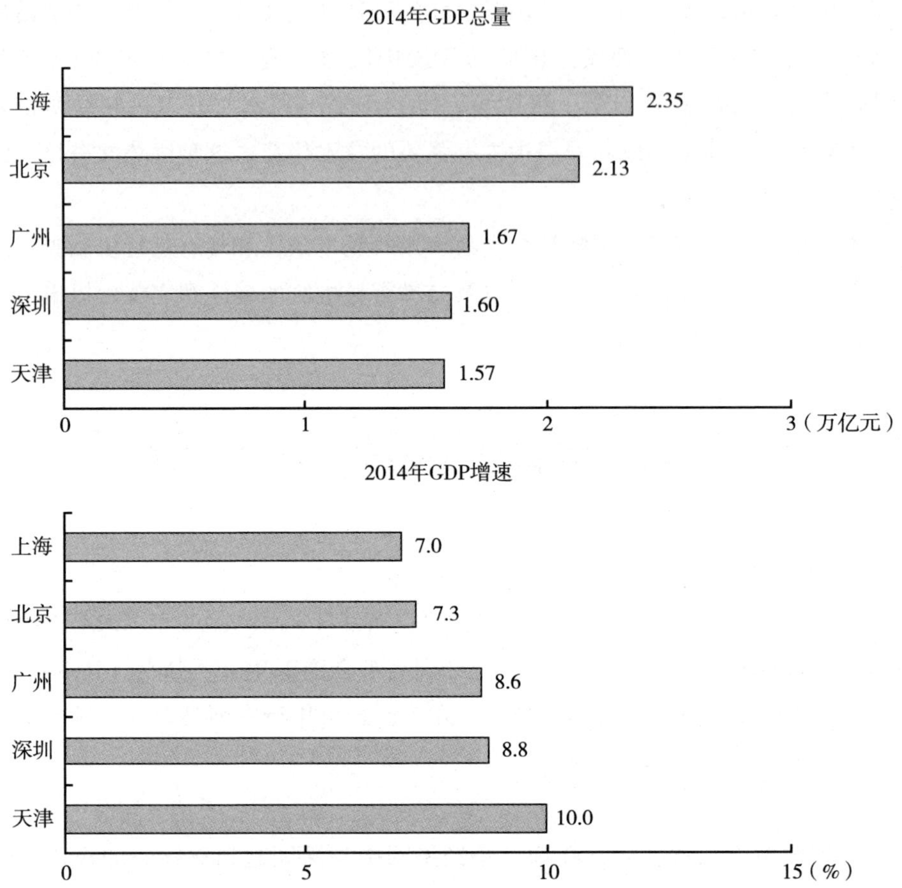

图 1　2014 年 5 个城市 GDP 总量与增速

资料来源：国家统计局。

生人数在 30 万名左右，在校生达到 98 万多人，毕业生每年有 24 万多人。在广州，每年的研究生教育招生人数也达到 2 万多人，每年毕业的研究生人数也有 2 万多人。因此，广州的人才储备充足，具备了用于国际科技合作和交易的人才资源条件。

（四）科技园条件

截至 2014 年底，广州已建成大大小小 700 多个科技园。这些科技园主要包括研发中心和用于技术支持的平台以及一些公共服务平台。

目前，广州的科技园区主要有六种发展形态。一是科技园区。广州市的科技园区分级建立，并分布在各个行政区域内。一些国有科技园区的级别层次较高，如广州国家高新区、广州科学城、天河软件园；区级的有黄花岗科技园、荔湾留学生科技园、海珠科技产业园等。二是各种创意园区。广州在各区建立的各具特色的创意园共有14个，如红专厂创意园、星坊60创意园、1850创意园、TIT创意园、太古仓、珠影创意园等，创意成果显著。三是大学科技园区。中山大学、华南理工大学、暨南大学、南方医科大学和清华大学广州基地等是大学科技园区的主力军，在高新技术开发及与国外高校及研究单位合作与交流方面取得成就。四是民营科技园区。广州有10多个比较成熟的民营科技园区，如星坊60创意园、华创动漫产业园等。五是一些行业转型的科技园，如南方传媒文化创意产业园区，还有一些由省属企业承担的产业转型方向的重点产业基地等。六是村联社创立的工业园、现代服务业园区、创意园区或科技园区，如广东光电基地、西塱数字装备科技园、海珠创意产业园、小洲村、聚龙村等就属于这一类。

三　广州技术市场的现状及问题分析

（一）广州技术交易市场的基本现状

2014年全国技术市场统计报告显示，2013年广州市输出技术交易合同成交金额为185.77亿元，同比增长40.49%；吸纳技术交易合同成交金额为93.13亿元，同比增长49.48%。虽然广州在技术成交金额上增速较快，但输出技术交易合同数为6091项，较上年的6300项有所减少；吸纳技术交易合同签订数为6279项，较上年的6582项也有所减少。

另外，虽然广州的技术输出交易金额在全国各大城市中排名第5位，但技术输出的合同数不仅远远比不上北京、上海这些特大城市，甚至比不上西安、南京、深圳等城市。而更为严重的是在技术吸纳这一方面，广州市技术吸纳能力很弱，其交易额只有93.13亿元，在全国城市排名中居第12位，还不到北京的10%，不到上海的1/4。签订的技术吸纳交易合同数只有6279

项，在东部城市中排名靠后，甚至不及一些中西部城市（见表1、图2、图3）。

表1　2013年全国各主要城市技术交易合同成交情况

单位：项，亿元

城市	输出技术			吸纳技术		
	合同数	成交金额	排名	合同数	成交金额	排名
北　京	59969	2458.50	1	43513	974.35	1
上　海	27649	518.75	2	27857	408.57	2
西　安	16793	300.22	3	9542	105.27	10
天　津	13381	232.33	4	9084	204.79	5
广　州	6091	185.77	5	6279	93.13	12
深　圳	10077	153.05	6	9066	251.10	3
南　京	19680	145.38	7	13834	202.75	6
武　汉	10239	132.40	8	6501	164.20	7
沈　阳	7290	120.67	9	4601	113.07	9
成　都	9739	96.35	10	6464	96.34	11
哈尔滨	2532	86.20	11	2350	55.58	14
杭　州	10599	58.41	12	8417	73.12	13
重　庆	3538	54.02	13	2989	226.44	4
大　连	5937	48.43	14	5179	130.94	8
厦　门	3078	37.52	15	2436	47.87	15
济　南	3113	26.37	16	2669	32.90	17
长　春	2433	23.62	17	2081	32.75	18
青　岛	2673	21.97	18	2659	34.17	16
宁　波	1267	10.64	19	2338	24.97	19

资料来源：国家统计局。

从1999~2013年的技术合同成交额的走势来看，广州技术交易市场的发展远落后于北京，与上海一直保持较大的差距（见图4）。

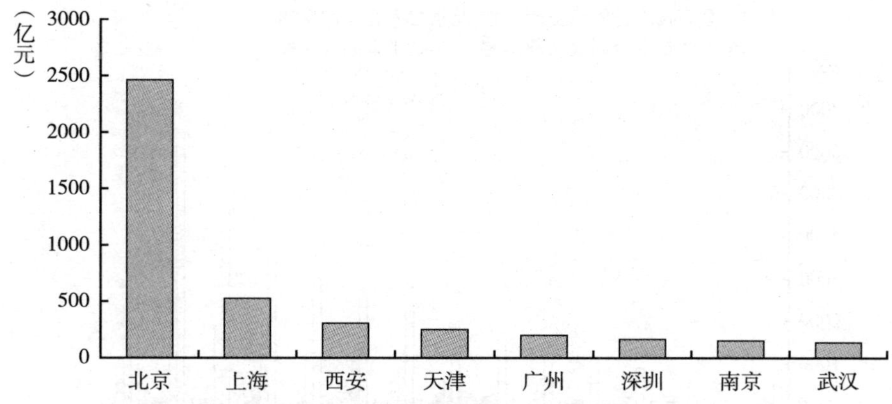

图 2　2013 年各主要城市输出技术交易合同情况

资料来源：国家统计局。

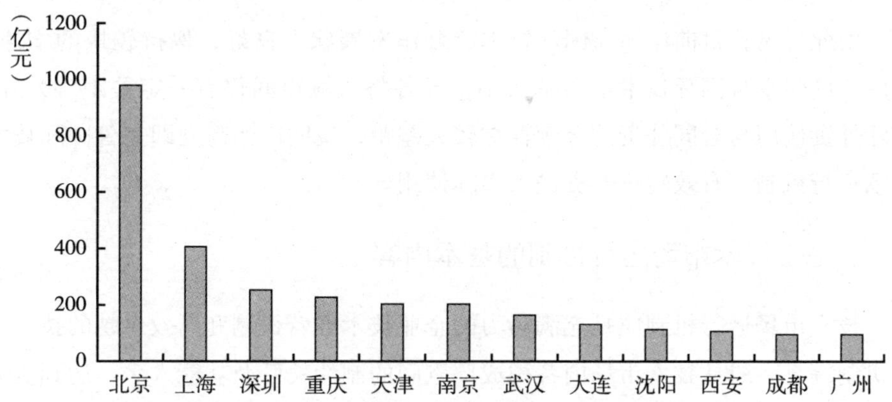

图 3　2013 年各主要城市吸纳技术交易合同情况

资料来源：国家统计局。

（二）广州国际技术交易市场现状

2014 年广州统计年鉴的数据表明，广州外商直接投资（FDI）合同有 1095 项、签订金额 68 亿美元，实际使用外资金额为 45.7 亿美元，同比增长 7.1%。其中，科学研究和技术服务行业中签订合同 27 项，合同金额为 1.76 亿美元，实际使用外资金额为 5509 万美元，同比增长 11%。2014 年末，在广州注册的 R&D 服务的外资注册资本 16.2 亿美元、企业达到 508 家。

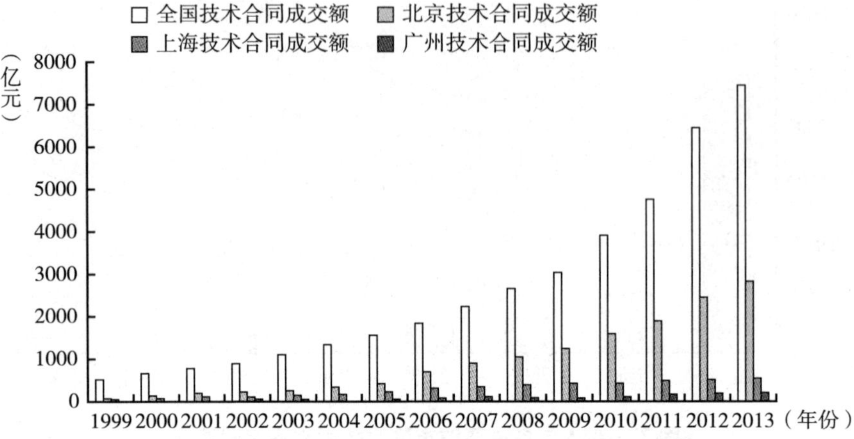

图 4　全国以及北京、上海和广州的技术合同成交额

由此可见，目前广州与国际资本的合作发展状态良好，保持较快的增速。但由于广州本身国际技术市场基数小，与各特大城市间仍有一定差距。另外，实际外资使用与合同外资的金额存在较大差距，说明广州需立即完善国际技术市场运行机制，有效转化外资进入实际使用。

（三）技术市场运行机制的基本内容

技术市场运行机制应是充满活力的企业技术经营机制和高效卓越的技术中介机制等，一般从技术市场内各构成要素间的制约关系及功能入手，达到资源配置的最优结果，使技术成果不断地得到开发、应用和流通，产生良好的社会经济效益，形成良性循环的机能。一个良好的技术市场运行机制的定位要以具体区域为资源配置市场，通过项目这一核心，以资本带动，形成发展的纽带，推动技术交易市场的发展。

一般来说，R&D 在研发中通过中介机构的帮助，引入风投机构注入资金，待产生科研成果后委托中介机构进行市场评估并寻找买家，买方负责将成果产业化（见图 5）。

其中涉及的机制主要包括以风险投资为主的风险投融资机制、有效运营的中介服务机制、完备的专业评估和技术咨询服务运行机制，还有金融、政策、财税的服务以及在法律、制度框架内的保障机制等。

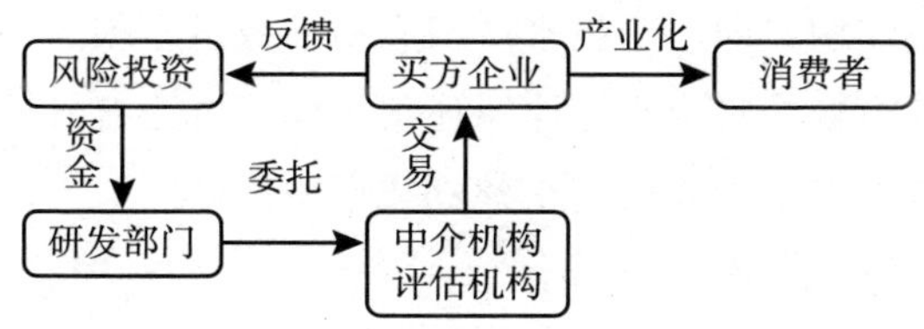

图 5　技术市场交易流程示意

（四）广州市技术交易市场运行存在的问题

1. 风险投融资机制不健全

在西方，风险投资推进了技术转移，原因在于风险投资资本不仅来源广泛，而且为了鼓励风险投资，西方政府往往采取了包括降低风险投资税率、给予补助等多种措施，这有力地促进了科技成果转化和技术市场的发展。这种风险偏好型的产品一旦成功，就可获得高额回报。在这种高额回报率的驱动和政府对高新科技的扶持下，能够有效地促进风险投资机制的形成。

我国由于缺少风险投资运作，技术市场的资金来源渠道单一，个人资本或企业资本数量占比少。广州虽然在资本数量上比其他城市具有一定优势，但资本市场混乱无序，资本得不到有效合理的利用。当一个热门科技行业新兴时，大量资金涌入，严重加剧了行业竞争，导致投资人想退出市场困难，打击其投资信心。此外，在技术交易市场中，一些研发部门由于缺少研发资金，迫不得已把很有前途的还处在初始研发阶段的技术成果拿出来交易，这样导致两种结果，一是好的研发成果折价或低价交易；二是研发技术处于研究初期导致技术不成熟不过关，致使市场交易受挫，投资者更加远离技术市场，形成研发资金紧张的恶性循环。这两种情况都严重打击了科研者们的积极性。

目前，广州技术市场比较成熟的融资方式主要是科技园引进的私募基金，例如与广州清华科技园牵手的就有三家基金，即招商局科技集团有限公司、深圳力合创业投资有限公司和启迪创投。另外，2012 年 8 月正式运营的广州股权交易中心可为技术产权交易提供平台，但这一平台目前还不成熟、还不完善，尚未完全发挥作用，即用于技术产权交易的数量还很少，究其原因主要在于广州的技术交易市场的资金支持体系还很脆弱，真正有效地为技术市场提供资金供给的风险投融资机制尚未完全建立或成熟。

2. 技术中介机制的缺陷

目前，广州成熟的技术产权交易平台只有属于火炬中心管理下的广州技术产权交易所。广州现有的技术中介和技术交易中心等机构还存在着体制和机制不完善、不灵活等问题，这是影响广州技术交易市场发展的一个重要因素。

同时，广州技术交易的中介机构从业人员的数量少，知识结构不合理，缺乏专业性。高素质中介专业人才缺乏，取得技术经纪人资格证书的人才所占比例小，进而导致工作思路和方法落后，难以胜任技术交易市场中的服务工作，直接影响到技术交易市场的发展。

3. 技术评估与咨询问题

在技术交易市场中，需要进行准确、有效的技术评估，技术评估这个行业自发展以来，每年以较高的速度保持增长，现已形成一定的规模。然而在广州，技术评估行业与外国相比却存在发展年限的先天不足、行业间水平高低不齐等情况。在技术评估中，由于广州还处在技术市场的初期发展阶段，技术评估人才队伍缺乏使得评估机制不健全，评估水平不高，特别是与技术评估密切相关的评估制度建设滞后，制度与法律不一致等，这些均不利于技术交易市场的正常开展和顺利进行，也使得广州技术交易平台的功能受阻。

4. 技术经营存在的问题

在技术经营过程中，由于技术交易平台网络在运行中低效率问题突出，企业与技术交易工作人员的信息沟通不畅，存在信息不对称问题，技术交易工作人员的不专业与技术交易过程中的信息不对称造成合约双方存在更大的机会风险，在监管不合理或失效的情况下，技术交易的履约率降低，这样使得技术交易市场的效率处于一个较低的水平，这是广州技术交易市场在技术经营机制中必须要解决的一个问题。

另外，广州的有效发明专利还比较少。一些科研部门没有很好地论证就仓促立项，使得研发出来的专利运用能力不强、市场价值不高，不符合市场经济的需求。随着经济社会的不断发展和进步，有效专利的比例更能体现技术创新能力的强弱，而不仅仅是专利申请和授权数量的多少。

四　建立具有广州特色的国际技术市场运行机制

广州必须建立具有自己特色的有效运行机制。鉴于广州现在风险投资体系上和经营机制上的不足，我们可以引入风险投资机构，优化现有的经营机制。广州新建的科技园应把自己定位于中介服务和专业化的评估机构。由大学、企业、科技部门组成的研发部门在开展新项目前委托国科中心进行风险融资，国科中心在经过初步评估后，从与之合作的创投基金公司取得启动资金展开研发，当研发部门研究成功时再委托国科中心进行成果的市场转化。国科中心在对一系列成果进行评估筛选后，对落选的成果退回进行修改和完善；通过筛选的成果则可在国科中心挂牌销售，中标的企业可与研发部门以授权或专利转让的方式取得产品生产权。这时风险投资基金可以选择撤离资本或继续持有该专利。具体流程见图6。

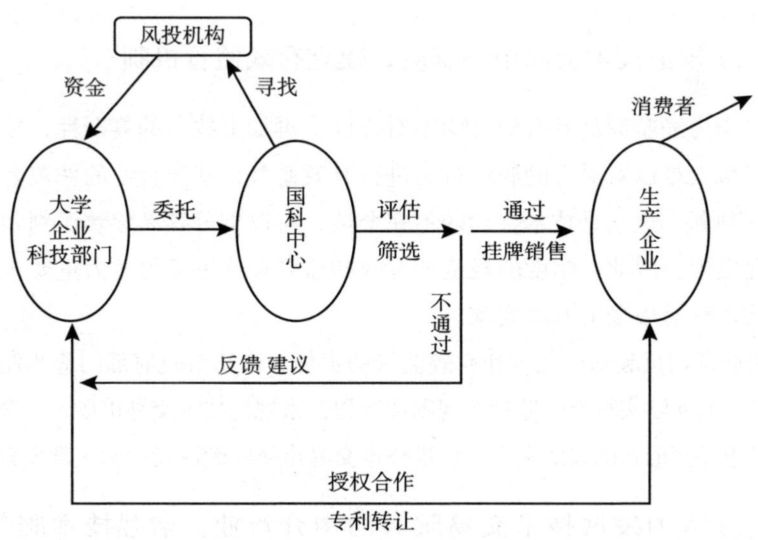

图6　国科中心服务流程

五 广州建立国际技术交易市场对策建议

（一）重视环境建设，积极推进珠三角统一技术市场体系建设

要推进以穗、深、港三地为主的统一的技术交易市场体系建设，促进三地技术交易市场的水平提升和环境优化，形成珠三角经济圈中技术交易的统一平台，推动技术交易市场的发育和建设，这也符合珠三角实现区域协同创新的需要。对于广州而言，要充分利用香港、深圳的成功经验和发展优势，有效地拓展广州国际技术交易市场的深度和广度。建设珠三角统一技术市场体系需要重点解决以下问题，一是实现技术交易信息的共享和技术商品资源的有效配置。主要在于穗、深、港三地的技术交易机构之间要互通有无，信息共享渠道畅通，最大限度地实现资源的共享程度。二是建立统一技术交易的供给和监管制度，对于技术交易的规则和标准等三地要充分协商与沟通，促使技术交易成本降低，技术交易效率提高，真正形成一个统一的技术交易平台。三是协调三地的技术交易市场的管理功能及职责，建立一个行之有效的技术交易运行机制。

（二）规范技术交易市场制度，建立有效监管机制

技术作为经验商品具有信息的不对称性，再加上技术的复杂性，导致技术合约的当事人难以对对方的履约行为进行有效监督，甚至合约的仲裁者也不能做出正确判断。这就是技术合约的不完全性，所以十分容易导致误判和劣存优汰的情况发生。因此，制度的规范和有效的监管在这里显得尤为重要，这是一个成熟技术交易市场的基本要求。

政府必须担负起制度规范和有效监管的责任，广州市政府部门应当制定对技术交易各环节能够实行有效监管的规则和章程，来规范技术交易市场，以避免技术交易市场中任何形式的毁约发生，促进技术交易市场的健康发展和正常发育。

（三）大力发展技术交易服务的中介行业，增强技术服务的专业性

技术中介的主要宗旨是给予技术交易双方以优质的服务。主要包括技术交

易的经纪、咨询、评估、信息和场所等服务，通过这些服务增强技术交易市场的活力。一是技术中介服务机构也应享受到国家和政府在技术支持中相应的财税优惠政策。二是技术中介机构要吸收专业技术人员参与，目的在于提高和优化技术中介服务的专业水准和人才队伍的资源结构，以改进技术中介服务的水平和质量。三是技术中介机构的视角要开阔，服务能力要加强，特别要帮助研发机构和企业开展跨区域的国际技术合作与交流，提高技术交易中介服务的跨境服务能力。

（四）鼓励技术成果的交易与转让，强化产学研合作力度

一是专利转让者要充分了解专利工作程序和专利转化工作，以便能够更好地实现专利技术转移。二是技术研发人员要注重技术专利市场的实用性和适用性，充分了解市场需求，把专利技术转移指标列入考核范围，促进技术研发人员开发符合市场需求的技术专利。三是强化产学研合作力度，在创新项目上充分考虑市场的需求导向、生产成本和生产条件等方面的因素，解决专利转化难的问题。

（五）充分发挥广州区位优势，加强国际技术合作与交流

广州的区位优势十分明显，要充分利用和依托广州国际技术发展中心，与各国在穗的领事馆开展有效合作，通过其加强国际技术的合作与交流，促进国际技术转移在广州能够不断开展。广州技术交流中心开展技术交易市场活动，要促使研发企业、科研院所和各高等院校，加强与境外有关国家和地区的科研合作与交流，包括学术交流、研发合作、信息共享、成果交易及专利转让等，最终使广州的科技资源配置得到优化，促使广州的科技创新水平得到大幅度提高，使广州国际技术交易市场不断发展壮大。

参考文献

陈治光：《北京正成为全国技术交易中心》，《科技潮》2010 年第 2 期。

郑长江、谢富纪：《浙江技术市场存在问题与对策研究》，《华东经济管理》2010 年

第9期。

孔艳茹:《中国技术产权交易问题研究》，山东农业大学，硕士学位论文，2009。

金为民:《中国技术市场现状分析及发展原因探析》，中国科学技术大学，硕士学位论文，2009。

赵志娟:《技术市场对区域创新能力的影响研究》，浙江大学，硕士学位论文，2014。

吴雄林:《我国网上技术市场的现状及其发展对策研究》，武汉大学，硕士学位论文，2005。

方世建、史春茂:《信息非对称交易中的技术中介效率》，《研究与发展管理》2003年第3期。

黄微、刘郡:《国内外技术市场运行机制比较研究》，《图书情报工作》2009年第22期。

谭开明:《促进技术创新的中国技术市场发展研究》，大连理工大学，博士学位论文，2008。

徐恒敏、庞业涛、谢富纪:《长三角都市圈统一技术市场及其运行机制》，《技术经济》2008年第11期。

汪娟:《长沙市技术创新体系的构建及其运行机制研究》，湖南大学，博士学位论文，2013。

B.15

广州市国际科技合作载体的空间发展分析

王世豪　龚维进 *

摘　要：本文通过对广州市现有国际科技合作的载体及其空间布局进行分析，认为各类载体在广州市空间发展呈散落分布但均衡发展的格局，载体在整体上集聚功能弱。从空间结构看，应在位于广州市南拓轴和都会区的交界处作为广州国际科技合作载体的核心地，以建立交流中心作为开展国际科技合作的核心节点，加快各类载体在空间上的集聚和提升核心节点的辐射带动作用。

关键词：国际科技合作　空间布局　集聚　辐射带动作用

一　国际科技合作载体的意义及文献观点

一些学者认为，一个城市科技区域的建立和形成对本市的国际科技合作及科技创新都起到至关重要的作用。Storper（1992）是最早提出这一概念的学者之一。他认为科技区域（Technological Districts）是指专注于高科技活动并以创新性资源的存在为特色的领域，如一些深度研究和有创新能力的新技术研发，以及技术和企业家集聚的人才资源、文化的地域系统。Michela Lazzeroni（2010）的研究指出，大都市地区一直是那些科技公司的总公司汇集中心，拥

* 王世豪，博士，广东外语外贸大学经济贸易学院教授，研究方向为区域经济；龚维进，暨南大学2013级博士研究生。

有大量优秀的人力资源和重要的研发中心，因为这些地区就是开展国际科技交流与合作的主要场所。由此创建了一种不同空间环境下定义科技区域的分析方法，并将其分为四种类型。崔敬（2011）认为在新经济视角下发展起来的宏观区位理论，应主要以政府为指导主体，通过各区位优势的比较分析来指导整体区位布局和生产力资源配置。关丽丽（2012）认为产业活动是边远城市空间演变的核心动力机制之一，并依据空间结构理论，认为城市边缘区域的产业结构调整和优化更需要第二产业的发展，并通过其发展呈现出粗放型的空间扩张特征，由此构成产业结构演变模式，而这个模式要以区域优势产业为主。以上有关产业发展和空间布局文献说明，城市国际科技合作及科技创新需要创建“科技区域”；实现产业集群和集聚，相互关联产业之间形成完备的产业链条对促进区域（如城市）发展起着至关重要的作用。广州市集聚众多的高校和企业，在充分挖掘利用国际科技资源方面能发挥重要作用，特别是在提高自主创新能力（原始创新、集成创新和吸收创新）上，能够通过开展国际科技合作的方式获得成果，这样就能形成广州的“科技区域”，促进城市的产业结构优化和转型升级。

二　广州市开展国际科技合作的主要载体、分布特点及问题

（一）高校开展国际科技合作的载体及其分布

为了更好地贯彻教育部“进一步扩大教育开放”的精神，广州市许多高校积极参与国际科技合作，在交流平台建设、交流层次水平以及交流领域的深度和广度上都有长足的进步。在这些国际科技交流与合作中，中山大学、华南理工大学和暨南大学等重点综合类高校所发挥的作用巨大。其中有代表性的国际科技合作载体有中山大学的莱恩功能材料研究所和临床与转化医学国际联合实验室、暨南大学—香港科技大学神经科学和创新药物研究联合实验室、华南理工大学的高分子塑料光电材料研究学科创新引智基地等。从高校的载体分布空间看，中山大学位于海珠区，华南理工大学和暨南大学位于天河区，广东工业大学位于越秀区等，各高校在空间分布上呈散点分布。

（二）企业开展国际科技合作的载体及其分布

科技型企业在国际科技合作中是主要力量。为了提高自主创新能力，广州市企业在进一步推动穗港澳台科技文化交流与合作的基础上，积极拓展对外交流合作，整合国际创新资源能力，利用技术、人才、资本等促进跨国产学研合作。截至2014年底，在广州市1000多家大中型企业中，有30%的企业设有科技机构。在空间分布上，广州科学城和中新广州知识城位于萝岗区、广州国际生物岛位于海珠区、广州大学城和广州节能科技园位于番禺区。各类园区是广州市科技型企业主要的地理集中区域，在空间布局上形成一种空间均衡发展状态。

（三）准政府机构的国际科技合作的载体及其分布

广州市的准政府机构在国际科技合作中发挥重要作用的就是广东—独联体国际科技合作联盟（以下简称为联盟）。联盟创新了国际科技合作模式，在国内第一个创立了“哑铃形”国际科技合作模式。其主要内容是重点培育和打造“哑铃形”的国外一端，推介独联体国家科技成果，积极组织项目对接合作活动开展市场化运作等。另外，在科技型企业集中的产业园区，存在中介性质的国际科技合作载体，其工作内容主要是为园区内的企业提供国际科技合作信息，对国际科技合作对象进行筛选和评估，为科技型企业顺利开展国际科技合作提供支撑。无论是准政府机构还是中介性的服务机构，由于科技型企业园区的空间均衡发展而呈现散点布局。

综上所述，以产业园区为单位的国际科技合作现有载体基本分布在广州市的外围区。在现有的以科技园为单位存在的国际科技合作载体集群中，除广州国际生物岛位于核心区的海珠区外，在广州市的外围区分布有广州大学城、广州科学城、中新广州知识城等。广州的国际科技合作具有良好的空间发展基础，国际科技合作载体在空间分布上处于一个均衡发展的状态。广州科学城和中新广州知识城距广州市整体规划的南拓轴相对较远，在缺乏集聚效应的条件下，很难从广州市的点轴开发战略中受益。广州的南沙区、番禺区、海珠区、天河区、白云区等区域形成了一条贯穿南北的轴线（见图1），位于萝岗区的国际科技合作载体如广州科学城、中新广州知识城中的科技型企业集群因距南拓轴相对较远而受益较小。因此，广州市开展国际科技合作的载体空间均衡发展、散点分布和集聚辐射效应较弱是其分布的主要特点。

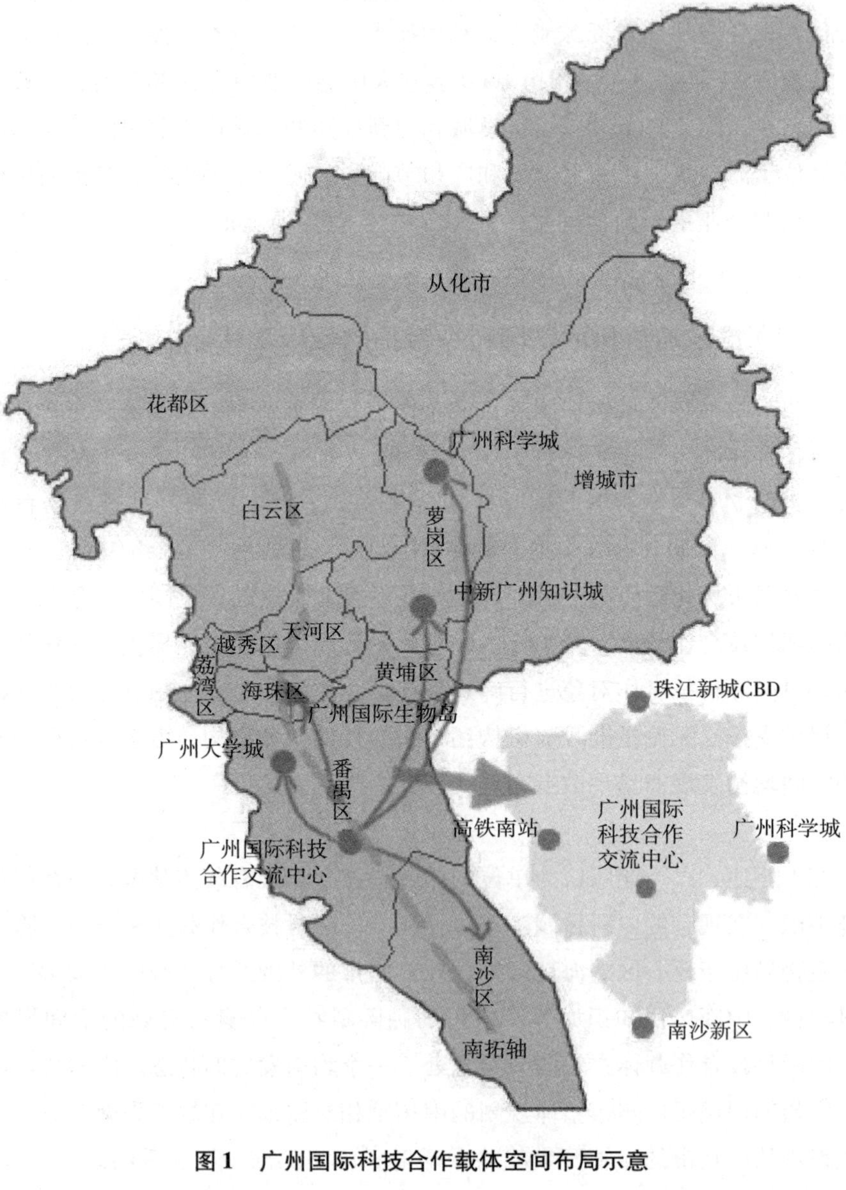

图 1　广州国际科技合作载体空间布局示意

（四）广州市国际科技合作载体分布中存在的问题

1. 各类载体间关联性较弱

各种国际科技合作载体在广州市相互之间的关联性较弱，既包括各类国际科技合作载体之间的邻近关系和相互作用较弱，也包括各类载体之间的产业关联性较弱。由于不同的国际科技合作载体位于不同的行政区，不同的行政区之间拥有不同的科技人员、资金、技术和政策等，使各载体只专注于自身国际科技合作的开展，而处于不同行政区的不同国际科技合作载体之间的相互作用和相互制约的空间组织及关联性则较弱。从各类载体之间的产业关联角度看，各类载体都有自己特定的国际科技合作领域，如广州科学城主要发展电子信息、新材料与新能源等产业，广州国际生物岛主要发展生物制药等产业，园区之间的国际科技合作关联度较低，缺乏宏观上国际科技合作领域的统筹，出现广州市存在众多的国际科技合作载体，但却没有形成一个有效的区域创新系统，由此出现“断裂”现象。

2. 各类载体间产业集聚效应不明显

广州市内高校的空间分布、科技型企业的空间分布以及准政府机构的空间分布都具有分散布局的特点，整体上缺乏集聚效应。根据空间作用的距离衰减法则，各载体间相互作用的强度将随着距离的增加而衰减。而且由于国际科技合作载体的布局分散，载体之间不能共享共同的基础设施和某些共同的投入品，不能获得劳动分工的成果，特别是一些隐性知识在载体之间和科技人员之间的传播将会受阻。同时，由于载体的布局分散对刺激同行业之间的竞争和不同行业之间的互补性作用较弱，弱化了载体创新的环境，降低了载体创新的动力，最终导致广州市开展国际科技合作活动虽然十分活跃，但整体国际科技合作竞争力不强的现状。

3. 国际科技合作载体布局缺乏统筹

以产业园区为单位的国际科技合作载体都具有自己的国际科技合作阶段，但从广州市经济长期协调发展看，国际科技合作载体的布局缺乏统筹。一是具有关联性的国际科技合作载体之间的空间布局缺乏横向统筹，即具有关联性或上下游产业的国际科技合作载体之间并没有出现地理上的集中，广州市各园区的国际科技合作关联性较弱。二是国际科技合作载体之间的纵向统筹比较少。

开展国际科技合作是一个过程，具有不同的阶段，即引进技术或合作研究是开始，目的是使合作的成果实现产业化，为广州市的经济发展服务。而广州市目前的国际科技合作载体布局并没有形成从开始合作到实现成果产业化不同阶段载体之间的有效协调和统筹。

三　广州市国际科技合作载体空间布局的一些原则

（一）保留既有载体空间结构

国际科技合作载体建设，重点在于使国际科技合作系统能够新型、有序和有效，目的在于在国际科技合作中提高合作的效率和竞争力。广州市国际科技合作载体空间布局的整合应以现有的载体空间结构为基础，选择载体的重点布局区域，推进广州市载体的空间结构调整。

（二）发挥中心节点对载体发展带动作用原则

在广州建立一个国际科技合作交流中心，要在现有载体的基础上，建成华南地区技术转移与交易中心市场，以此作为国家及国际科技合作基地、国际科技创新网络的一个重要节点。以广州国际科技合作交流中心为载体，加快聚集国内国际科技创新资源，提高广州市创新能力，提升广州市在广东省和华南地区的辐射带动作用。

（三）增加知识和技术投入，达到最大化产出

对广州市现有国际科技合作载体空间布局的调整应以增加知识和技术投入并达到最大化产出为原则。在确保国际科技合作良好环境和投入的基础上，实现知识和科技在广州国际科技合作交流中心这个载体中集聚，加强知识和技术在不同载体间的学习和传播，国际科技合作的成果产出要争取最大化。

（四）充分发挥政府统筹

载体的空间结构和空间开发秩序要用空间规划来协调。充分利用现代信息

技术，以建立国际科技成果交易中心为核心，构建国际科技成果转移和转化平台，打造从成果展示、交流、交易、转移到科技孵化和产业化发展的完整链条；协调各类载体开展国际科技合作的领域，使不同载体之间分工协作、相互促进和制约，充分发挥各自的作用。

四　建设广州国际科技合作载体核心场地，强化集聚功能

（一）广州国际科技合作交流载体核心场地选址分析

广州亟须建立具有集聚功能的国际科技合作载体。高校、科技型企业和准政府机构是广州国际科技合作载体的三大类型。各载体间空间布局较为分散，在空间上缺乏统筹。从投入和产出看，开展国际科技合作的知识和技术等投入较弱，国际科技合作成果较少。因此，必须对广州市国际科技合作载体进行集聚和统筹，主要通过对国际科技合作的载体进行空间布局，这种空间上的统筹和集聚十分有利于加快集聚国际国内科技创新资源、建立国际技术转移和成果转化平台、打造完备的科技成果转化链条，对提升广州市创新能力、广州市在广东和华南地区的辐射带动作用，强化广州市的中心城市地位具有积极的促进作用。核心节点就是国际科技合作载体，对广州市现有载体进行统筹和集聚，对广州市现有载体进行辐射和带动。

在选址上，新的国际科技合作核心载体——广州国际科技合作交流中心可以位于番禺区新造镇。一是新造镇具有良好的通达性。广州市地铁 4 号线纵穿新造镇，从新造到广州大学城用时不超过 10 分钟，交通运输条件相对优越。二是新造镇处于广州大学城南岸、与大学城一江之隔，也是广州番禺国际创新城规划中的核心地带，根据尊重现有载体的空间布局原则，可以充分发挥国际科技资源的集聚效应。具体而言，广州珠江新城 CBD，在广州国际科技合作交流中心的北面，广州高铁总站位于西面，广州南沙新区在南面，广州科学城在东面，在城市空间发展关系上处于广州未来城市空间“南拓”战略的重点位置，也处在广州南拓轴和都会区的交汇处。三是新造镇虽属于广州市的外围区，但其紧邻广州核心区中的海珠区，能够满足广州国际

科技合作交流中心建设用地的需求。同时，要建设国际科技合作交流中心的不同功能区，以进一步强化核心节点的作用。如国际技术转移与交易区、科技孵化区、国际科技服务机构集聚区等，进而实现从成果展示、交流、交易、转移到科技孵化和产业化发展的完备链条。四是从空间战略角度看，点轴战略能够通过中心场所的核心地作用在此展开。其中的“点”是白云区的白云机场、海珠区的珠江新城 CBD，番禺区的广州国际科技合作交流中心、南沙区的南沙港等；其中的“轴”是连接这些点的南拓轴。因此，新广州国际科技合作交流中心特殊的地理位置既可以加强各类国际科技资源的集聚和整合，又可以起到对现有各类科技合作载体开展国际科技合作的辐射和带动作用。

（二）广州国际科技合作交流载体核心场地功能分析

建立五大区域，打造国际科技成果的转移和转化平台。国际科技孵化区、科技综合体、交流展示区、商务服务区、人才公寓区五大区域是广州国际科技合作交流中心的功能区，主要是为了解决广州市在开展国际科技合作中知识技术软投入较弱和国际科技合作产出较小的问题。其中建立国际科技孵化区是为了解决广州市国际科技合作成果的产业化率较低的问题，为广州市更深入地开展国际科技合作提供资金支持，促进广州市国际科技合作成果的产业化。这五大区域在功能上，应统筹市内各类国际科技合作载体的分工协作并相互促进，其主要功能，一是国际科技孵化功能。抓住全球科技创新资源转移的有利时机，加快吸引国际高层次人才、技术和项目落户广州，形成国际创新要素的集聚。二是技术转移与交易功能。建立现代技术产权交易机制，完善技术交易市场制度，特别是要创新交易模式，促进技术转移，提高技术交易的服务水平。同时，以良好的服务和优惠的措施吸引一批国内外知名的技术交易、科技金融和科技创新服务机构进驻，提高技术交易的专业化服务水平。三是国际科技会议与交流功能。加强与各国驻穗领事馆、国际创新机构、跨国公司等的合作与交流，针对企业的需求，举办国际论坛、讲座及国际性科技展览、学术活动和项目对接，在科技交流与经贸合作中使各区域、政府和企业间加强联系。四是国际高端商务服务功能。为引进的研发机构、创新团队和科技人才提供所需要的注册登记、语言翻译、中外法律咨询、中外财税咨询、国际商务考察、市场调研、管理咨询等专业服务。总之，广州国际科技合作交流中心建设思路应充分利用现代信息技术，以建立国际科技合作成果交易中心为核心，构建国际科技成果转移和转化平台，形成科技交流、交易、成果转移、科技企业孵化和产业化发展的科技合作链条。使广州国际科技合作交流中心发挥核心作用，促进广州国际科技合作品牌的产生，辐射和带动广州市其他的国际科技合作载体。

五　强化国际科技合作载体的政策建议

（一）加强组织保障和政策保障

一是组织保障。成立由广州市政府领导参与的广州国家科技合作交流中心建设领导小组，抓好统筹、协调和管理等重大问题。二是政策保障。加强政府政策对广州市开展国际科技合作的支撑作用，形成多角度、宽领域和深层次的政策支撑体系。制定促进广州国际科技合作的扶持政策，创造良好的国际创新创业环境，大力引进国际科技合作机构、国际研发机构以及重大国际科技合作成果和海外高层次人才。

（二）充分发挥政府的引导作用

发挥政府对创新辐射效应、示范效应、知识和技术溢出效应的引导作用，以及对引进技术和外包获得技术的二次开发引导作用，实现可持续的国际科技合作。

（三）公私合作共建

广州国际科技合作交流中心的建设以社会招标的方式进行，如采取公私合作的共建方式，目的在于减少政府财政压力，同时有利于提高建设效率和项目建设水平，发挥市场的作用。

（四）做好配套建设

广州国际科技合作交流中心建设要充分考虑到国际创新人才基本生活和休

闲文化的需求，因此在做园区规划时必须充分考虑国际公共服务设施这一块。要将其建设成能够集聚和整合各类国际科技资源的核心地，促使广州国际科技合作载体的整体功能得到加强。

参考文献

Storper, M., "The Limits to Globalization: Technology Districts and International Trade," *Economic Geography* 1 (1992).

Michela Lazzeroni, " High-Tech Activities, System Innovativeness and Geographical Concentration : Insights Into Technological Districts in Italy," *European Urban and Regional Studies* (2010).

崔敬:《新视角下宏观区位论的发展研究》,《中国城市经济》2011 年第 27 期。

关丽丽:《城市边缘区产业结构的空间特征与演变模式分析》,《首都经济贸易大学学报》2012 年第 6 期。

安虎森:《空间经济学教程》，科学出版社，2006。

聂华林、赵超:《区域空间结构概论》，中国社会科学出版社，2008。

魏后凯:《现代区域经济学》，经济管理出版社，2011。

B.16

广州科研基地体系建设情况发展报告

沈文浩*

摘　要： 科研基地作为源头创新和新知识、新技术、新发明的先导及源泉，是培养会聚高层次科研人才、取得自主创新成果和核心技术的重要平台，是衡量一个国家（地区）科技创新能力水平的重要指标。积极推动科研基地体系建设是广州实施创新驱动发展战略、争当创新驱动发展排头兵、打造自主创新高地的核心内容之一，也是提升区域创新能力、加快产业转型升级、建设国际科技创新枢纽城市的迫切需要。本文对广州地区科研基地体系的建设情况以及人才、学科、科技资产等相关创新要素进行总结梳理，并研究提出相关工作建议，为今后一段时期，特别是“十三五”期间广州科研基地体系建设工作出谋划策。

关键词： 科研基地体系　国家实验室　国家重点实验室

党的十八大以来，以习近平同志为总书记的党中央高度重视科技创新，把实施创新驱动发展战略摆在国家发展全局的核心位置。党的十八届五中全会公报指出：“深入实施创新驱动发展战略，发挥科技创新在全面创新中的引领作用，实施一批国家重大科技项目，在重大创新领域组建一批国家实验室，积极提出并牵头组织国际大科学计划和大科学工程。”

提高创新能力，必须夯实自主创新的物质技术基础，逐步建立与科学研究

* 沈文浩，博士，广州市科技创新委员会创新平台处（科技园区发展处）主任科员。

相适应的较为完整的科研基地体系，加快以国家实验室为引领的国家科研基地体系建设，是我国实施创新驱动发展战略的重要抓手，将成为国家抢占科技创新制高点的新的重要载体。

广州市委、市政府高度重视科技创新工作，坚持把科技创新作为创新驱动发展的总抓手和核心战略。国家实验室、国家重点实验室等科研基地作为源头创新和新知识、新技术、新发明的先导和源泉，是培养会聚高层次科研人才、取得自主创新成果和核心技术的重要平台，是体现一个国家、一个地区科研创新能力强弱的一项重要指标。积极推动科研基地体系建设是广州市更好实施创新驱动发展战略，争当创新驱动发展排头兵，打造自主创新高地的核心内容之一，也是提升区域创新能力、加快产业转型升级、打造国际科技创新枢纽城市的迫切需要。

为摸清家底，并为今后一段时期，特别是“十三五”期间广州科研基地体系建设工作出谋划策，本文对广州市科研基地体系当前建设情况以及人才、学科、科技资产等相关创新要素进行了一些总结梳理，并研究提出相关工作建议。

一　总体情况

（一）国家科研基地体系建设情况

1. 我国国家级科研基地建设发展历程

国家级科研基地是国家层面组织管理的科研基地，由有关部委领导进行财政支持。考虑到资源的有效性，即利用有限的资源发挥最大的成效，国家级科研基地正是基于这种考虑而成立，其目标在于集中力量进行重大关键技术研究、原始创新和产业共性技术，通过科技突破，为国家发展提供长期复杂问题的解决手段。国家级科研基地关注科技前沿，不断创新，为国家工业发展、高水平高素质人才的培养提供强有力的技术支持和储备，同时为实施具体举措提供学术支撑。2006 年，国务院出台了《国家中长期科学和技术发展规划纲要（2006~2020 年）》，以建设创新型国家为战略目标，对国家级科研基地建设提出了新的发展要求。国家科研基地集中了全国的优秀尖端人才和国家最前沿的科研资源，是科技创新工作积极应对新常态下科技政策与战略发展的重要工作内容。目前国家科研基地体系已经成为我国组织开展高水平基础研究和前沿技术研究、聚集和培养优秀科学家、开展学术交流的重要基地，在科学前沿探索和解决国家重大需求问题中均做出了突出贡献。

1984 年，为加快我国社会主义现代化建设，实现国家发展战略目标，面向国际竞争，增强科技储备和原始创新能力，由科技部牵头启动了国家重点实验室建设计划，开始依托大学和科研院所建设国家重点实验室（即“院校国家重点实验室”）。国家重点实验室（院校）建设坚持顶层设计，全面布局，集中有限资源，遴选关键领域，凝练优势方向，体现国家意志，是优势学科和国际科技前沿建设基础研究的“国家队”。

由于国家重点实验室（院校）的带头和示范作用，科技部陆续启动组建省部共建国家重点实验室、企业类国家重点实验室、军民共建国家重点实验室以及港澳国家重点实验室伙伴实验室，形成了较为完善的国家重点实验室体系。

此外，根据产业和技术发展需求，国家还支持建设国家工程技术研究中心（国家科技部牵头）、国家工程研究中心（国家发改委牵头）和国家工程实验室（国家发改委牵头）等国家工程类科研基地，以及陆续建设的大科学工程、重大科技基础设施和野外（观测）台站等，初步形成了支撑基础研究、应用技术研究和产业技术发展的国家科研基地体系，覆盖了我国大部分学科方向和国家经济社会发展的主要领域，为我国的科技进步、社会和经济发展提供了关键驱动力。

2. 国家科研基地体系架构

（1）国家实验室

国家实验室是结合国家重大战略需求，以研究型大学和国家级科研院所为依托，在前沿领域和特色优势领域不断作为，以跨学科、高水平为特点的综合性科学研究中心。国家实验室围绕重大科技任务、重大科学工程和重大科学方向，通过机制创新、整合资源，促进协同创新，显著提升我国在若干关键领域持续创新能力。

目前国家已经布局建设了 7 个试点国家实验室，分别是 2000 年，批准组建沈阳材料科学国家（联合）实验室；2003 年，批准组建北京凝聚态物理国家实验室（筹）、合肥微尺度物质科学国家实验室（筹）、武汉光电国家实验室（筹）、清华信息科学与技术国家实验室（筹）和北京分子科学国家实验室（筹）5 个试点国家实验室；2013 年，批准组建青岛海洋科学与技术国家实验室。

（2）国家重点实验室

国家重点实验室是基础研究、应用基础研究和基础性工作基地。围绕国家发展战略目标，面向国际竞争和科学发展前沿，突出原始创新，聚集优秀人才，培育创新团队，加强知识积累和知识储备，在特定学科方向开展基础研究、应用基础研究（含竞争前高技术研究）和基础性工作。

经过 30 多年的发展，我国已经形成了国家重点实验室体系。据统计，到 2015 年，我国的国家重点实验室已达到 479 个，其中国家依托高校和科研机构共批准建设了国家重点实验室 258 个，依托企业和转制科研院所共批准建设了 177 个企业国家重点实验室，12 个省部共建国家重点实验室试点，同时在香港批准建设了 18 个国家重点实验室伙伴实验室以及 14 个军民共建国家重点实验室。

（3）国家工程技术研究中心

国家工程技术研究中心是行业共性技术研发、成果转化和产业化基地。面向行业和产业发展的需要，开展行业共性技术研究，推动集成、配套的工程化成果向相关行业辐射、转移、扩散，不断提升产业的后发之力，强化竞争能力，加强自主创新。有关数据显示，2015 年，国家工程技术研究中心总数为 294 个，涵盖了农业、电子与信息通信、节能与新能源、制造业、现代交通、材料、生物与医药、资源开发、环境保护、海洋、社会事业等领域。

（4）国家工程研究中心（工程实验室）

国家工程研究中心是工程技术应用研究基地。通过结构调整和关键技术的研发，不断优化产业结构，突破重点产业发展瓶颈，提高我国产业自主创新水平和国际竞争力。此外，依托具有较强科研实力的开发实体（高校、科研机构和企业等），积极对接国家重大战略任务，以核心技术研发为根本目的加大重点工程建设，提升实验能力和核心科技水平。

和国家工程研究中心不同，国际工程技术研究中心并未纳入现有的国家创新体系中，科技部因地制宜，结合我国科技发展的国情，作为国家研发能力建设的补充内容予以统一规划安排。

（5）国家重大科技基础设施

改革开放以来，我国为推动科技水平的提升，不断加大重大科技基础设施的投入，覆盖领域向深度和广度扩展，以求不断探索和发现规律，通过科学研究以解决我国经济社会发展过程中存在的重大科技问题，进而提升整体的技术水平。“十二五”期间，国家重大科技基础设施建设成效显著，共有33项在建和运行的设施，为科学前沿探索和国家重大科技任务开展提供了重要支撑。国家重大基础设施是实现技术变革，突破科学前沿的物质技术基础，也是我国创新体系的重要组成部分。

（6）国家野外科学观测研究站

国家野外科学观测研究站是国家科技基础条件平台建设和科技创新体系的重要内容，也是国家研究实验基地的有机组成部分，定位为相关学科发展的重要野外观测实验、科学研究和示范基地，开展长期野外观测和研究工作，获取科学数据，推动相关学科发展和科技进步。

（7）国家科技基础条件共享服务平台

开展科技资源情况调研和资料整理，提供科技创新所需的共享服务。对科技资源进行合理归并，有机整合，为科技创新提供共享服务支撑。

3. 我国科研基地总体布局

截至2015年底，国家科研基地总数为1256个，北京的国家科研基地数量最多，为318个，占全部国家科研基地总数的25.32%；上海国家科研基地数量排第2位，为96个，占总数的7.64%；第3位是江苏，国家科研基地数量为77个，占总数的6.13%；广东省排第4位，国家科研基地数量为76个，占总数的6.05%（见图1）。

（二）广州国家科研基地建设情况

1. 总体布局情况

目前，广州市共有39个国家科研基地。其中国家重点实验室（含企业国家重点实验室）19个（见表1），排在北京（115个）和上海（44个）之后；国家工程技术研究中心8个，国家工程实验室12个，国家工程研究中心6个，国家重大科研基础设施2个（含国家大型科学仪器中心1个）。

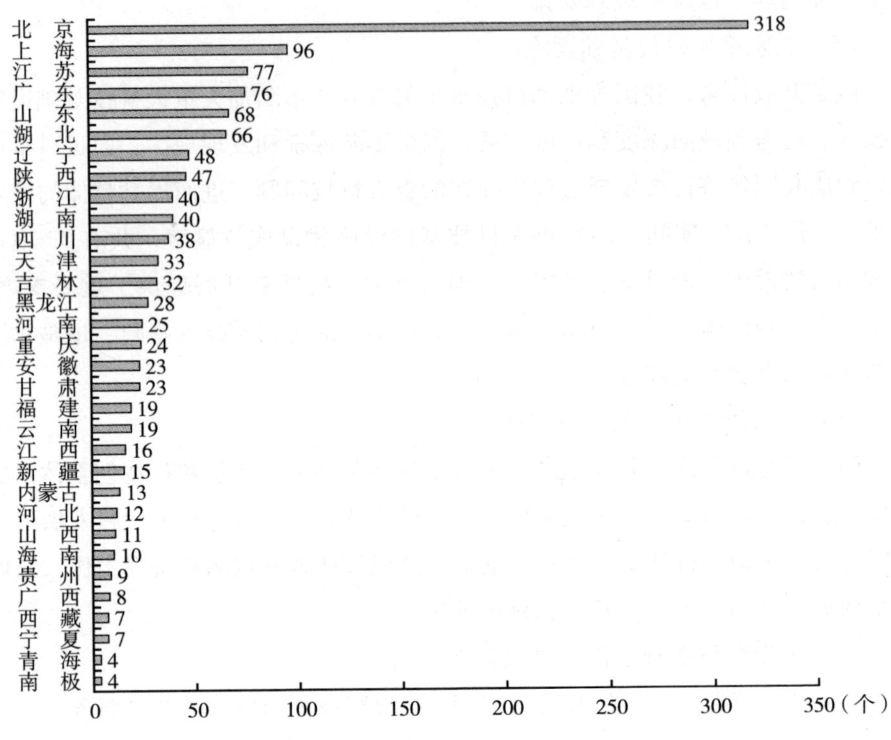

图1　国家科研基地分布情况

表1　广州国家重点实验室名单

序号	实验室名称	单位名称
1	有机地球化学国家重点实验室	中科院广州地球化学研究所
2	制浆造纸工程国家重点实验室	华南理工大学
3	光电材料与技术国家重点实验室	中山大学
4	华南肿瘤学国家重点实验室	中山大学
5	有害生物控制与资源利用国家重点实验室	中山大学
6	眼科学国家重点实验室	中山大学
7	呼吸疾病国家重点实验室	广州医学院
8	亚热带建筑科学国家重点实验室	华南理工大学
9	工业产品环境适应性国家重点实验室	中国(广州)电器科学研究院
10	畜禽育种国家重点实验室	广东省农业科学院畜牧研究所

续表

序号	实验室名称	单位名称
11	稀有金属分离与综合利用国家重点实验室	广州有色金属研究院
12	发光物理与化学国家重点实验室	华南理工大学
13	亚热带农业生物资源保护与利用国家重点实验室	华南农业大学
14	同位素地球国家重点实验室	中科院广州地球化学研究所
15	热带海洋环境国家重点实验室	中科院南海海洋研究所
16	省部共建器官衰竭防治国家重点实验室	南方医科大学
17	省部共建华南应用微生物国家重点实验室	广东省微生物研究所
18	废旧塑料资源高效开发及高质利用国家重点实验室	金发科技股份有限公司
19	直流输电技术国家重点实验室	南方电网科技研究院有限责任公司

2. 和珠三角其他城市的比较

广州市的国家科研基地数量在珠三角地区处于领先地位，占总数的51.3%，深圳有19个，占总数的25%（见表2）。广东省17个院校国家重点实验室全在广州，9家企业国家重点实验室广州有2个。

表2　广东省国家科研基地分布情况

单位：个

实验室类型 \ 区域	总数	广州	深圳	东莞	珠海	肇庆	清远	惠州	江门	多地联合
国家重点实验室	26	19	4	1	1	1	—	—	—	—
国家工程技术研究中心	23	8	6	1	4	1	1	—	—	2
国家工程实验室	9	4	5	—	—	—	—	—	—	—
国家工程研究中心	6	6	—	—	—	—	—	—	—	—
国家重大科技基础设施	9	2	3	1	—	—	—	2	1	—
国家野外科学观测研究站	3	—	1	—	—	1	—	—	1	—
合　计	76	39	19	3	5	3	1	2	2	2

（三）广州国家重大科研基础设施建设情况

国家重大科技基础设施对珠三角地区扬长补短、加强原始创新具有至关重要的战略意义。目前，广州市在建和建成运行的国家重大科技基础设施共有2

个，分别是国家超级计算广州中心和国家大型科学仪器中心——广州质谱中心，领域涵盖粒子和核物理、信息工程、生命科学（见表3）。

表3　广州市国家重大科技基础设施情况表

名称	所在地区	建设(运营)单位	投资额	建设进度	主要特点及应用
国家大型科学仪器中心——广州质谱中心	广州	中国科学院广州地球化学研究所	—	于2002年5月正式成立,是以国家科技部牵头、相关部委联合共建的第二个质谱类国家级大型科学仪器中心	主要从事极微量化合物的分离和鉴定、有机化合物的分离与鉴定,极性化合物的分离与鉴定,有机化合物的同位素测定,各类地质和环境样品的固体同位素、稳定同位素和稀有气体同位素测定
国家超级计算广州中心	广州市大学城中山大学东校区	广东省政府、广州市政府、国防科技大学、中山大学共同建设	18亿元	2013年底,“天河二号”一期系统安装完成	“天河二号”主机运算速度连续6次居全球超级计算机500强排行榜第1位,将广泛应用于高新产业和现代服务业*

* 主要用于数字城市建设、城市抗震减灾、基因组学的研究与应用、药物设计、生物分子动力学模拟、数字媒体和动漫渲染、舆情监控、应急智能决策等方面；有望增强天气预报预测的准确性。

广州市已经投入或部分投入使用的重大科技基础设施，正在为国家基础和前沿科学研究发挥重要作用，并且取得了一定的成果。例如，国家超级计算广州中心“天河二号”主机运算速度连续6次居全球超级计算机500强排行榜第1位；2014年6月，中科院和广东省联合成立了“中科院与广东省共建国家重大科技基础设施领导小组”，筹备在广州建设广东大科学中心，共同推进国家重大科技基础设施建设。整合珠三角地区国家重大科技基础设施，更好地发挥广州作为全省科技创新龙头作用，增强国际科技创新枢纽辐射效果，支撑珠三角产业转型升级。

（四）科研人员数量与结构

实施创新驱动发展战略，关键是科技创新，核心是人才。人力资源是科技发展第一资源，决定一个地区的核心竞争力。2015 年，广州市通过实施广东特支计划、珠江人才计划、科技新星计划，高层次人才队伍建设跃上新台阶。截至 2015 年底，广州市共有两院院士 41 人，累计引进和培养“千人计划”学者 129 人，青年科技带头人 502 人。工作留学回国人员累计已超过 5 万人，认定高层次人才 270 人，创业创新领军人才 80 人，初步在全市范围内形成了引培并举，立体支撑全市区域创新、产业转型升级的人才新局面。

（五）政府科技资产及科学仪器设备状况

“十二五”期间，广州市集聚了广东省公办科技机构科技资产的 87.3%，固定资产原值达 118.82 亿元（见表 4）。

表 4　广东省公办科技机构科技资产分布

单位：亿元

地区	固定资产原值	地区	固定资产原值	地区	固定资产原值
全省总计	136.04	清远市	0.10	肇庆市	0.32
广州市	118.82	潮州市	0.09	河源市	0.08
湛江市	3.88	江门市	1.71	揭阳市	0.08
深圳市	3.55	东莞市	1.61	汕尾市	0.02
汕头市	1.74	佛山市	0.96	按区域分	
阳江市	0.22	韶关市	0.64	珠三角	128.23
茂名市	0.21	惠州市	0.63	粤　东	1.93
云浮市	0.12	梅州市	0.63	粤　西	4.30
中山市	0.12	珠海市	0.51	粤　北	1.58

（六）优势学科发展与竞争力

国家重点学科是国家根据发展战略与重大需求，择优确定并重点建设的培养创新人才、开展科学研究的重要基地，在高等教育学科体系中居骨干和引领地位。广州市通过省重点学科的长期培育和有效引领，高校的学科水平有了显著提升，形成了一批具有领先优势和鲜明特色的学科群体。目前，全市高校共有5个一级学科、42个二级学科入选国家重点学科（见表5），全省国家重点学科基本都位于广州。从数量上看，广州一级学科落后于北京（81个）和上海（30个）。

表5 广州市高校的国家重点学科分布情况

分类	学校名称	学科
一级学科国家重点学科(5)	中山大学(2)	生物学(含12个二级学科)、工商管理(含4个二级学科)
	华南理工大学(2)	材料科学与工程(含3个二级学科)、轻工技术与工程(含4个二级学科)
	广州中医药大学(1)	中医学(含12个二级学科)
二级学科国家重点学科(42)	中山大学(22)	马克思主义哲学、逻辑学、人类学、思想政治教育、中国古代文学、英语语言文学、中国古代史、中国近现代史、基础数学、凝聚态物理、无机化学、高分子化学与物理、人文地理学、内科学(内分泌与代谢病、肾病)、神经病学、外科学(普外)、眼科学、耳鼻咽喉科学、肿瘤学、卫生毒理学、药理学、行政管理
	华南理工大学(3)	通信与信息系统、化学工程、食品科学
	暨南大学(4)	金融学、产业经济学、文艺学、水生生物学
	华南农业大学(5)	作物遗传育种、果树学、农业昆虫与害虫防治、预防兽医学、农业经济管理
	南方医科大学(3)	人体解剖与组织胚胎学、内科学(消化系统)、中西医结合临床
	华南师范大学(3)	教育技术学、发展与教育心理学、光学
	广东外语外贸大学(1)	外国语言学及应用语言学
	广州医科大学(1)	内科学(呼吸系统)

美国基本科学指标数据库（ESI）最新数据显示，在ESI的22个学科分类中，广州市有9所高校共计37个学科进入全球前1%排名（见表6），其中中山大学的化学、临床医学和华南理工大学的工程学3个学科进入全球该领域排名前1‰的行列，研究达到国际领先水平，成为世界一流学科。从重点学科分布看，广州市在生物、材料、轻工、光学、化学、通信、食品等制造业领域具有一定的学科人才培养优势，而在经济学与商学、地球科学、综合交叉学科、精神病学与心理学、空间科学等学科领域则需要进一步提升。

表6 省内高校进入 ESI 全球领域排名的学科

	中山大学	华南理工大学	华南师范大学	暨南大学	华南农业大学	南方医科大学	广州医科大学	广东医科大学	广东工业大学
临床医学	√*	—	—	√	—	√	√	√	—
化学	√*	√	√	√	—	—	—	—	—
物理学	√	√	—	—	—	—	—	—	—
分子生物与遗传学	√	—	—	—	—	—	—	—	—
生物与生物化学	√	√	—	—	—	—	—	—	—
材料科学	√	√	—	—	—	—	—	—	—
药理学与毒理学	√		—	√	—	—	—	—	—
工程学	√	√*	√	√	—	—	—	—	√
神经与行为科学	√	—	—	—	—	—	—	—	—
环境与生态学	√	—	—	—	—	—	—	—	—
植物与动物学	√	—	√	—	√	—	—	—	—
免疫学	√	—	—	—	—	—	—	—	—
微生物学	√	—	—	—	—	—	—	—	—
数学	√	—	√	—	—	—	—	—	—
计算机科学	√	—	—	—	—	—	—	—	—
农业科学	√	√	—	—	√	—	—	—	—
社会科学总论	√	—	—	—	—	—	—	—	—

注：＊号为进入全球该领域排名前1‰的学科。

二 面临的形势与挑战

当前，实施创新驱动发展战略，最根本的是增强自主创新能力，最紧迫的是进一步深化科技体制改革，着力解决制约科技创新的突出问题，着力加强科技创新统筹协调，加快建立国家创新体系。建设一批国家级的科研基地，完善广州科研基地体系，提高广州地区大学和各类研究机构在重大创新领域的科研能力，是广州依靠创新驱动发展，实现创新、协调、绿色、开放、共享发展的支撑保障。科研基地体系的建设将扮演创新驱动发展原动力的角色。目前广州科研基地发展还面临一些问题。

（一）广州市国家级科研基地的数量和质量与其经济发展的需求和地位不匹配

2015 年，广州经济总量为 1.8 万亿元，增长迅速超过香港和新加坡，全市的科研基地建设取得了较快的发展。据统计，广州目前共有813个企业技术研究开发中心，其中国家级18个，省级548个；28个新型研发机构；17个国家级重点实验室，196个省级重点实验室，各级重点实验室累计达到337个。同时，新增孵化器34个、增幅为40%，累计达到119个；有14个众创空间获批纳入国家级孵化器管理支持体系，有30个被省科技厅认定为众创空间试点单位，数量均居全省第1位，但从全国范围来看，广州市国家级科研基地建设与经济地位和其发展的需求不相符，依靠科技创新拉动经济发展的潜力和后劲不足。

（二）缺乏具有全链条创新拉动产业升级、带动经济可持续发展的引领平台

目前广州市的国家重点实验室与国家工程技术研究中心、国家工程实验室及国家工程研究中心各自建设，各个领域互不相干，或相互脱节，遵循创新链条和体系的建设布局明显不足，在完成基础前沿研究后，不能及时紧密地开展工程化应用研究衔接，不能形成科学、技术和工程的融合，缺乏能够进行全链条研究开发和协同创新的国家级创新平台。

（三）缺乏领军人才团队和协同创新

目前，在广州市的17个院校国家重点实验室中，两院院士和国家“千人计划”领军人才严重不足，这些重大平台和相关领域引进的创新团队远远不能满足开展创新的需求，攻关能力和创新带动力明显薄弱，创新链条上下游衔接不紧，缺乏具有多学科合作的团队，不能够形成与工程化和产业化的协同创新，极大地影响创新成果的转移转化。

（四）缺乏顶层设计布局

从目前广州市所具有的国家科研基地及平台的情况看，缺乏统筹规划，建设目标不明确，优势特色不突出，部门之间、高校和科研机构之间，基本上是各自为战，各级各类平台、基地建设层次不明，定位不清。应当围绕广州市经济社会发展需求整体布局，有计划地部署相关学科和产业技术领域，加强科研创新平台和基地的前期培育，有方向、有目标地引进和培养人才团队，达到厚积薄发。

（五）科研基地建设和运行经费投入不足

科研基地是开展科学技术研究和人才培养的重要载体和主阵地，是科技成果产出的重要支撑。科技创新工作要扬长避短，补原始创新能力不足的短板，多年来，省、市财政不断加大科技投入，但是每年省、市科技财政资金用于重点实验室等科研基地平台建设的经费投入总和不足 1 亿元，并且采用竞争性机制择优支持，支持范围和强度均比较小，对国家级科研基地没有形成稳定配套的资金支持。例如，目前广州地区国家级种质资源库仅获得省财政资金每年 20 万元，市财政资金每年约 60 万元的支持，远不能满足维持运行的需要；此外，从事基础研究的科研人员由于无法获得持续稳定的研发经费投入，在一定程度上也影响到人才团队的稳定和科研基地建设的整体发展。

三　工作建议

我国自身建设与发展的实践表明，实验室是新知识、新技术和新发明的先导和源泉，是培养和会聚高层次科研人才的基地，是取得自主创新成果的重要堡垒。科研基地建设得好坏，与当地经济、科技发展水平呈正相关，北京、上海、江苏等省份的科研基地数量和质量都领先于其他省份，它们的经济发展水平和科技创新实力亦遥遥领先，高层次人才积聚也相当显著。欧美等发达国家和地区的各类实验室，作为研究与发展（R&D）基地，在其科技体系中占有极其重要的地位。在世界各国积极抢占科技创新高地的浪潮中，在我国建设创新型国家的时代背景下，进一步加强广州科研基地建设，特别是加大力度推进以实验室为龙头的科研基地建设，加强协同创新，组建一批高水平科研创新基地和平台，形成基础研究、应用研究、试验开发直至产业化全过程创新链条的科研体系，充分发挥实验室的作用和潜力，是广东实施创新驱动发展战略的必然路径和重要保障。

（一）大力推进国家实验室建设

加强对现有国家重点实验室、国家工程研究中心等重要创新平台的指导支持，加强部门的统筹协调，与省联动、省市区形成合力，加强规划布局和产业发展研究，在再生生物学、超材料与有机光电、微电子、精准医学、高精度数值风洞、呼吸生命健康、超级计算等领域选择若干国家重点实验室组团作为重点培养对象，着手筹备组建国家工程实验室，打造具有世界一流水平的重大创新平台。

（二）加快重点实验室支撑能力提升

目前广州市已建成167家省重点实验室，137家市重点实验室。基本覆盖了高端新型电子信息、生物产业核心技术、高端装备制造业、节能环保、新能源、新材料等技术和产业领域。省、市重点实验室虽然数量不少，但整体质量有待提升。下一步要大力推进省、市重点实验室开放共享和交流合作，加强基础研究与应用研究的衔接，注重科研成果的应用和转化；积极推进实验室创新人才和团队建设，加大力度引进、培养科技人才和科技领军人物，通过承担一批重大科技项目，取得一批原创性成果；加强实验室动态管理，切实保障实验室建设质量。通过对重点实验室的提质增效，积极扶持优秀的省、市重点实验室成为国家重点实验室或国家工程实验室等国家级科研基地和平台，大幅提升国家级科研基地的数量和质量，全面支撑珠三角地区创新驱动发展。

（三）加大政府财政投入，建立稳定持续的科技投入机制

应充分发挥政府财政支持基础性、前沿性研究的主体作用，建立财政投入保持稳定增长的长效机制。实验室是开展基础研究和原始创新、培养和积聚人才的重要平台，是科学家从事科研的主要阵地。筑科研创新之巢，引优秀领军之凤，加强以重点实验室为龙头的科研基地平台建设，努力营造科学家潜心科研的条件和环境。加大政府财政投入，保证用于科研基地建设和基础性工作的经费投入占R&D的比重达到合理水平，并创新财政资金投入和使用支出机制，建立稳定、持续的财政科技投入机制，以保障实验室的正常运作和科研活动的连续性。

科技服务篇

Technology Services

B.17

广州市建设知识产权枢纽城市实现路径研究

广州市知识产权局课题组 *

摘　要：　当前广州正处于完成“十二五”目标和科学谋划“十三五”发展的交替期。近年来，广州市知识产权工作发展势头良好，在经济新常态和创新驱动发展战略实施的背景下，积极创建知识产权枢纽城市正当其时。本研究报告通过对国内外知识产权优势城市或区域实现路径进行比较分析，在理清广州建设知识产权枢纽城市的基础和问题之后，进一步提出建设知识产权枢纽城市实现路径选择的原则、目标以及具体实现的路径。

关键词：　广州　知识产权　枢纽城市

* 课题组负责人黄海。

一　确定广州市建设知识产权枢纽城市实现路径的基础与问题

当前广州正处于完成“十二五”目标和科学谋划“十三五”发展的交替期。近年来，广州市知识产权工作发展势头良好，一是专利、商标、版权三大知识产权类别全部获得国家示范城市称号；二是中新广州知识城正在申报国家知识产权保护和服务综合改革试点；三是作为全国首批设立知识产权法院的3个城市之一，广州知识产权法院已经挂牌；四是知识产权创造和运用水平在全国副省级城市中处于领先位置。全面推进深化改革，坚定不移实施创新驱动发展战略，着力营造国际化、法治化营商环境，增创改革发展新优势，是当前和今后一个时期广州的中心任务。在经济新常态和创新驱动发展战略实施的背景下，积极创建知识产权枢纽城市正当其时。

（一）发展基础

1. 知识产权制度与政策制定

广州市的知识产权地方立法始于20世纪80年代，1988年广州市在全国率先以政府规章的形式出台了《广州市调处专利纠纷暂行办法》，发布及实施时间均略早于《上海市专利纠纷调处暂行办法》，1998年又以政府规章的形式出台了《广州市查处冒充专利行为实施办法》。

进入21世纪后，广州市的知识产权地方立法进入了一个新的高潮。2001年8月，广州市第十一届人民代表大会常务委员会颁布了《广州市专利管理条例》，这是目前广州市最高规格的知识产权地方立法。2002年5月，广州市先后对《广州市调处专利纠纷暂行办法》《广州市查处冒充专利行为实施办法》进行了修订，颁布实施了《广州市处理专利纠纷办法》和《广州市查处冒充和假冒他人专利行为实施办法》。2008年12月，为了迎接即将在广州举办的第十六届亚洲运动会，维护亚运会知识产权权利人和相关权利人的合法权益，保障和促进亚洲奥林匹克运动持续、健康发展，广州市借鉴了《北京市奥林匹克知识产权保护规定》的成功经验以政府规章的形式颁布实施了《广州市亚洲运动会知识产权保护规定》，之后，为了适应广州市展会知识产权保护的需要，切实维护专利权人的专利权利在展会中得到充分的保障，维护展会的正常经营秩序和公平竞争环境，2009 年 8 月，广州市以政府规章的形式颁布实施了《广州市展会知识产权保护办法》，《广州市展会知识产权保护办法》在吸收国家四部委的《展会知识产权保护办法》和《北京市展会知识产权保护办法》的基础上有所创新，借鉴了香港展会知识产权保护的成果经验，并对展会专利行政执法的简易程序进行了大胆的设计和规定。为鼓励发明创造，激励自主创新，2010 年 9 月广州市以政府规章的形式颁布实施了《广州市专利奖励办法》。

此外，广州市人大常委会于 2013 年 4 月颁布了地方性法规——《广州市科技创新促进条例》，其中第三章就知识产权的创造、运用、保护和管理进行了规定。2014 年 7 月《广州市专利行政执法办法》经市政府第 14 届 125 次常务会议审议并通过，于 2014 年 10 月 1 日起施行。

2. 知识产权创造水平全面提升

2014 年，广州积极提升创新主体的知识产权创造能力，实现专利数量和质量的双提升。PCT 国际专利申请 554 件，同比增长 19.7%，居全国第 4 位。国家知识产权局最新统计数据显示，2015 年 3 月，广州发明专利拥有量达到 20026 件，成为全国第 4 个有效发明专利拥有量突破 2 万件的副省级城市，其专利密度（每万人发明专利拥有量）为 14.7 件/万人，是全国（4.9 件/万人）的 3 倍，是全省（10.6 件/万人）的 1.4 倍。此外，在第十六届中国专利奖中，广州市共获得 1 项金奖和 15 项优秀奖；2014 年在广东省专利奖的评比中，广州市共获得 5 项金奖和 11 项优秀奖，金奖数量占全省的 1/3。这一连串数字背后，是广州市自主创新能力的展示，也是核心竞争力的体现。

广州市着力加强重大创新平台建设，包括建设广州科学城、天河智慧城、中新广州知识城、国际创新城、国际生物岛等重大创新载体，与国防科技大学、中山大学等共建国家超级计算广州中心，形成了以 3 个国家级开发区、一个国家级高新区和 12 个国家级产业基地为核心的高新技术产业平台。另外，目前正在筹建国家技术标准创新中心。近年来，广州新增国家级工程技术研究中心 1 家、省级工程技术研究中心 87 家，国家重点实验室 2 家，中山大学科技园有限公司等 5 家国家级科技企业孵化器。

3. 知识产权商用化成效显著

广州市对专利运用的扶持政策包括扶持专利产业化项目、对专利权质押融资贷款利息和评估费用进行补贴，以及对专利保险保费进行补贴。自2008年以来，广州市共扶持专利产业化项目88个，投入引导资金1249万元，带动企业对专利技术产业化投资7.8亿元，各项目总产值已达150亿元；资助专利质押融资企业45家，质押项目59项，投入贷款贴息和评估费补贴543万元，获得银行融资贷款12亿元；资助专利保险投保企业25家，投保专利88件，保障额度突破100万元；广州股权交易中心知识产权交易平台挂牌50余个项目，3家挂牌企业通过知识产权质押，实现融资1300万元。此外，还制定了版权产业统计制度，成立版权基层工作站和作品登记代办机构，并在越秀区建立了“国家版权贸易基地”；启动“老字号”商标振兴项目，深入推进“品牌广州”建设。广州市的专利运用转化工作为产业转型升级、实现创新驱动发展战略以及建设知识产权枢纽城市提供了有力支撑。

4. 知识产权管理能力不断提高

广州积极引导企业实施知识产权管理规范。2014年11月，企业贯标服务对接会在北京召开，全国145家企业获得首批知识产权管理体系审核认证。广州番禺巨大公司、广东纽恩泰新能源公司和广州白云山制药总厂3家广州企业获得认证。广州市精心实施专利“灭零倍增”和“知识产权优势企业培育工程”等专项推进计划；开展争创国家商标战略实施示范企业、中国驰名商标、“商标富农”等活动及实施“走出去”商标战略，不断激发企业知识产权创造增值活力；全力推进“省市共建，部门联动、重心下移”的保护战略，在全国首创行业协会边境保护联盟和知识产权普法基地建设，在行业协会推行“行业建部”[①] 工作模式，深入推进“正版正货”试点活动等；积极构建政府引导的，以企业为主体、市场为导向的科技创新服务体系，持续加大科技服务投入，并取得积极成效。

5. 知识产权保护先行先试

广州知识产权行政保护力度不断增强。从专利行政执法统计数据来看，广州市在行政执法办案总量上在全国4个一线城市中排第1位，在远超深圳的同

① 行业建部即在行业协会建立知识产权工作部门。

时，也领先于北京、上海两个省级城市。除了办案数量以外，广州市同样在执法案件的质量（行政复议和诉讼案件的维持率）、执法队伍建设、执法协作机制建设等方面处在全国前列。广州市在国家知识产权局组织的年度专利行政执法绩效考核中，2011 年和 2012 年连续两年夺得副省级城市第 1 名。在司法保护方面，广州一直是全国知识产权司法保护的先行者与探索者，特别是 2014 年 12 月广州知识产权法院成立后，对知识产权司法保护制度进行了大胆创新，保护力度显著增强。另外，2011 年广州还在全省率先成立了广州知识产权仲裁院，开辟了行政保护、司法保护之外的第三条保护渠道。在展会知识产权保护方面，以广交会为龙头，打造出全国的“金字招牌”。广州还在国内率先成立行业协会知识产权边境保护联盟，推动各行业营造保护知识产权的法制环境和市场秩序。

6. 知识产权人才培养量增质优

近年来，广州市着力实施知识产权人才集聚工程，推动知识产权教育纳入各类教育体系，探索开展知识产权专业技术资格评定试点工作，建立知识产权人才评价、培养、使用、激励机制，大力吸引高端人才集聚，中心城市知识产权工作呈现新的广度和深度。目前，广州有 5 所以上高校成立知识产权学院或知识产权研究中心，知识产权本科、硕士研究生、博士研究生培养数量逐年增加。另外，广州地区高端科技人才集聚，拥有两院院士 82 名，其中市属 25 名；拥有国家“千人计划”入选者 36 名，国家自然科学杰出青年基金获得者 12 名，各类研发人员 9. 35 万人，均为全省之最；拥有广东省首批引进的创新科研团队 4 家、领军人才 11 名，有力支撑广州科技创新和高新技术产业发展。2014 年，广州正在大力推进暨南大学、国家侨办、国家知识产权局、广东省、广州市合建广州知识产权人才基地。

7. 知识产权国际交流合作富有成效

首先，广州在与港澳台知识产权合作交流方面发挥了重要桥梁作用。其次，广州在积极推进与欧盟、新加坡的知识产权合作交流方面卓有成效，广州开发区作为国内首个中欧区域政策合作的试点地区，截至 2013 年，欧盟国家在广州开发区投资企业累计 116 家，投资总额 18 亿美元，合同利用外资 6. 8 亿美元，实际利用外资 6. 8 亿美元。2013 年欧盟投资企业实现产值 274 亿元；全区对欧盟进口总额 18. 9 亿美元，出口总额 19. 4 亿美元。此外，2010 年开始规划的中新广州知识城，在2012年已具雏形。一经建成，将成为中国与新加坡知识产权国际交流合作的强大引擎。

（二）面临问题

在新常态下，广州深入推进创新驱动发展战略，不断加大知识产权投入，知识产权创造、运用、保护和管理等方面均成绩显著，但与域内外先进城市或区域相比，仍然存在一定的发展短板。

1. 知识产权制度与政策需要优化

广州市知识产权的地方性法规建设略微落后，目前仅有《广州市专利管理条例》和《广州市科技创新促进条例》，且前者自2001年实施以来未进行修订。广州市知识产权的政府规章的制定比较频繁，自首次规范以来，目前仍在实施的有4部。在近30年的知识产权地方立法中，广州先后制定了涉及知识产权领域的地方性法规2项，政府规章8项，目前仍然有效的地方性法规2项，政府规章4项。其中，除《广州市科技创新促进条例》《广州市展会知识产权保护办法》《广州市亚洲运动会知识产权保护规定》是针对具体事务的综合类知识产权立法外，均是由专利行政管理部门牵头制定的专利类立法。未来需要整合优化的是对现有知识产权地方立法进行及时修订完善，在商标、版权方面适当启动地方性立法工作，适时制定出台涵盖知识产权全要素的《广州市知识产权促进与保护条例》。

2. 知识产权研发投入明显不足

根据广州市社会科学院的《广州创新型城市发展报告（2014）》，按照我国建设国家创新型城市的发展需要，社会研发投入强度至少应该在2%以上。广州的社会研发投入强度（2.26%）虽然已经达到了国家创新型城市建设的最低标准，但与北京（5.79%）、上海（3.16%）、天津（2.7%）、深圳（3.81%）、苏州（2.6%）的差距依然较大。广州的研发投入经费增速也赶不上上述5个城市。研发投入强度持续偏低，与广州国家中心城市的地位不相适应，严重影响科技创新水平。科技创新水平不高直接影响知识产权工作水平，进而影响经济发展后劲。

3. 知识产权创造与运用亟待加强

首先，专利申请量和发明专利量增长较快，但是增长率放缓，专利申请量和发明专利总量与广州市经济总量不相适应。表现为全市专利申请量、发明专利量、万人发明专利拥有量都远落后于上海、深圳（2013 年，万人发明专利拥有量广州 12.1 件，上海 20.3 件，深圳 59.1 件）。其中，国有企业的知识产权创造活力显著不足。由于领导任期制、产权不明晰、历史包袱重等国有企业体制的原因，2013 年，广州市 1447 家市属国企中，只有 76 家企业提交专利申请 942 件，只占全市企业专利申请量的 5.3%。其次，是缺乏核心专利和知名品牌。2013 年，全市企业专利申请量只占全市申请量的 44.1%，高新技术企业的专利授权量只占企业授权总量的 38.7%；全市企业年专利申请量过百件的只有 22 家，占科技型企业的 0.49%，目前还没有一家年专利申请量超过千件的企业。全市商标注册量为 53.7 万件，有效注册量为 30.9 万件，数量虽然居全国前列，成为商标大市，但无论国企还是民企的商标管理运用增值意识还很薄弱，驰名商标的数量较少。有关数据显示，至 2013 年，广州市的驰名商标 96 件，落后于北京（160 件）、上海（165 件）和深圳（118 件）。

4. 知识产权保护能力仍待提升

广州仿冒国际名牌等侵犯知识产权的违法活动仍然时有发生，法治环境有待进一步优化，各部门之间联动机制、长效监督机制有待进一步完善。要重新对市知识产权工作领导小组的成员单位职能、协作关系进行明确，真正有效地为打假保知增添内力、减少阻力、形成合力。

广州知识产权司法保护中案件审理期限较长、侵权赔偿的数额偏低、追究刑事责任的比例较少。广州知识产权行政保护的人员不足，查处的案件数量较少，实际效果有限。广州知识产权仲裁保护处于探索阶段，保护效果有待观察。广州知识产权行业自律保护作用没有充分显现，政策引导与支持力度较弱。知识产权海关保护的力度也有待进一步增强。企业知识产权国际保护或海外维权的能力显著不足，有待强化培训、提升能力。知识产权维权平台没有发挥出应有作用。同时，广州知识产权在司法保护、行政保护、海关保护、仲裁保护、行业自律保护、海外维权保护等多种保护渠道共存的情况下，缺乏相关信息交流、发布的共享平台，协调保护的作用受到限制。

5. 知识产权服务水平仍然较低

近年来，广州市知识产权服务业发展较快，截至 2013 年底，广州市知识产权服务业共有法人单位 995 家（经营范围含知识产权业务），占全省知识产权服务业（2167 家）的 45. 9%，知识产权服务业务涵盖知识产权代理、咨询、分析评议、评估、运营、交易、法律、培训等多领域。但是，知识产权服务业存在行业总体规模小、产业链不完整、综合性与专业化知识产权服务机构不多、知识产权服务与创新结合不够、知识产权服务层次不高等问题，尤其是缺乏能深度挖掘知识产权价值、为战略性新兴产业和重点产业提供高质量的订制服务、开展国际诉讼业务的高端服务机构与人才。

此外，在知识产权管理方面还存在贯标工作力度不强、知识产权人才培训培养缺乏专门平台与总体规划、知识产权国际交流合作缺乏稳定机制、知识产权宣传文化未能与经济社会发展深度融合等问题。

二　广州市建设知识产权枢纽城市实现路径选择的原则、目标

（一）基本原则

1. 把握机遇，兼收并蓄

在选择广州市建设知识产权枢纽城市实现路径时不应盲人摸象，另起炉灶，而必须准确认识经济、科技、知识产权发展的国内外形势，必须切实把握经济发展进入新常态、创新驱动发展成为新动力、知识产权支撑经济社会发展重要性空前提升的战略机遇，认真分析和吸收域内外知识产权发展优势城市及区域在建设知识产权强市或强区的宝贵经验、措施，为广州市建设知识产权枢纽城市提供借鉴并有效利用。

2. 选准抓手，重点突破

广州市建设知识产权枢纽城市是一个长期的涵盖各部门、各领域、各环节的工作任务，在选择广州市建设知识产权枢纽城市实现路径时，不能面面俱到、齐头并进，而必须以广州经济社会发展水平、知识产权发展现状为基础，选准广州建设知识产权枢纽城市的重点突破方向、重点工作举措、重点工作目标，通过以点带面、点面结合的思路、方法，实现最优的工作成效。

3. 优化机制，借力而为

在选择广州市建设知识产权枢纽城市实现路径时，必须认识到知识产权工

作是一项复杂的系统工程，涉及科技、经济、外贸、执法等方方面面工作。必须不断优化各部门间的知识产权工作协调推进机制，必须把知识产权工作与相关部门的工作职责密切融合，借力而为。同时，必须既要考虑各方面政策、体制和机制的融入和衔接，又要兼顾知识产权创造、运用、保护和管理的整体协调和可持续发展。

4. 分工负责，分步推进

知识产权由多种权利构成，分属多个部门管理，对多个领域发挥影响，为了使广州建设知识产权枢纽城市的各项具体措施得到切实实施，产生实效，就必须对每项措施的负责部门、配合部门、协调部门、实施时间进度、保障条件等进行清单式管理，以防止纸上谈兵、流于空谈。同时，对于不同的措施也要分清轻重缓急，分解年度执行计划，逐步推进落实，以防止面面俱到、虎头蛇尾。

（二）达成目标

到2020年，将广州市初步建成引领全国、辐射亚太的知识产权枢纽城市，基本形成与广州国家中心城市、创新型城市和“千年商都”功能相配套的高效知识产权工作体系和运行机制。

1. 知识产权综合改革的枢纽

以国家专利审查协作（广东）中心为依托、中新广州知识城国家知识产权运用和保护综合改革试点和南沙自贸试验区知识产权管理体制机制改革为突破口，成为知识产权服务示范与体制机制改革的枢纽。

2. 知识产权创造量增质优的枢纽

通过政策引导、支持、资助、培训等方式，一方面实施专利、品牌龙头与骨干企业培育工程，重点在高科技企业、民营企业、上市公司中逐年遴选一批创新性企业，持续推动专利、商标数量快速增长与质量全面提升；另一方面实施小微企业创新工程，推动小微企业重视知识产权获取，以知识产权支撑创新发展。

3. 知识产权驱动经济社会发展的枢纽

以广州知识产权交易中心为核心，以知识产权互联网大数据平台战略实施为支撑，重点推进知识产权商用化和产业化，成为以知识产权驱动经济社会发展的枢纽。

4. 知识产权保护环境优化的枢纽

打造以广州知识产权法院为“招牌”、广交会等大型展会为“窗口”，营造市场化、法治化、国际化的营商环境，成为知识产权保护枢纽。

5. 知识产权高端人才培养与聚集的枢纽

以广州高校为依托，以广州知识产权人才基地建设为契机，强化人才培养，吸引高端人才集聚，成为知识产权高端人才培养与聚集的枢纽。

三　广州市建设知识产权枢纽城市的具体实现路径

要把广州建设成为知识产权枢纽城市，应当贯彻落实中央全面深化改革的决策部署，通过体制机制创新、公共政策供给和公共平台建设，促进建立市场起决定性作用的资源配置方式。具体可以从知识产权制度建设、创造、运用、管理、保护、人才培养、国际交流合作等方面入手。

（一）把握机遇，深化改革知识产权体制机制

深化中新广州知识城、南沙自贸试验区知识产权管理体制改革，建立专利、商标、版权三合一的知识产权行政管理和保护体制，建设知识产权综合业务一站式受理平台，利用专利审查的资源开展知识产权公共服务新机制，为全市知识产权体制机制改革提供经验；借广州知识产权法院成立的契机，立足广州，服务全省，建设专业化的审判队伍、统一知识产权裁判标准；充分发挥知识产权仲裁专业、高效的作用，建立知识产权仲裁员名册，完善知识产权仲裁规则，推广南沙国际仲裁中心的模式，借用香港、澳门的仲裁机构服务于广州市知识产权发展。促进行业协会知识产权自律监管；积极推行知识产权行业监管，扶持行业协会成立知识产权工作部门。

（二）制度先行，整合优化知识产权公共政策

制定“十三五”知识产权战略实施规划，将新的知识产权发展纳入政府工作报告和全市“十三五”规划目标；尽快制定出台《广州市知识产权促进与保护条例》，将知识产权政策法律化，全面提升广州知识产权法治化水平；制定《广州市促进知识产权专项资金管理办法》，扩大和优化专项资金扶持范

围和方式，提高财政资金引导作用，将专项资金覆盖到专利、商标、版权等知识产权的各个方面；出台促进广州市知识产权服务业发展的行动计划，制定财税、金融优惠政策和知识产权服务标准、指引，引进国内外先进的知识产权服务机构，引导知识产权服务行业向规范化、专业化、国际化方向发展；制定《广州市重点产业专利导航试点方案》，在重点产业园区开展专利导航试验区建设，做好产业专利布局规划，加强产业专利运用，提升产业创新驱动发展能力；制定《广州市互联网知识产权管理办法》，明确企业的互联网知识产权保护义务和知识产权纠纷的处理规程。

同时，研究制定知识产权支撑经济发展指数体系，定期编制“广州知识产权发展指数报告”“广州版权产业发展报告”等，明确各类知识产权及创新主体对经济发展的贡献度，及时监控指数发展情况，为政府宏观决策提供依据；加强对知识产权战略实施情况的监督和指导，监测主要目标和各项任务的实施状况，发布年度评估报告。

（三）投入倍增，引领激励知识产权创造数量和质量齐升

知识产权枢纽城市应当是国家知识产权创新、创意之都。广州市应当以知识产权数量布局、知识产权质量取胜，实现数量和质量齐升的目标，早日成为国家知识产权数量与质量高地和枢纽。一是尽快实施落实 R&D 经费增倍工程，持续增加财政科技投入，引领和带动全社会研发投入水平大幅提高，到 2017 年实现全市地方财政科技投入和全社会研发投入经费支出两个增倍，全社会 R&D 经费比重提高到占 GDP 比重的 2.7%。同时，优化财政科技经费的投入方式，引入后补助、科技金融等新的投资方式，以发挥市场配置资源的决定性作用。二是重点实施知识产权龙头骨干企业培育计划，在优势产业领域、创新科技园区、上市公司中筛选出一批成长性好、具有发展潜力的龙头骨干企业，进行重点扶持和培育。加强产学研联盟、产业协同创新联盟等协同创新平台的建设，为企业培育创新人才，提高创新活力。重点推动战略性新兴产业、医药产业、设计产业、广告产业、文化创意产业的知识产权创新数量与质量的加速发展。三是通过政策引导、支持，全面推进广州知识产权创新文化建设，为岭南文化注入现代知识产权元素。形成国内领先的尊重创新、积极创新的知识产权文化氛围，以激发全社会创新活力。

（四）平台支撑，着力打造知识产权商用化高地

知识产权枢纽城市应当是国家知识产权转化和产业化之都。要提高知识产权运用水平，就是要打通科技、知识产权与经济的转化通道，完善以技术开发、检测服务、技术交易等为内容的知识产权服务业，提高知识产权转化率。整合打造高集聚、高质量知识产权服务交易平台，支撑广州产业升级，促进创新驱动发展战略实施和新业态发展，实现企业创新与金融、产业的高度融合，成为国家知识产权产业化的示范和枢纽。一是加大推动知识产权产业化、资本化的工作力度。改革专利产业化项目立项办法，提高项目实施绩效；实施版权兴业工程，创意产业龙头企业及园区的产值加速增长；支持企业自主品牌创建，品牌价值在产品价格中的占比显著提升；深入推进知识产权质押融资工作，建立专利保险合作服务机制。二是加快建设广州知识产权交易所、做大做强国家版权贸易基地，突破地域限制，尽可能地吸收来自国内外的优秀知识产权项目，提供全方位的融资、评估、拍卖和法律服务，并为交易双方提供灵活、高效、安全、公平、线上线下融合的交易方式和环境，实现创新要素资源的市场化配置。完善多层次金融市场，带动广州高端现代服务业的发展，推动知识产权成果的转化，助力企业转型升级。三是在强化专利信息平台建设和推广应用，推动广州市进出口专利预警平台上线运行的基础上，支持建设统一的知识产权政策、活动、服务信息发布平台，实现信息资源共享。不断完善由政府主导的公益类知识产权信息服务体系，形成一个覆盖全市，满足各级政府机构、企事业单位、社会公众服务需求的知识产权信息服务平台和体系。四是构建知识产权金融创新机制，探索设立知识产权运营基金，继续深化知识产权质押、投融资和保险工作。五是建立假冒侵权案件信息公开和知识产权诚信平台，进一步规范市场秩序。到 2020 年，广州产权交易所的年交易额争取突破 100 亿元，服务客户 10 万户以上，撬动万亿元转型升级经济规模，使无形资产对经济发展的贡献率提升到新高度。

（五）落实贯标，全面提升企业知识产权管理能力

知识产权枢纽城市应当是国家企业知识产权管理之都。广州市应继续完善政策体系，推动中、小、微企业提高知识产权管理运营能力，成为国家企

业知识产权管理水平与管理标准化实施比例普遍提高的中心与枢纽。一是利用推动企业知识产权贯标机会，分类提高广州国有企业、上市公司、高科技企业等的知识产权管理能力、管理水平、管理质量，树立全国企业知识产权管理的标杆。继续开展提高企业知识产权管理标准化与专利预警水平的培训，以提高企业的知识产权战略视野。二是加大政策支持力度，充分利用广州科学城和中新广州知识城建设的机会，全力打造知识产权服务业聚集区，推动中新广州知识城国家知识产权运用和保护综合改革试点、越秀区知识产权服务业集聚区国家试点等尽快落地，充分发挥国家知识产权局专利审查协作（广东）中心作用，通过配套政策和措施激活"创新因子"，着力打造知识产权服务示范新城，发展知识产权高端服务、知识产权成果孵化应用、创意产业、高层次人才培养，引入国内外知名知识产权服务机构，形成包括知识产权业务审查、代理服务、预警分析、数据利用、专利软件研发、专利导航在内的完整的知识产权服务产业链，为企业提供更全面更细致的知识产权服务。到2020年，全市争取集聚国内外知名知识产权服务机构达到80家以上，知识产权服务业收入在100亿元以上，高新技术产业产值占规模以上工业总产值比重超过40%。

（六）协调保护，营造优良知识产权保护环境

知识产权枢纽城市应当是国家知识产权保护之都。广州市应着力净化知识产权保护环境，以有效保护权利价值提升。针对自身特点，强化知识产权司法保护、行政保护、边境保护、海外维权、行业保护等，营造保护创意、拒绝假冒的文化氛围，成为国家知识产权保护环境优良的示范枢纽。一是以广州知识产权法院成立为契机，全面加强广州的知识产权司法保护，建设维护知识产权的司法机构、行政机构、仲裁机构，获得广泛国际影响力。二是完善行政综合执法体系，加强行政执法与司法等保护形式的衔接，加大对仿冒国际名牌、对非出口等侵权假冒行为的惩处力度。以"广交会""广博会"等大型展会为重点，进一步加强展会知识产权保护。健全完善司法保护、行政监管、仲裁、第三方调解等知识产权多元化解决机制。三是积极研究互联网知识产权保护问题，通过网络平台传递广州保护知识产权的决心和力度，打造法治化国际化知识产权保护之都的城市品牌。四是尽快建设广州知识产权司法保护、行政保

护、海关保护、仲裁保护、行业自律保护、海外维权保护等多种保护渠道共享的信息交流、发布的网络平台，推动协调保护、衔接保护，增强保护效果。

（七）人才保障，建设高质量知识产权人才培养中心

知识产权枢纽城市应当是国家知识产权人才之都。广州市应发挥现有软硬件优势，加大政策支持力度，成为国家知识产权人才培养、培训以及知识产权研究中心和枢纽。一是充分利用现有教育资源优势，会同教育主管部门一方面支持在广州大专院校全面开设知识产权及创新课程，另一方面支持广州各高校知识产权学院（及中心）持续加大培养高质量知识产权人才的力度。二是与羊城创新创业人才支持计划、粤港澳人才合作示范区、人才资源服务产业园建设相衔接，大力推动建立广州知识产权研究院或知识产权学院，强化在职知识产权人才培训。深化实施知识产权人才集聚工程，积极推进暨南大学和广东省、广州市共建广州知识产权人才基地，将广州知识产权人才基地建设纳入省部级会商项目，成为国内示范、国际知名的知识产权人才培养和综合发展平台、协调创新中心和知识产权研究中心，为广州知识产权发展提供高层次服务。三是及时制定和发布年度战略性主导产业紧缺的知识产权人才目录和相关优惠政策，吸引知识产权高端人才围绕战略性主导产业聚集，为高端人才提供“管理—创造—评估—产业化”一体化知识产权订制服务。

（八）全球视野，建立完善知识产权国际交流合作机制

知识产权枢纽城市应当是国家知识产权国际交流合作之都。一是广州市应当利用广交会、自贸区建设、“一带一路”战略实施的天时地利，推动知识产权国际交流合作常态化、品牌化，重点打造“广州知识产权国际高峰论坛”“广州国际创新论坛”等品牌平台，建立稳定高效的粤（穗）港澳合作平台。二是坚持中新广州知识城高端定位发展战略不动摇，将中新广州知识城建设成广州知识产权国际合作与交流的枢纽。探索建立与新加坡科技研究院、南洋理工大学、新加坡国立大学及欧盟、以色列等地区的互联互通平台，支持国际科技成果知识产权转化或孵化；学习借鉴国外集约用地及“环球校园”的先进理念，以国际知名院校的具体合作项目推动知识城教育枢纽建设。三是探索构建初创企业孵化平台及相关扶持政策体系，鼓励创新企业加快形成知识经济型产业、人才及创新要素的聚集效应。

B.18

广州市专利行政复议案件预警机制研究

广东省金融学院课题组*

摘　要：专利预警是指企业或者专利权人针对即将发生的专利争端的预告制度。专利行政复议预警的含义是一种专利行政复议事项的预告和防范制度，其目标在于帮助专利行政机关依法行使行政职权、降低执法风险，从而提高行政执法能力和执法水平的体制机制。本文通过对广州专利行政复议案件的案由、受案范围、质量分析，结合广州市专利行政复议案件的特点、规律和发展趋势以及对国外专利行政执法制度的比较研究，提出广州市专利行政复议案件预警机制构建的总体思路和完善措施。

关键词：专利　行政复议　预警机制

一　广州专利行政执法现状分析

（一）专利行政执法的法律根据

据不完全统计，广州市知识产权局行政执法的法律依据共涉及5种类型（法律、行政法规、地方性法规、部门规章、其他规范性法律文件）、8个立法主体所立的15部规范性法律文件。这些执法依据表现出以下特征。

1. 执法依据数量偏少，职能集中

相较于其他执法部门，专利行政执法依据的数量大概有15部，在数量上

* 本研究报告来自广州市知识产权局委托课题“广州市专利案件行政诉讼、复议预警机制研究”的部分内容，课题组组长为安雪梅教授。

是偏少的，且其主管事项仅限于专利，职能非常集中。

2. 立法主体遍及各层次

在15部规范性法律文件中，涉及法律、行政法规、地方性法规、部门规章、其他规范性法律文件等5种类型，立法主体涉及全国人大常委会、国务院，省市地方人大和政府，国家、省和设区以上市知识产权局等。立法层次和立法主体的复杂性易导致相关规定的不一致，加大了协调监督的难度。

3. 专业性强

依据集中在专利领域，包含大量的技术判断，专业性极强，执法权适宜由具备相应技术能力和经验丰富的专门部门来行使。

4. 自由裁量的弹性空间较大

在侵权判断和罚款数额方面存在较大的自由裁量空间，这对行政执法权的合理行使提出了更高的要求，对行政自由裁量权的限制也更为精准。

5. 体系比较完备

虽然执法依据数量较少，但基本涵盖了各种专利实施行为，为行政管理提供了较为完整的法律依据，基本实现“有法可依”的基本要求。

但是，广州市五类专利行政执法权并未覆盖所有的执法权范围，随着广州市经济建设的深入发展，专利行政执法配备有待进一步加强，执法机制有待进一步完善，以不断提升广州的行政执法水平。

（二）专利执法统计

广州市知识产权局的专利行政执法案件数仍处在快速上升通道内，其对专利权的保护作用并没有出现弱化（见表1）。

表1　2010～2014年广州市专利行政执法案件受案统计

年　份	调处专利侵权纠纷	查处假冒专利	合　计
2010	21	48	69
2011	67	30	97
2012	58	178	236
2013	135	141	276
2014	67	192	259

数据来源：广州市知识产权局。

除了在行政调处专利侵权纠纷和查处假冒专利案件两大传统领域外，在处理展会专利侵权纠纷方面也展现出了强大的生命力（见表2）。随着专利利用方式的不断翻新，可以预见，专利行政保护制度所固有的灵活性将是应对新形势、新挑战的一把利剑。

表2　2010～2014年广州市处理展会专利侵权纠纷统计

年份	处理展会专利侵权纠纷	年份	处理展会专利侵权纠纷
2010	809	2013	441
2011	528	2014	255
2012	740		

数据来源：广州市知识产权局。

（三）专利行政复议案件的案由

根据《行政复议法》第二十八条的规定，行政复议案件的案由主要包括六种情形，一是主要事实不清、证据不足的；二是适用依据错误的；三是违反法定程序的；四是超越或者滥用职权的；五是具体行政行为明显不当的；六是行政主体不履行法定职责的。

《广州市依法行政年度报告（2013）》指出，目前广州市行政复议案件存在的主要问题在于，一是认定事实不清，对违法行为认定的主要证据不足；二是超越法定职权，做出的行政行为缺乏法律依据；三是程序观念淡漠，实施行为及应议违反法定程序；四是怠于履行职责，存在行政不作为的现象；五是酌定裁量欠缺，具体行政行为量罚明显不当。

具体到广州市知识产权局专利行政执法案件的行政复议案由主要集中在主要事实不清、证据不足（4次，案件100%涉及），适用依据错误（2次，50%案件涉及），明显不当（2次，50%案件涉及），违反法定程序（1次，25%案件涉及）；超越或者滥用职权和行政主体不履行法定职责两类理由未涉及（见表3）。

（四）广州市知识产权局专利行政复议案件的质量分析

2010～2014年间，以广州市知识产权局专利行政执法行为为复议对象的

表3　2010～2014年广州市知识产权局行政复议、诉讼案由一览

案件名	判决书号	判决结果	行政复议		行政复议、诉讼案由						
			是否申请复议/复议机关	复议结果	主要事实不清、证据不足	不履行法定职责	适用依据错误	违反法定程序	超越职权	滥用职权	明显不当
刘勇达不服专利侵权纠纷行政处理决定案	（2012）穗中法知行初字第1号	维持	否		√						
九阳股份有限公司专利侵权纠纷行政处理决定案	（2013）穗中法知行初字第1号	维持	是/广东省知识产权局	维持	√		√	√			√
方展崇不服专利侵权纠纷行政处理决定案	（2013）穗中法知行初字第3号	维持	是/广东省知识产权局	维持	√		√				
方展崇不服专利侵权纠纷行政处理决定案	（2014）穗中法知行初字第2号	维持	是/广东省知识产权局	维持	√						√

数据来源：广州知识产权法院提供。

案件共4件，其中，3件是向广东省知识产权局提出的行政复议请求，均被省局维持原判；另外1件是向广州市法制办提出，因处理决定书存在笔误，被市法制办撤销。从表4中可以看出，广州市知识产权局在专利行政执法方面的质量值得肯定和称道，具体体现在以下3个方面。一是专利行政执法行为行政复议被申请率低，被申请复议的比率只占0.427%，说明整体执法水平高，行政相对人基本认可并接受行政处理。二是复议被维持的比率高，在近几年的行政复议案中，被复议机关维持的占75%，唯一一件被撤销的也是因为笔误，而不是其他专业性的原因，可见在出现争议的行政执法案中，执法质量也得到了复议机关的认可。三是复议事由本身属于易产生争议的事项，在被申请复议的4件案件中，其中3件都涉及专利侵权的判断，2件还涉及侵权判断中最难的等同侵权，这些复议事由本身就容易产生争议，有不同的理解实属正常。

表4　2010～2014年广州市知识产权局行政复议案件统计

单位：件，%

年　份	行政执法案件数	行政复议案件	行政复议申请率	复议维持率	复议不服起诉案件(一审)	复议不服起诉率
2010	69	0	0	0	0	0
2011	97	0	0	0	0	0
2012	236	1(维持)	0.424	100	1(维持)	100
2013	276	1(维持)	0.362	100	1(维持)	100
2014	259	2(1维持;1撤销)	0.772	50	1(维持)	50
合　计	937	4	0.427	75	3	75

虽然广州市知识产权局的行政执法案件质量比较高，但案件统计分析也暴露了一个隐忧，即在行政执法的细节管理上还存在不足，因笔误而被撤销案件的出现就应足以引起重视，对行政相对人而言，细微失误所传递的信息远不仅仅是疏忽大意这么简单，其还关系到行政部门的公信力。

（五）专利行政复议案件的特点、规律与发展趋势

1. 复议案件绝对数和相对数都少

对2010～2014年广州市知识产权局专利行政执法行政复议案件的统计分析表明，专利行政执法行政复议案件的数量比较少，2010年和2011年没有，2012年和2013年各有1件，2014年有2件，相对其他行政执法部门，在绝对数量上是比较少的。而且被申请行政复议的案件所占的比例为0.427%（5年），相对数量也少。绝对数量和相对数量偏少，表明执法质量上乘。

2. 暗含复议新增长点

虽然复议案件的绝对数和相对数都比较少，但随着专利行政执法项目的增加和行政复议受案范围的扩展，专利行政执法行为被申请行政复议的概率会大幅度地增加，增长点可能会集中在以下几方面。

（1）展会专利执法。目前，广州市知识产权局对展会专利纠纷处理的方式主要是以展会主办方进行调解处理为主，行政机关以专家身份进行侵权认定，最终由展会主办方名义做出调解处理。对于上述处理方式，行政机关并未做出具体行政行为，因此不涉及对展会纠纷的诉讼和复议问题。当然，展会纠

纷也可以由当事人根据简易程序或者普通程序请求行政机关进行行政执法，但因为简易程序的条件要求较高，而普通程序受制于时限等因素，在实践中当事人极少选择上述两种纠纷处理方式。

课题组认为，虽然展会纠纷当事人不会轻易选择简易程序或者普通程序来解决纠纷，但相关法律法规毕竟规定了这两种解决渠道，这是当事人获得救济的机会，是其权利，也是专利行政执法部门的法定职责。随着会展业态的变化和维权方式的更新，很有可能会出现按法定程序维权的申请，执法部门应该提前做好预案。

（2）抽象行政行为纳入行政复议受案范围。新修改的《行政诉讼法》已取消了具体行政行为才能被诉的限制，法学界也多有呼吁扩大行政诉讼、复议的受案范围的声音，行政复议受案范围的扩充将是下次《行政复议法》修改的重要议题，一旦受案范围把抽象行政行为纳入，执法部门制定的其他规范性法律文件就很有可能成为被审查的对象，而这是行政执法部门可能尚未准备好的事项。

（3）复议案由主要集中在侵权判断这一易发争议事项上。对行政复议案由的分析表明，针对专利行政执法案件的行政复议案由基本集中在侵权判断这一事项上，尤其是涉及等同侵权这一非常容易引发争议的判断上。这一事实提醒执法者，在做出专利侵权判断时需要非常谨慎，但更为有效的是应该和知识产权法院建立相应机制进行沟通，逐步统一侵权判断和赔偿的标准。

（4）复议定分止争的作用有限。对申请行政复议后提起行政诉讼的情况进行分析，不服复议决定提起行政诉讼的案件有 3 件，占行政复议案件的 75%，剩下 1 件也是因为笔误这样不易引发争议的案件。由此可以看出，对诸如侵权判断这类易发争议的复议案件，复议申请者认可复议决定的比率非常低，即在专利行政执法领域，行政复议定分止争的作用非常有限，其主要原因可能是复议申请者存在“行政一家亲”的朴素看法，对不利于自己的复议决定充满了不信任。当然，不服复议决定而提起行政诉讼的原因有很多，课题组无法逐一去探究，但这一事实告诉我们，针对专利执法行为的行政复议效率低下，当事人选择此种救济途径会耗费大量的时间和精力，不如放弃此途径而直接起诉到法院，反而能节省争议解决成本，这也是我们在考虑专利侵权行政处理决定是否纳入行政复议受案范围的一个不争事实。

二 域外主要国家专利行政执法制度的比较分析

专利行政执法制度是我国的一项特色制度，但并不为我国所独有，英国、美国、墨西哥等国家也存在类似的规定，比较法的研究视角有助于认识和完善我国的专利行政执法制度。

（一）英国专利行政执法制度

现代意义上的专利法最早出现在英国，其专利规范相当成熟，尤其是1977年制定的《专利法》开辟了专利行政保护制度的先河，后虽经几次修改但其立法框架得以延续，行政处理专利纠纷也就成了英国专利保护制度的一大特色，这一特色在各发达国家中是非常少见的，与我国的专利行政执法制度相似度也颇高，比较两国专利行政执法制度的异同将具有非常重要的借鉴意义。

两国专利行政执法制度的最大差别在于对行政权的限制程度，英国专利行政主管部门（专利局）的行政权是受到严格限制的，具体而言，英国对专利行政执法权的限制主要体现在以下三点。一是权利人启动专利侵权行政处理程序，必须以与当事人达成相关协议为前提；而我国无此规定。二是英国专利局对专利侵权纠纷的行政处理权力仅限于要求赔偿损失和宣布专利有效并构成侵权；而我国管理专利的工作部门可以做出侵权成立、责令停止侵权行为、销毁侵权物品等众多行政处理权力，但侵权赔偿数额只能调解。三是英国专利局处理侵犯专利权纠纷主要通过行政处理方式，对侵犯专利行为采取行政查处的权力仍掌握在司法机关手里；而我国的专利行政执法机关则同时拥有行政处理和行政查处的权力。另外，英国专利法还规定专利局能以相关纠纷由法院处理更为合适为由而拒绝受理，而我国则是属于法定职责而必须受理。①

（二）美国专利行政执法制度

美国作为现代工业技术的超级大国，是知识产权保护国际化的主要倡导者

---

① 李永明、郑淑云、洪俊杰：《论知识产权行政执法的限制——以知识产权最新修法为背景》，《浙江大学学报》（人文社会科学版）2013年第5期，第164页。

和推动者，其专利行政保护制度具有指标意义。但就专利行政保护制度而言，美国的专利行政主管部门主要通过行政服务、行政管理和行政处理对专利开展行政保护。行政处理属于行政执法的范畴，专利处理过程中的行政纠纷是美国的行政处理的核心，司法保护仍是美国专利保护的重心和主要途径。非专利主管机关的行政保护则主要针对与国际贸易相关的事务，特别是涉及海关执法的内容，主要表现为对专利侵权行为的行政裁决、行政调查、行政处罚、行政强制等。所以，对于国内的专利民事侵权行为和违法行为，美国专利法律实际上未赋予行政权介入的权力，这与我国极为不同。①

（三）墨西哥专利行政执法制度

在域外实行专利司法、行政保护双轨制的国家里，墨西哥的专利行政执法制度是比较有特色的一个，其专利行政主管部门——墨西哥工业产权局拥有行政处理和行政查处权。根据侵权的严重程度，墨西哥《工业产权法》将工业产权侵权分为三种情形，一是仅仅影响私人权利的纯民事性质的侵权，二是行政侵权，三是构成犯罪的侵权。对于这三种侵权行为，除行政侵权行为由工业产权局管辖外，其他两种侵权行为均由法院管辖。墨西哥工业产权局对纯民事性质的侵权行为无管辖权，这一点是与英国专利局和我国地方知识产权行政主管部门的管辖权不相同的地方。墨西哥《工业产权法》明确规定了25种行政侵权行为。②

墨西哥工业产权局还设置了行政查处权以保证《工业产权法》及依据该法产生的其他法规得以遵守和执行。墨西哥行政查处权的目的和内容基本与我国管理专利工作的部门的行政查处权一致。另外，墨西哥也非常注重专利行政服务，强调鼓励专利主体开发、实施和利用专利信息，以实现相关技术发明的产业化。

（四）域外主要国家专利行政执法制度的启示

1. 明确司法、行政权的界分

在上述实行专利司法、行政保护双轨制的3个主要国家里，美国专利法律

① 李永明、郑淑云、洪俊杰：《论知识产权行政执法的限制——以知识产权最新修法为背景》，《浙江大学学报》（人文社会科学版）2013年第5期，第164页。

② 邓建志：《WTO框架下中国知识产权行政保护问题研究》，同济大学博士学位论文，2007。

实际上未赋予行政权介入国内专利民事侵权行为和违法行为的权力，墨西哥工业产权局对纯民事性质的侵权行为也无管辖权，英国虽然和我国一样，专利行政主管部门具有行政处理专利民事侵权的权力，但英国是以与当事人达成行政管辖协议为前提，且专利局能以相关纠纷由法院处理更为合适为由而拒绝受理。这些区别其实都是遵守法治分权原理，即明确并维持行政权与司法权调整范围的法律界分。我国《专利法》在对行政执法职权方面的几次修改，从发展趋势上看是逐渐弱化行政机关的行政执法权力，而非对其进一步扩张，这是符合现代法治理念和市场需要的一种改变。

2. 专利行政执法权和司法审判权可通过制度设计进行衔接

专利权本质上为一种私权，公权力的介入需要满足特定的条件，以维持行政、司法权力的界分。英国专利行政执法制度在这方面树立了典型，其通过“行政管辖协议”和“法院处理更为合适而拒绝受理”两个限制，为公权力的介入和退出找到了合法的理由，巧妙地维持着法治分权原则。这种制度设计也给我们带来启示，即通过行政、司法部门的有效沟通和制度设计，是完全有可能衔接好专利的行政执法和司法审判两大救济制度的。专利行政执法制度的命运不一定就是弱化直至最终被取消，其完全有可能和司法救济制度长期共存，并作为一大特色被传承，英国专利行政执法制度的构建就值得我们深入研究和学习。

三　专利行政复议的预警管理机制构建

在不考虑当事人另向法院提起民事侵权诉讼的前提下，管理专利工作的部门在行政执法的过程中所做出的行政裁决、行政处罚属于具体行政行为，行政相对人对具体行政行为不服，并且认为行政机关侵犯了其应当享有的合法权益时，依法享有请求复议或者提起行政诉讼的权利。根据法律规定，对于管理专利工作的部门主动查处假冒专利所做出的行政处罚，行政相对人既可以请求复议，也可以提起行政诉讼；① 而对于专利侵权纠纷的行政裁决，行政相对人仅

① 国家知识产权局《专利行政执法办法》第三十五条：“经调查，假冒专利行为成立应当予以处罚的，管理专利工作的部门应当制作处罚决定书，写明以下内容：……（四）不服处罚决定申请行政复议和提起行政诉讼的途径和期限。”

被赋予提起行政诉讼的权利。①

专利的行政复议作为专利行政执法行为的监督纠错机制，是一种维护行政当事人合法利益的有效途径，在现实中有着不可替代的作用。但专利行政复议的运行程序却存在许多缺陷，当事人大都不采纳经由管理专利工作部门处理专利假冒或侵权纠纷所做出的复议决定。众多专利侵权纠纷最终以行政诉讼或者民事侵权诉讼结案，专利行政复议无法发挥自身优势地位。要解决这一问题，需要从专利行政复议的程序入手，发现其中的问题，提出预警机制，从而减少诉讼的数量。

（一）当前专利行政复议制度概况

1. 专利行政复议程序

专利行政复议，即行政复议机关为了履行行政复议职能，针对行政复议当事人提出的复议申请，依照法律法规规定的时限，按照一定的步骤和准则，与行政复议当事人交互行使权利、履行义务，最后通过行政复议机关的合理性和合法性审查，得出复议决定的过程。②

专利执法部门被统一称为管理专利工作的执法部门，实际上除海关等专门的执法机关外，一般可分为两大类：第一类是国家知识产权局，第二类是各级管理专利工作的部门。

当前我国的专利行政复议程序主要依据《行政复议法》以及《国家知识产权局行政复议规程》来执行，由法条的规定可以看出专利行政复议有三个程序。③ 一是具体行政行为的相对人或其他利害关系人向专利行政复议机关申请复议以及专利行政复议机关的受理；二是专利行政复议机关对行政复议申请的审查；三是专利行政复议机关根据审查结果做出行政复议决定。

专利行政复议程序体现了复议机关的裁决中立性，在一定程度上具有准司

① 国家知识产权局《专利行政执法办法》第十九条：“除达成调解协议或者请求人撤回请求之外，管理专利工作的部门处理专利侵权纠纷应当制作处理决定书，写明以下内容：……（五）不服处理决定提起行政诉讼的途径和期限。”

② 姜明安、余凌云：《行政法》，科学出版社，2010，第634页。

③ 《中华人民共和国行政复议法》第九至三十三条；《国家知识产权局行政复议规程》第八至二十九条。

法的特征，虽然在学术界争论不断，但现阶段大多数学者认为专利行政复议与其他行政复议一样，其本质是“原行政行为的一种自我修复和自我完善”①，即是行政机关内部的一种自我监督和自我纠错程序。

2. 专利行政复议的现状

我国专利行政复议制度的功能不仅在于保障实体上的公正，还在于提高效率和维护社会秩序。② 但现行专利行政复议程序运行下的行政复议却没有很好地体现其高效、便民的特点，在官僚制的影响下，“行政复议这艘大船也遗憾并实乃必然地缓慢航行在了尴尬的浅水区”③。许多行政相对人在复议结果出来后仍然会提起行政诉讼，甚至有些行政相对人并没有事先把案件交给专利行政机关复议，而是直接提起了行政诉讼，因而当前我国专利行政复议制度并没有完全发挥出预想的效果，并陷入以下困境当中。

（1）专利行政复议偏行政化，复议结果的公信力低。我国行政复议法在立法之初明确了行政复议内部行政监督的功能定位④，在设置行政复议程序规定时，过于偏重行政化，这使行政机关的复议活动得不到复议当事人的认可，专利行政复议作为复议活动，也存在这个相同的问题。

以广东省为例，据统计 2013 年广东省共收到行政复议申请 17408 件，数量居全国之首；行政诉讼一审案件数量 9079 件，居全国第 4 位。两者均比 2012 年呈较大幅度增长。从案件的结果来看，行政复议结案 16286 件，决定维持 9463 件，纠正 1152 件，和解 3357 件；行政诉讼结案 8621 件，败诉 893 件，和解 2090 件。⑤ 由此可见，行政复议案件居高不下，且维持率高，将近 67% 经过复议的案件会寻求司法救济，行政复议的效力并没有被彰显。公信力体现了政府工作

---

① 郜风涛：《中华人民共和国行政复议法实施条例解释与应用》，人民出版社，2007 年第 1 版，第 16 页。

② 马怀德：《行政程序法的价值及立法意义》，《政法论坛》2004 年第 5 期，第 6 页。

③ 刘鹤、刘召刚：《我国行政复议制度的反思与重构》，《齐鲁学刊》2010 年第 3 期，第 97 页。

④ 参见《中华人民共和国行政复议法》第一条：“为了防止和纠正违法的或者不当的具体行政行为，保护公民、法人和其他组织的合法权益，保障和监督行政机关依法行使职权，根据宪法，制定本法。”

⑤ 国务院法制办公室：《广东省法制办会同高级法院印发 2013 年度行政复议和行政诉讼“白皮书”》，国务院法制办网站，http：//www.chinalaw.gov.cn/article/dfxx/dffzxx/gd/201407/20140700396626.shtml，2014 年 7 月 24 日。

的权威性，也反映了人民群众对政府的满意度和信任度，与行政诉讼相比，行政复议呈明显的下滑趋势，关键还是因为缺乏使群众信服的公信力。

（2）专利行政复议程序缺乏可操作性，案件处理效率低下。《专利法》《专利行政执法办法》《国家知识产权局行政复议规程》等对专利行政诉讼程序规定过于简略（见图1），在实践中缺乏可操作性，致使复议机关在处理案

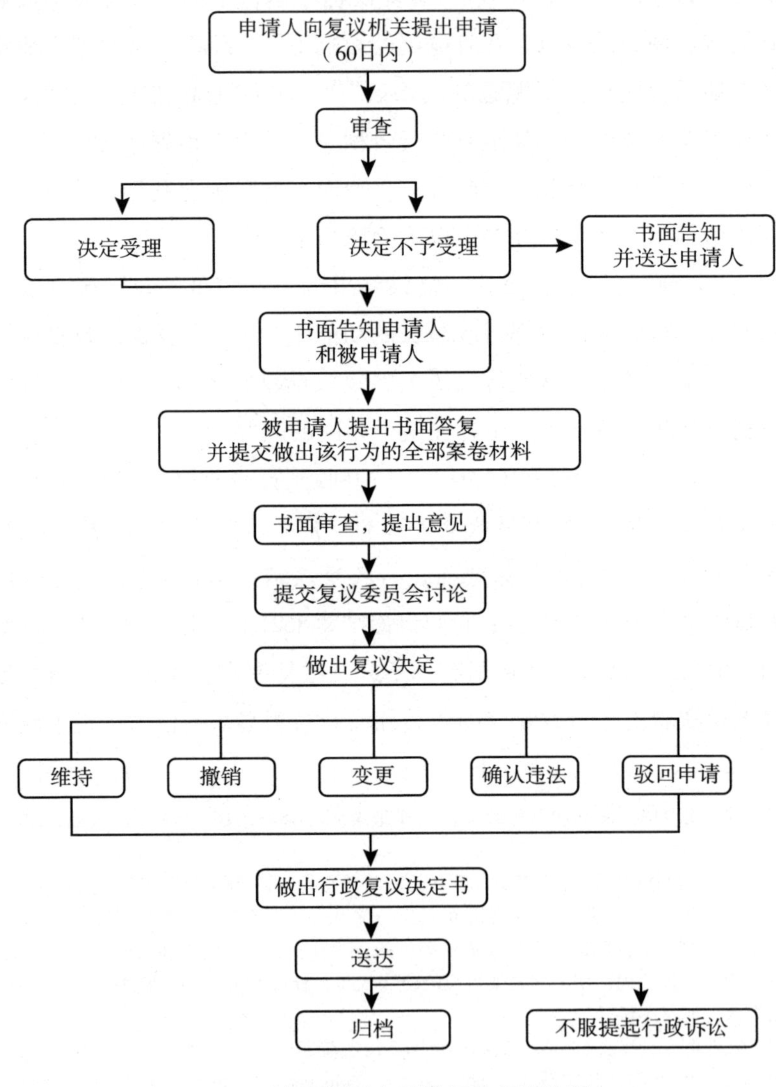

图1　查处假冒专利的行政复议流程

件时无所适从。专利行政复议应当是严谨的法律审查制度，必须因案而异，给予不同的审查方式，在保障效率的基础上维持公平公正。

依照《国家知识产权局行政复议规程》的规定，几乎所有的专利行政复议案件都会经历同样的程序，即复议当事人提交书面申请→复议机关受理→复议机关向有关部门转交复议申请副本→有关部门向复议机关提交证据→复议机关书面审理案件（可以向有关部门人员调查，也可以听取复议申请人或者第三人的口头意见）→做出裁决。

由此可见，在一般情况下，我国的专利行政复议仅对案件进行单一的书面审查，没有针对当事人的利益轻重、事实简单或繁杂、涉案金额的多少来设计不同的程序模式，比如确立一般程序、简易程序、形式审查等分类模式。针对这一情况，国务院《全面推进依法行政实施纲要》已经明确提出，要进一步完善行政复议制度，探索建立简易程序。

（二）专利行政复议预警管理构建

1. 构建专利执法案件行政复议预警机制的必要性

我国专利行政复议的不足之处存在于复议程序的各个环节，从不同程度影响了专利行政复议活动的公正性和高效性。大多数的纠纷案件经过复议或者直接跳过复议，倾向于去寻求司法上的救济，一方面导致处理案件的人民法院应接不暇，另一方面也无法体现专利行政执法和专利行政复议相对于司法救济的优越性。因此，在立法上亟须探究专利行政复议程序中的不当之处，进而建立专利行政执法案件行政复议的预警机制。

（1）专利行政复议的管辖。经由国家知识产权局处理的专利行政执法案件，复议应由国家知识产权局法律事务处具体负责。① 专利行政复议应该遵循公正的原则，复议机关应当处于中立的角度对纠纷进行处理，而国家知识产权局自我复议的规定，直接违背了“任何人不得做自己案件法官”的要求。另外，基于隶属关系处理的复议案件也难保公正，上级机关在处理案件时，

---

① 《中华人民共和国行政复议法》第十四条：“对国务院部门或者省、自治区、直辖市人民政府的具体行政行为不服的，向做出该具体行政行为的国务院部门或者省、自治区、直辖市人民政府申请行政复议。”《国家知识产权局行政复议规程》第三条：“国家知识产权局负责法制工作的机构具体办理行政复议事项。”

往往会出于对下级工作的"支持"、原行政执法机关在处理纠纷时已经请示上级、不愿因为改变裁决而成为行政诉讼的被告等原因，在复议后仍然维持原裁决。

（2）专利行政复议的处理。从我国的法律规定上来看，一方面现行的审查形式主要采取书面审理，只有在复议机关认为有必要的情况下才会向有关部门人员调查或者听取复议申请人或者第三人的口头意见，公开性相对较弱。另一方面，不按实际情况区分案件而采取统一的书面审查制度，对一些案情复杂、争议大、涉案标的数额较高的案件，采取这样的审理方式很容易造成不公正的现象产生。同时，专利行政复议程序中回避制度、律师代理制度以及证据制度的缺失，在认定案件事实、保护复议申请人方面造成了消极的影响。

（3）专利行政复议处理决定。根据法律的规定，具体行政行为有主要事实不清、证据不足的、适用依据错误的、违反法定程序的、超越或者滥用职权的以及具体行政行为明显不当的，复议机关可以决定撤销、变更或者确认该具体行政行为是违法；决定撤销或者确认该具体行政行为违法的，可以责令被申请人在一定期限内重新做出具体行政行为。[①] 这条规定没有明确说明哪种情况适用哪种决定形式，专利行政复议机关的行政裁量权较大。另外，关于复议过程的和解和调解制度，法律上也只是做了原则性规定，[②] 没有具体的操作制度，因此在专利行政复议阶段，无法发挥和解以及调解制度的优越性。

从整个专利行政复议的程序设置来看，广州市亟须寻求预警机制对专利行政复议的缺陷进行修复，逐步减少经过专利行政复议处理后的案件最终以司法审判结案的数量，以便充分发挥行政复议的功能。

2. 预警机制的构建

专利行政复议源自行政相对人对管理专利工作部门的具体行政行为不服所

---

① 《国家知识产权局行政复议规程》第二十三条："具体行政行为有下列情形之一的，应当决定撤销、变更该具体行政行为或者确认该具体行政行为违法，并可以决定由被申请人重新做出具体行政行为：……"

② 《中华人民共和国行政复议法实施条例》第五十条："有下列情形之一的，行政复议机关可以按照自愿、合法的原则进行调解……当事人经调解达成协议的，行政复议机关应当制作复议调解书……"

引发的救济措施。当事人可以在管理专利工作部门做出具体行政行为后自由选择行政复议程序或者行政诉讼作为救济。而经复议结案的纠纷，也可能会因复议当事人提出诉讼请求而进入司法程序，使行政执法机关或者复议机关成为被告，具体行政行为面临司法审查。为了避免这一情况的发生，提高管理专利工作部门的执法积极性以及复议机关决定的权威性，应建立健全诉讼预警机制，减少争讼之可能。

我国现行专利行政复议制度存在严重缺陷，行政诉讼案件的发生在极大程度上是因为行政复议缺乏权威性，因而，应当在考虑复议工作实践需要、满足群众追求正义的心态前提下，逐步完善专利行政复议程序。

（1）完善专利行政管辖体制。专利行政复议制度的完善应当坚持渐进式可持续发展的道路，避免急功近利的心态。为此，可以试点在各级政府设置独立的专利执法部门的专利复议委员会，委员会下设各专业办公室对各种不同类型的专利复议案件进行处理，取消上级行政机关对复议案件的管辖权。

（2）健全书面审理制度。单纯的书面审理不利于双方证据的提交，导致复议机关与当事人之间沟通不畅，容易发生误判，使当事人有苦难辩。因此，在专利行政复议委员会的管辖模式下，应当开辟其他公开程度高的审理方式，不宜将书面审理作为一切案件的审理形式。应当根据案件的难易程度和已有的材料情况进行分类，对于本身就缺少足够书面材料的案件，不适宜用单纯的书面审查方式，审理中应当为当事人之间交换意见和观点提供机会，具体可以考虑由专利行政复议机关将双方的书面陈述或答辩多次交换传递，确有必要时，可以组织双方进行答辩。

（3）增设与案件具体情况相对应的程序。我国目前的专利行政复议只设置了一般程序，因而无论是在受理还是审查的阶段都比较烦琐，使行政程序拖延，耗费了大量的复议资源，不利于体现行政复议相对于司法审查的高效性。因此，对一些事实清楚、争议不大的简单案件，可以设置简易程序来处理。立法时可以采用列举的方式规定对一些事实清楚、案情相对简单、标的数额较小、对事实无争议等的案件适用简易程序。

（4）考虑增加回避制度。专利行政复议虽然是行政机关依照其行政权力实施的具体行政行为，但其也具备司法权所体现的中立特质，这种特质是需要通过回避制度来作为保障的后盾。回避的价值在于防止裁判者的偏私，而我国的专利行政复议程序并没有任何回避的要求，因此在极大程度上影响了裁判行为的公正。立法者有必要将回避作为一项重要的复议原则加以规定，明确回避的情况、回避的范围、回避的程序、回避的限制以及违反回避所应当承担的后果等内容，保证专利行政复议在中立的状态下进行。

（5）改变以往不公开审理的境况。专利行政复议程序在受理、审理、做出决定等程序方面的规定稍显简略，并且对案件一律采取不公开的书面审查形式进行处理，虽然这在一定程度上简化了处理程序，但违背了“权力需在阳光下行使”这一原则。完善不公开审理的程序，可以考虑与不同的程序对接，在一般程序下采取公开审查的形式，由复议委员会中的专家办公室举行类似司法审理的方式，听取申请人、被申请人和第三人的陈述、举证、质证、辩论的意见。当事人对意见的表达以及对证据的质疑，既可以采用口头方式，也可以使用书面意见，关键在于复议机关“听了”。[①] 这样，不仅能够更加透明地处理纠纷，还能进一步保障当事人的知情权，提升专利行政复议的权威。

（6）行政调解制度的完善。专利行政复议调解是在行政复议的过程中，经由行政复议机关办案人员主持，复议申请人和被申请人依法就有关行政争议进行协商，进而达成合意的活动。行政调解制度的完善可以在构筑预警机制中发挥一定的作用，不仅可以有效解决纠纷，还可以降低复议机关成为被告的概率。从实践经验来看，事实上的调解更有利于社会稳定，调解制度作为柔性行政手段被写入《行政复议法实施条例》，因此在《行政诉讼法》中，也可以参照这一方式实行并轨统一。

我国专利行政复议工作程序进行修改之后的工作流程增加了调解制度、回避制度等多项制度。本课题组对原有的行政复议工作程序增加了 6 项措施。这些措施分别包括通过设置独立的专利复审委员会完善复议管辖、健全书面审查、在现有程序基础上设置简易程序、考虑增加回避制度、适当公开审查过程以及推行复议调解制度，将这些制度嵌入原有的行政复议程序中（见图 2），与原工作程序共同发挥作用，防止不当行政行为在无任何征兆下的诉讼行为，维护专利行政机关的执法公信力。

---

① 陈端洪：《英国行政裁决中的听取相对方意见的原则》，《行政法学研究》1999 年第 2 期。

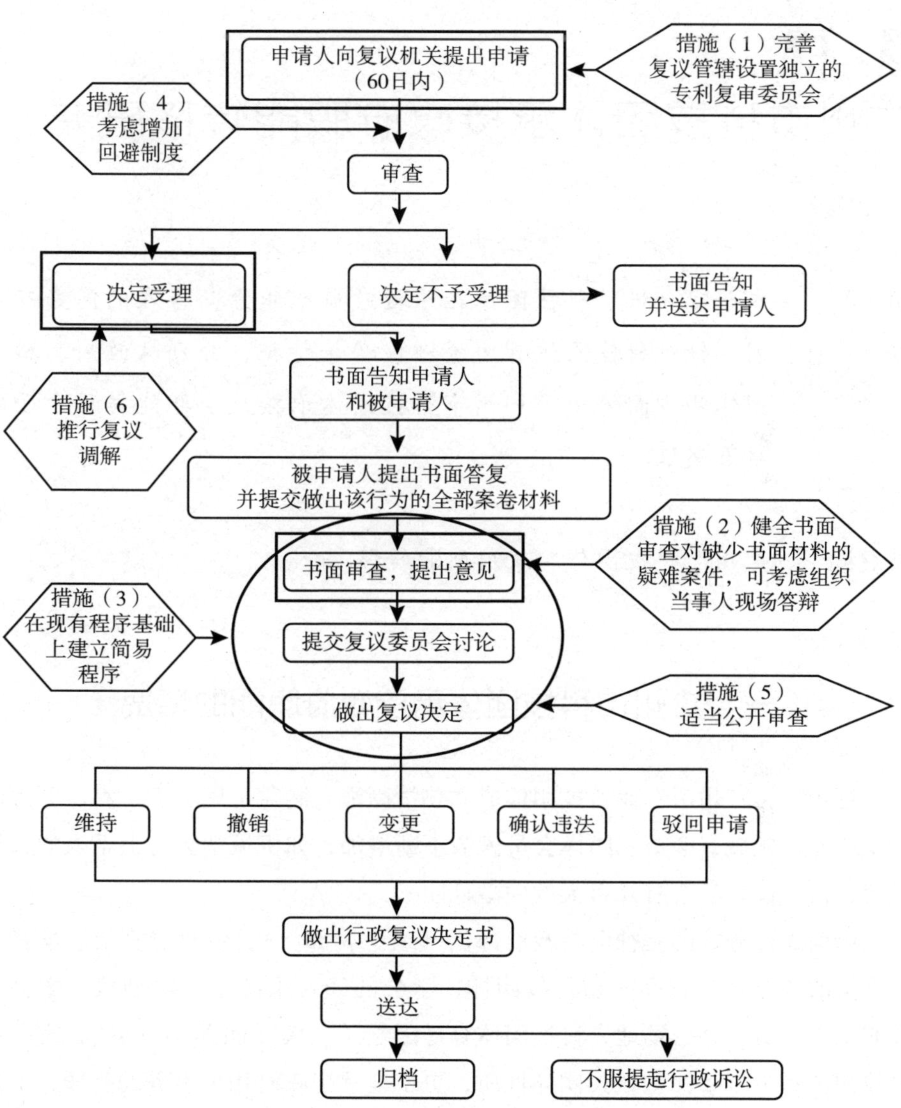

图2　专利行政复议预警机制构建

B.19
广州市科技团体承接政府职能转移研究

徐月华*

摘　要： 本研究分析了科技团体在承接政府职能方面存在的问题及原因，针对科技团体智力资源优势等特征，分别从政府、科技团体两方面给出了广州市科技团体承接政府职能转移方面的对策建议。

关键词： 广州　科技团体　政府职能转移

一　广州市科技团体承接政府职能的情况

近年来，广州市专业科技团体成立热情高涨，涵盖了理、工、农、医等多个学科专业领域，会员、团体会员人数不断增加，如机械学会有上千人的大型社团，仪器仪表学会有几百人的中型社团。

以前大部分社团是挂靠在政府部门（或下属部门），由政府官员、学者官员牵头的官办（半官办）型科技团体，学会的经费来源于财政划拨，学会有专职工作人员、办公场地，科技团体容易因吃“皇粮”而办“官事”，官办型科技团体和半官半民型科技团体性质，更多地承担政府相关事务的委托，承担“第二政府”的职能。

现在，随着社团制度改革，社团挂靠在高校、科研院所、医院、企业等单位，基本依赖挂靠单位的支持与自筹相结合筹集经费，具有鲜明的民办特征，与官办型科技团体和半官半民型科技团体相比，发起者和召集者一般为本学科

---

* 徐月华，广东机电职业技术学院教授，研究方向为智能控制。

或专业领域的权威性人士，他们自筹经费（不一定有固定场所）为会员服务、为经济社会服务，为促进学术交流服务的意愿更强，但多数情况在承担部分政府职能转移时，却找不到相应配套的政策和资金扶持。

目前，广州市科技团体已承接的政府职能主要有医疗事故鉴定、职称评审与认证、行业技术标准（规范）编写、成果评审和科技奖励、科技评价（技术鉴定和论证）、继续教育与培训，也包括项目成果评判和评价、立项可行性评估、发展规划咨询建议、职业师资格认证和注册、科技咨询等。其中只有极个别学会承接了少量的职称认定、技术鉴定、人才评价、科技奖励、决策咨询和继续教育等社会化职能。大多数学会功能欠佳，很少承接政府职能，在组织建设、服务水平等方面还不能真正扛起政府职能转移的重担，与广州市的经济、科技发展水平不相适应。

二　科技团体在承接政府职能方面存在的问题及原因分析

现阶段，科技团体在接受政府职能转移时，涉及政府权力下放、社团自身发展等多方面因素制约，还需要克服诸多问题。

（一）政府方面

1. 部分政府职能没有转移

政府职能转移，是党中央和国务院出台的重大举措，但是许多行政部门由于利益关系，态度仍停留在观望、疑虑甚至抵制阶段，仍难以割舍既得的资源分配权力，不想放弃已有的职能，在行动上没有将政府职能转移提到议程。

也有部分政府职能仍存在转而不移的“体内循环”现象。将人事、资金乃至权力等实惠性事务转移到新成立的与政府部门有千丝万缕联系的“关系户”“二政府”中，“肥水不流外人田”，人事、资金等权力的分配仍集中控制在利益部门的手中。

处于这种宏观环境下的科技部门难以“割舍”本应转移的职能，造成科技团体在承接政府职能方面存在阻碍。

2. 科技团体的培育机制不健全

近年来，国家和省都充分强调培育和发挥社会组织的作用，也提出了一些明确要求，但尚未出台相关的配套措施，对科技团体等社会组织的发展没有给予细化的、可操作性的政策引导。未能将科技团体的发展纳入培育范畴，没有针对科技团体等社会组织制定专门的培育机制。

对科技团体的扶持政策短缺，科技团体等社会组织获得政府财政资助很少，导致社会团体的数量和规模都不太大，科技团体数量更少，科技团体发展存在困难。

3. 相关法律法规不健全

这里包含两方面内容。一方面是政府职能转移没有明确的法律规范，职能部门的资源分配没有明确实施依据，团体在承接政府职能方面常常感到无从下手。另一方面是科技团体的法律规范不健全。任何社会组织的合法性都需要法律赋予和保障，科技团体也不例外。目前，国家有关社会团体的法律规定就只有《社会团体登记管理条例》，这一法规层次相对较低，解决不了现行科技团体中存在的一些复杂问题，已经远远不能适应科技团体的需求。

4. 对科技团体的监督不力

由于科技团体受挂靠单位的管理，还有一些挂靠单位把科技团体当成办事机构，科技团体的官方化性质比较浓，科技团体的办事机构归属模糊，使得科技团体的办事机构与其理事会、挂靠单位、业务主管部门之间的关系较为复杂，办事机构的归属权、指挥权、人事管理权、业务指导权、财务管理权、监督权等分离和分散现象十分严重，进而形成理事会管事不管人、挂靠单位管人不管事、业务主管部门管事不入行的现象。

目前，政府对科技团体等社会组织的监督很不到位，存在很多漏洞，表现在监督主体多元化和监督不力，监管上存在一些漏洞。

（二）科技团体方面

1. 实力欠佳，承接能力不足

科技团体的实力是影响其承接政府职能的重要因素。目前科技团体的实力普遍不强，实力较强的科技团体都以工科和医学类为主，这类学会的特点是组织健全，挂靠单位支持有力，有比较充足稳定的经费来源，能独立开展和承担项目咨询、继续教育培训等社会职能，对内凝聚力强，对外影响力较大，社团充满生机与活力。而大部分科技团体的实力都不强，活动场所不足。科技团体有的没有固定场所，办公场地是租用的，或是与挂靠单位的办公室合用，面积普遍较小，影响了对政府职能的承接。从经费、场地和人才方面我们可以看出，目前科技团体的资源不足问题非常突出，严重制约了科技团体正常开展工作和职能的发挥。

2. 缺乏资金、缺少专业人才

据了解，目前科技团体经费来源有科技团体的经营收入、会员会费收入等。经费来源单一，收入非常有限，难以维持科技团体的正常运转，这与国外科技团体主要靠服务性收费来维持组织运转的做法相去甚远。

人才在科技团体中的作用是非常重要的，特别是科技团体的负责人和专职人员。当前的科技团体缺乏吸引和留住人才的机制。目前科技团体的经费缺乏，专职工作人员的福利待遇较低，科技团体的社会作用没有得到充分发挥，社会地位不高，加之科技团体的松散性和不稳定性，职业成就感低，不能对科技团体的工作形成长远的打算。

3. 体制机制不顺

科技团体的体制机制不顺，运作不规范是影响科技团体发挥作用或承接政府职能的重要因素。大多数科技团体对相关的政府部门的依赖性强，自身发展能力较弱。还存在“等、靠、要”的思想，主动“走出去”、主动服务意识较弱，争取承接政府转移职能、参与市场竞争的意识仍显薄弱。有的科技团体甚至成为政府的附属物，活力、凝聚力和影响力不够，运作不顺畅。

4. 科技团体的公信力有待提高

科技团体的公信力是科技团体赢得组织声誉、吸引会员、获取社会资助和财政支持、实现组织终极目标的必要前提，是组织的生命线。目前政府工作人员、科技工作者、甚至科技团体的会员都对科技团体的认可度不高，有的甚至对科技团体还不了解。多年来，由于很多科技团体对会员主体定位不明，为会员服务的意识不强，能力不够，有的科技团体多年没有发展会员，甚至有的科技团体连会员名册都没有，更谈不上掌握会员的信息，会员缺乏了解科技团体活动和反映意见的渠道；许多科技工作者因对科技团体缺乏了解，而没有加入科技团体，导致科技团体的凝聚力不强，科技工作者对科技团体的认可度较低。

另外，社会上有行政背景的行业协会和科技团体之间也存在不公平竞争，阻碍了科技团体承接政府职能转移的能力。

三 科技团体承接政府职能转移的对策

科技团体作为社会组织的组成部分，相对于其他社会组织具有本身的优势与特征。

科技团体是科技工作者的群体组织，主要关注学术、科技动态和产业发展趋势。科技团体负责人一般由学术上有成就、学风正派、热心和支持团体工作的学者担任，团队人员是具有不同专业、不同行业、不同地域、不同年龄的代表，在本专业、本行业中都具有较高的学术水平和技术水准，具有较高的威望。因此，科技团体更具有专业人才集中、智力资源雄厚、科学技术权威性强、客观公正的特征，能够代表本学科领域的较高科技水平优势，因而更可能成为政府职能转移的载体，特别是成为政府科技管理职能转移的重要载体，起到政府的参谋与助手作用，尤其在科技前沿细分领域具有不可替代的权威性，政府应该充分发挥科技团体在专业细分等方面特长，发挥科技团体在学术、科技前沿、创新等领域的论证、咨询、参考、决议等作用。

（一）政府方面

鉴于目前各类社会团体在自身规模、活动范围、经济实力、社会影响、制度规范程度等方面存在很大差异，因此应对职能进行分解、分类扶持、分级管理。一方面分解政府职能结构，另一方面对现有社会团体进行分类、分级。

1. 加快“政社分开”的进程

将扶持科技团体发展作为党和政府实现科学发展观的重大决策，在加强党的执政能力建设和建立法治政府的进程中，推动我国社会组织结构实行继“政企分开”后的第二次重大调整，加快“政社分开”的步伐，培育和形成科技团体进入公共领域的机制和渠道，切实推动我国科技团体的发展，完善我国公民社会建设。政府行政部门负责宏观决策和部分监督职能，将执行及部分监督职能等中、微观职能逐步交给社团组织。

2. 加强立法工作，为科技团体接受政府转移职能创造良好的法律和政策环境

从法律法规层面明确政府和科技团体各自的职能，将依法转移职能作为政府职能转移的基本依据和方式。一是建立健全社会组织的法律法规体系，将社会组织纳入法制化、制度化、规范化的管理轨道，使社会组织有法可依。二是从地方政府层面上，可以考虑地方立法。一些拥有经济特区立法权和较大市立法权的城市，在广泛深入调研的基础上，可以充分吸收和借鉴国内外成熟的经验，因地制宜，适时制定适用于社会组织培育和发展的管理办法。三是加快社团法的制定工作，明确社会团体的法律地位和相关职能。在修订《中华人民共和国科技进步法》过程中，增加“科学技术社会团体”一章或相关条款，明确科技团体在科技进步中的主要任务和职能。借鉴有关“公法社团”的理论与制度，将部分承担行业性、职业性（包括科协、社科联这类具有联合性质的学术性社团）职能的社会团体，通过立法确定其为“公法社团”，使其具有行政主体法律地位。

3. 政府对科技团体（社会团体）要给予积极培育和扶持

我国科技团体发展需要更为宽松的发展空间，应在加强管理和规范的同时注重培育和扶持。政府应在以下方面给予扶持，一是对科技团体用于公益性事业发展的经营性活动，给予减免税收的优惠性政策；二是科技团体接受社会、海外捐赠应是重要资金来源，应完善有关捐赠法规和激励政策，规范捐赠行为，明确捐赠方向，使科技团体有多渠道的资金来源，虽然《中华人民共和国公益事业捐赠法》规定公益事业的捐赠者可以享受税收优惠，但缺乏可操作性，应制定可操作的实施细则。

4. 理顺科技团体管理体制、规范科技团体监督管理

一是理顺政府与科技团体之间的关系，充分发挥科技团体的自治作用，避免过多行政干扰，实行“政社分开”，制定科技团体发展规划，完善规章制度，建立有利于科技团体自律、自立、自主发展的组织体制、运行机制和活动方式。二是明确业务主管（指导）单位的职责，履行好服务和监督职能。建立信息资源整合平台，使科技团体在开放、有序环境中承接部分政府职能。三是完善信用监管体制，引入科技团体等级评估机制，开展科技团体等级评估，实行等级升降制度。对等级在3A以上的科技团体，增加资金投入，扶持发

展；对连续两次评估处于1A等级的科技团体，提出黄牌警告；对三年都处于1A等级的科技团体，予以注销。

（二）科技团体方面

科技团体要承接政府转移职能，关键是要练好内功。

1. 强化会员主体地位

科技团体要坚持为会员提供优质服务的宗旨，以服务求生存，增强科技团体的凝聚力，这是科学发展观的本质和核心。一是通过搭建平台积极开发团体资源，优化团体服务品质，提高服务专业水平，充分调动和发挥会员的积极性、主动性，促进科技人才的成长。二是加强会员发展和人才队伍建设。科技团体要研究分析科技工作者群体结构、变化等动态和趋势，根据自身工作的实际，借鉴其他团体的成功经验，形成符合团体自身实际的分类型、分层次、多元化的管理方式，为会员提供更有效的服务。

加强科技团体办事机构信息化建设。信息化建设是科技团体办事机构建设的一个重要内容，科技团体可以利用科协的网络资源开设网站或创建网页，方便科技工作者了解科技团体，并能在工作网站上查找科技团体的有关活动信息。要逐步与国际接轨，可以通过网络进行信息化管理，通过网络发展和管理会员，加强与会员之间的沟通，增强科技团体凝聚力，更好地推动团体工作。同时，在网站及时公布国际、国内相关专业文献、成果、标准、报告、发展趋势等信息，发挥专业整合和共享资源的优势。

2. 要加强科技团体的能力建设

政府和社会的认可和信任是科技团体接受政府职能转移的前提条件。这就需要科技团体要加强自身能力建设，不断地自我发展和自我完善，强化开拓意识，加强自身能力建设，完善学会组织社会形象，改善学会组织发展环境。在工作中首先树立经营团体的理念，克服“等、靠、要”的思想，学习、借鉴国际学术团体经营经验，在制定行业技术标准、新材料和新技术宣传等多方面积极开展科技服务活动。其次，要树立品牌意识，塑造诚信形象，严格自律，提高公众信任度。应充分利用科技团队中专业人才集中、智力资源雄厚、科学技术权威性强等优势，广泛横向联系，加强联合与协作，整合学会力量，打造专业性强、影响力大的品牌团队。

3. 构建有效自律机制

科技团体的健康发展不仅需要一个良好的外部环境，还需要具备一个良好的自律机制。一是民主决策机制。科技团体应建立和健全权责明确、运转协调、民主办会的有效内部运行机制。在组织体制上实行民主办会，在活动中采取群众化、社会化的方式方法。完善会员代表大会、理事会、监事会和执行团队等相关制度。二是透明的财务运作机制。规范科技团体经费使用与监督制度，形成廉洁、干净、有效的财务管理机制。三是营造良好的科技团体发展的社会氛围，增强公民的社会公益意识，引导公众提高对科技团体的认识与监督。

总之，政府可以选择有独立法人地位、有较大影响、比较规范的社会团体为突破口，循序渐进，以点带面，逐步推进政府职能向科技团体转移；科技团体可以利用自己广泛的智力资源优势选择职业资格评定、科技成果转化、科技奖励评审等内容承接政府职能转移，逐步树立自己的权威与品牌。

参考文献

许娟：《促进无锡市科技团体发展对策研究》，同济大学硕士学位论文，2007。

范修宁：《地方行业协会承接政府职能转移问题研究》，华南理工大学硕士学位论文，2011。

王瑞斌：《非政府组织承接政府职能转移问题及对策研究》，西南大学硕士学位论文，2014。

王翠娟：《公共服务视域下社会组织承接政府职能转移研究》，西南政法大学硕士学位论文，2014。

胡辛：《全力做好学会组织承接政府转移职能工作》，《青岛日报》2014 年 6 月 2 日。

崔建平等：《科技团体接受政府职能转移与对策建议调研报告》，《学会》2005 年第 4 期。

平美云：《承接政府职能是社团不可推卸的责任和义务》，《学会》2006 年第 9 期。

林杨莉：《关于科技团体接受政府职能转移的思考》，《学会》2005 年第 10 期。

B.20
广州创新主体专利维权常见问题及对策建议

邓佑满*

摘　要：　近年来，广州专利行政执法绩效突出，营造了良好的法治化、国际化营商环境。但是也有一些创新主体在专利维权方面存在不少问题，导致经济效益和声誉受损，创新积极性受挫。

关键词：　广州　创新主体　专利维权

近年来，随着创新驱动战略和知识产权战略的深入实施，广州知识产权保护水平一直走在全国前列，知识产权法院挂牌运行，专利行政执法绩效突出，营造了良好的法治化、国际化营商环境。广州企业、高校和科研院所等创新主体的专利维权意识也明显提高，有效提高了市场竞争力。但也有一些创新主体在专利维权方面存在不少问题，导致经济效益和声誉受损，创新积极性受挫。解决这些问题，对于创新主体依靠知识产权制度推动创新发展具有重要意义。

一　广州创新主体专利维权常见问题

（一）对专利制度理解和掌握不够

专利保护一般分为三个相互联系、融合促进的阶段，申请专利是保护创新成果的第一步，对专利实施科学管理是第二步，专利被侵权后采取维权措施是

---

* 邓佑满，广州市知识产权局局长、党组书记。

第三步。但许多企业还仅仅停留在第一步，即知道通过申请专利可以保护创新成果。但在专利分析、专利预警、实施专利战略等专利管理方面的知识和能力欠缺，不掌握专利保护的策略，导致无效研发、侵权纠纷等事件时有发生。

（二）主动维权意识不强

一般专利违法有专利侵权和假冒专利两种情形。对于假冒专利，专利行政管理部门可以主动查处；而对专利侵权，《专利法》规定："侵犯专利权，引起纠纷的，由当事人协商解决；不愿协商或者协商不成的，专利权人或者利害关系人可以向人民法院起诉，也可以请求管理专利工作的部门处理。"专利维权从法理上属于民事维权，一般采取"不告不理"的原则，对一般个案，法院、行政机关均不主动提起立案。这一点与商标侵权（一般是假冒商标）可主动查处有着明显区别。因此，专利侵权需要创新主体主动拿起法律武器维护自身权益。但有些创新主体认为作为招商引资的软环境，专利保护应是政府主动提供的，因而没有及时请求专利行政部门处理或寻求司法救济，导致重复侵权、恶意侵权、群体性侵权等行为得不到有效遏制，对企业经济效益造成重大损失。

（三）策略不当导致维权效果不佳

专利侵权行为具有很强的隐蔽性，有些侵权产品只批发不零售，有些仅供出口不内销，有些只卖熟客，再加上许多侵权生产厂家不挂牌，甚至营业执照都未办理，或者是出货时走地下渠道不开具正规发票，有的还经常变更法律主体资格，这些情况都给维权增加了难度。因此，运用正确的维权策略非常重要。专利维权应当有所为、有所不为，并选择恰当时机进行，同时要重点调查生产源头。有的创新主体遇到专利侵权时，只调查流通领域，没有涉及生产厂家，斩草不除根导致累诉；有的没有掌握足够证据就提起诉讼；有的不分析市场变化情况，不分主次，只要侵权就投诉；有的非要争个输赢，不会利用调解达成合作共赢，结果维权的时间成本、市场成本、经费成本高企，没有得到应有的维权效益。

（四）专利质量不高导致维权困难

现有专利申请体制下，个别创新主体申请专利的质量不高，发明专利比较少，大部分是实用新型专利和外观设计专利。这两类专利由于没有经过实审，法律状态不稳定，被无效的概率比较大。即便是发明专利，如果技术含量不高，或者专利申请文件没有写好，也存在被无效的风险。因此，许多企业不敢轻易采取维权行动。

（五）专利与标准结合意识不强导致无法维权

有些创新主体主导和参与制定了多项行业标准、国家标准，将自己的技术编制在标准中，导致了技术过早公开。这些技术由于没有申请专利，被行业内其他企业无偿使用，收不到标准必要专利许可使用费，使得企业创新积极性受挫。

（六）维权途径比较单一导致成功率不高

大多数创新主体在运用民事诉讼或行政投诉程序进行维权时，很少结合律师警告信、海关备案、仲裁、行业协会调解等多种法律途径，没有制订立体维权方案，造成维权成功率比较低，维权效果大打折扣。

（七）海外防范意识薄弱

很多企业没有意识到专利保护对于打开国际市场的重要作用，在进入国际市场前既不调查产品是否侵犯了目标国权利人的专利，也不考虑在目标国提前申请专利对产品加以保护，毫不设防地进入国际市场前端，一旦遭遇他人发起专利进攻，就会猝不及防。同时，出口产品如果被他人抢先申请专利，不但开拓市场受阻，还可能成为被告。

二　对创新主体专利维权的对策建议

（一）塑造企业知识产权保护文化

创新主体应多参加国家、省、市及中介服务机构组织的宣传培训（大多是免费的），或请专家到单位宣讲，提高知识产权保护意识和能力，营造很好的知识产权保护环境。重点加强企业决策层及技术研发人员的培训，使其发挥骨干作用。

（二）建立和完善专利管理制度

专利管理制度是提高专利保护质量和市场竞争力的重要保障。创新主体应建立专门的专利管理机构，明确职责，配备人员，同时建章立制并抓好落实。重点包括专利情报信息制度、专利预警机制、专利维权制度、保密制度等。条件具备时要积极推行国家有关企事业单位的知识产权管理规范。

（三）掌握维权应对策略

一是实施知识产权战略和标准化战略，从战略高度管理知识产权。二是主动寻求专业人士帮助，利用好维权援助、快速维权中心等资源。三是掌握知识产权保护门道，利用好司法保护、行政保护、海关保护、仲裁保护、协会联盟保护等维权手段。四是组建专利联盟“抱团取暖”，实现利益共享，避免重复开发，有效降低企业的风险和成本，共同应对专利纠纷和诉讼。

（四）提高创新水平

专利维权的根本之策在于不断提高创新水平。一是在研发前要做好专利信息分析，形成专利地图，防止侵权和无效研发等潜在风险。二是在研发中要注重专利挖掘，做好专利布局。三是提高专利申请质量，并保持法律状态稳定。四是抓好专利运用。专利只有通过转化运用才能显现其经济价值。市场主体必须根据实际情况，灵活机动地运用专利权利体系和专利攻防策略，将专利有效运转起来，才能在专利维权中赢得主动。

三　专利维权渠道

（一）司法保护

全国三个知识产权法院之一落户广州，受理广东省（深圳除外）的知识产权案件，为广州打造知识产权保护高地奠定了基础。近年来，广州法院的收案量占到全国接收专利案件的近十二分之一，许多全国普遍关注、社会影响较大的知识产权案例均来自广州法院。目前，广州知识产权法院推行主审法官、合议庭办案负责制、司法责任制等审判运行机制的改革措施，在技术调查官、专家证人等方面积极探索，使司法的权威性和公信力不断提升。

（二）行政保护

广州是全国为数不多的专利、商标、版权保护并驾齐驱的示范城市，成立了全国第一支专利行政执法队，出台了全国首部地方性法规《广州市专利行政执法办法》，广交会知识产权保护成为全国样板，市、区两级专利行政执法体系已经形成。市财政还专门设立了企事业单位专利维权项目资金，广州市行政区域内的企事业单位因发生专利纠纷产生维权费用，或者承担维权项目的服务机构，都可以向市知识产权局提出项目申请。

（三）海关保护

海关已经建立起一套包括报关单证审核、进出口货物检验、对侵权货物扣留和调查、对违法进出口人进行处罚以及对侵权货物进行处置等环节在内的完善的知识产权执法制度。广东是进出口大省，广州海关、黄埔海关的知识产权边境保护在全国有着重要影响，多个案件被评选为全国十大案例。创新主体的专利产品出口时要及时到海关备案，这是海关采取保护措施的前提条件，也有助于海关发现侵权货物，并可预防将来可能发生的侵权行为。

（四）仲裁保护

仲裁是行政、司法之外的第三条保护途径。广州仲裁委员会于2011年7月成立了广州知识产权仲裁院，实行理事会、监委会、仲裁庭三权分立、相互制衡的现代公司化治理模式，保证仲裁庭依法、独立、公正、高效地审理案件。仲裁程序除了当事人有相反约定之外，其审理程序均不公开，有利于专利权与专有技术的保护，减少了商业秘密和企业商誉受到损害的概率。与诉讼方式相比，由于仲裁程序更为简化，案件处理的时间大大缩短，当事人可以减少时间成本，及时得到救济。

（五）协会联盟保护

协会联盟保护除具有简便、高效、经济、方式灵活等社会民间组织的一般特征外，在处理知识产权纠纷中，还具有权威性、私密性、专业性强的特点，能促进当事人之间互谅互让和友好合作，调解成功率高，能在较大程度上达到案结事了的目标。目前广州市知识产权局已在 20 多个行业协会和展会建立知识产权工作部并开展建部试点工作，并与广州海关、黄埔海关携手推动和指导 13 家行业协会成立了广州地区行业协会知识产权边境保护联盟，这是知识产权保护综合治理格局的创新与探索，将有助于提升行业知识产权保护能力和市场竞争力，加大对自主知识产权进出口贸易的支持力度。

科技人才篇

Technology Talents

B.21

2015年广州市"互联网+"人才队伍建设现状分析与2016展望*

张延平**

摘　要：本报告从总体供需匹配、行业分布结构、培训开发力度、功能作用发挥和政府政策引导5个方面分析了广州市2015年"互联网+"人才队伍建设取得的成绩及存在的不足，继而在预判"互联网+"产业人才队伍建设发展趋势的基础上，提出广州市2016年"互联网+"人才队伍建设的对策建议。

关键词："互联网+"　产业转型升级　人才队伍建设

---

* 本研究报告系广东省教育厅广州学协同创新发展中心、广州市教育局广州学协同创新重大项目的研究成果。

** 张延平，广州大学工商管理学院副教授，博士，研究方向为产业人力资本管理。

2015 年，李克强总理在两会期间提出“互联网＋”行动计划。在今后一段时间里，我国的“互联网＋”产业将沿着以下两条路径发展：一是在融合渗透趋势下的传统产业互联网化，即“互联网”＋“传统行业”，尤其是传统制造业会加快转型升级的步伐；二是在新技术延伸拓展下的硬件服务一体化，即“互联网”＋“新技术产业”，尤其是 IT 产业，很可能向硬件服务一体化方向深度发展。“互联网＋”产业对广州人才队伍建设提出了新需求与新挑战，是当前广州市亟待研究解决的重要课题。

一 2015年广州市“互联网＋”人才队伍建设现状分析

（一）“互联网＋”人才总体供需：需求大、年薪高、流动频

1. “互联网＋”人才需求量大

《2015 年互联网人才报告》显示，互联网人才集中在北京、上海、深圳和广州等一线城市。而《广州 2015 年互联网行业人才紧缺指数（TSI）报告》显示，广州互联网人才紧缺指数达到 2. 21，远远高出其他城市。从 2014 年第三季度到 2015 年第三季度，广州互联网行业人才紧缺指数呈“V”字形曲线变化。2015 年第一季度为 1. 76，到第二、第三季度则飙升至 2. 21。可见广州的“互联网＋”产业发展对相应人才的需求量较大。

2. “互联网＋”人才年薪较高

广州市互联网人才的薪酬水平在全国排第 3 位，大部分企业提供的年薪平均在 17. 89 万～30. 58 万元。其中 47. 4% 的人员年薪为 10 万～20 万元，24. 08% 的人员年薪高于 20 万元。

3. “互联网＋”人才流动频率高

从职称年限上看，广州市“互联网＋”高级人才数量远超初级人才，呈现“将多兵少”的趋势，整体结构不均衡。具体情况是，高级专业人员占 21%，经理人才占 18%，决策人才占 18%，初级职位人员占 43%。然而，广州市“互联网＋”人才平均从业年限为 5 年左右，拥有 10 年或以上从业经验者不到 10%。在上述两种因素的综合影响下，导致广州市“互联网＋”人才

流动率很大。而且更需要值得注意的是，每年流出广州市互联网行业的有50%为业内专业人才，而流入广州市互联网行业的有84%是外行人才。

（二）“互联网+”人才行业分布结构：传统与新技术产业的人才需求均日益高企

1. 传统行业“互联网+”人才需求日益高企

智联招聘公布的《2015年互联网人才报告》显示，广州市传统行业“互联网+”人才紧缺指数总体均值为0.99。其中，“互联网+”金融业为1.19，“互联网+”房地产业为0.85，“互联网+”广告传媒产业为1.19、“互联网+”汽车产业为0.73。由上述数据可知，传统行业在进行“互联网+”转型时，“互联网+”人才招聘需求日益增长。

2. 新技术产业“互联网+”人才需求出现井喷

智联招聘公布的《2015年互联网人才报告》显示，广州市新技术产业“互联网+”人才紧缺指数总体均值为0.99。其中，IT互联网产业为2.21，电子通信硬件产业为1.54，交通贸易物流产业为0.96。广州市互联网行业用工需求数据显示，“互联网+”人才需求连续三个季度增长速度保持在47%，新技术产业对于“互联网+”人才的需求出现了井喷现象。

（三）“互联网+”人才培训开发力度：各类组织机构纷纷发力

1. 高校的“互联网+”人才培养初现规模

2015年广州市与互联网相关的毕业生中，49.9%的人具有学士学位，38.2%具有硕士学位，6.0%具有MBA学位，2.9%具有博士学位。从就业分布结构来看，以中山大学和华南理工大学两所大学为例，两所高校2015届毕业生就业量较大的职业类别均为计算机与互联网相关专业。具体来看，中山大学共有17.4%的毕业生成功就业于互联网相关行业（见图1），华南理工大学毕业生互联网相关行业就业率更是高达20.4%（见图2）。从上述就业分布结构可推论，广州高校的“互联网+”人才培养初现规模。

2. 企业的“互联网+”培训成效渐显

广州市知名的“互联网+”企业大都意识到，对外引才只能作为获取人才的补充手段，承载着人才培养的企业内部培训才是当前获取高质量“互联网+”

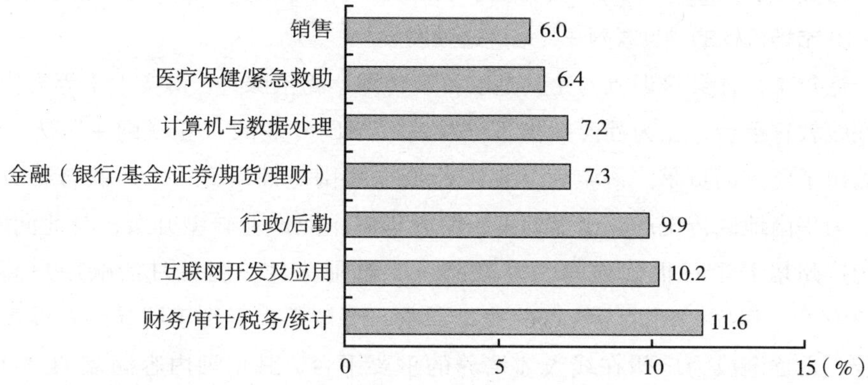

图1　中山大学2015届毕业生就业量较大的前7位职业类别及占比

数据来源：《中山大学2015年毕业生就业质量年度报告》。

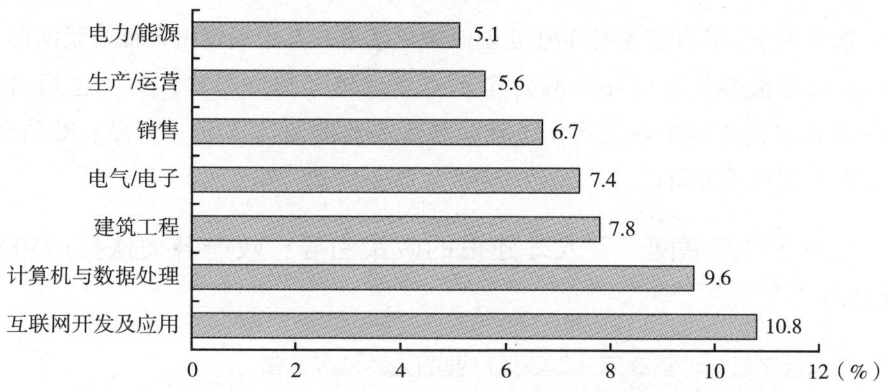

图2　华南理工大学2015届毕业生就业量较大的前7位职业类别及占比

数据来源：《华南理工大学2015年毕业生就业质量年度报告》。

人才的主要途径。例如，被《广州日报》评为“人才培养最佳雇主”的唯品会，通过实习、使用、定岗培养和定岗任职四个阶段，自行培养熟悉电商行业发展现状及未来趋势的储备干部；再如，尚品宅配是广州传统行业进行“互联网＋”转型的典型案例，公司人力资源部积极开展“互联网＋”内部培训。针对研发和销售人员开展数据平台运用、客户心理数据分析、创新功能开发等相关培训，从而有效地支撑了公司“互联网＋”战略转型的需要；还有，广州网易公司也积累了一套成熟的人才内部培训模式，并在“互联网＋”的呼唤下，与广美合作创办了艺术设计学院，为网易自身乃至整个互动娱乐行业培养出更多的专业化人才。

3. 市场机构的“互联网＋”培训蓬勃发展

近年来，社会培训机构尤其是以百度传课、腾讯课堂、淘宝大学等为代表的在线教育平台，在为社会提供不同层次、不同专业的“互联网＋”人才方面做出了巨大的贡献。淘宝大学在广州成立华南电商研究中心，联合各方资源，为华南地区传统产业出谋划策，助力华南企业产业转型升级；与此同时，也为广州培养了一批优秀的“互联网＋”产业人才。腾讯月活跃用户高达8.32亿户，以实时授课为特点的腾讯课堂，更被誉为有别于网易的在线高等技校，也逐渐成为广州在线人才培养的重要平台，其培训内容涵盖IT培训、平面设计、游戏动画设计、影视制作设计和UI设计等。

（四）“互联网＋”人才的作用发挥：为产业发展注入了新活力

迄今为止，广州已创建170处创业孵化基地，其中涌现出大批互联网创业者。广州有很多优秀的互联网公司逐年呈现越办越好趋势，其中包括诸如4399等许多创业型游戏公司，还有极具代表性的微信、UC、网易、唯品会、多玩和梦芭莎等公司。

（五）“互联网＋”人才建设的政策引导：政府各类扶持政策纷纷出台

1. 出台了针对“互联网＋”细分产业的人才培养政策

《广州市人民政府办公厅关于促进广州市服务业新业态发展的若干措施》就是针对细分产业进行奖励扶持的政策措施，使之更具操作性和引导性。广州各区根据辖区内的行业企业属性，制定了各自的“互联网＋”产业人才培养扶持政策。例如，天河区颁布实施了《天河区创新创业领军人才发展扶持办法》等6个相关政策，海珠区颁布实施了《创新驱动发展战略三年行动计划纲要（2015～2017年）》等政策。

2. 出台了针对国内“互联网＋”顶尖级人才的吸引政策

广州市颁布实施了《中共广州市委广州市人民政府关于加快吸引培养高层次人才的意见》，从医保、安居落户、出入境、子女上学、租房买房等全方位、多角度铺开优惠政策，吸引国内“互联网＋”产业领军人才来穗工作。

3. 出台了针对国际“互联网 +”高端人才的吸引政策

广州市积极推行“千人计划”，吸引国际“互联网 +”高端人才来穗工作。尤其是《广州市引进人才入户管理办法实施细则》明确规定，引进“千人计划”“特支计划”专家人才不再受年龄限制，可以无障碍引进。

二 2015年广州市“互联网 +”产业人才队伍建设问题分析

（一）总体供需匹配的问题：数量质量供需不均衡，人才外流严重

1. “互联网 +”产业人才数量供需不平衡

从全国层面上看，广州占有互联网人才数量规模居全国第4位，且总需求量还在持续增长。广州市“互联网 +”产业人才的薪酬水平居全国第3位，然而猎聘网的数据显示，全国仅有6%的互联网人才愿意将简历投向广州，这说明广州市对“互联网 +”人才的吸引力严重不足。另外，由广州市人才紧缺指数可知，2015年呈“V”字形发展，人才紧缺指数总体一直高于1.76，这又说明，虽然广州市占有全国相对较多的互联网人才，但供给远远不能满足日益发展的“互联网 +”产业对人才的需求。

2. “互联网 +”产业人才培养质量不能满足需求

以互联网金融为例，互联网金融业态的兴起，对传统的金融中介理论基础形成了强有力的挑战和冲击，并对金融市场和金融行业带来结构性的变革。如要满足互联网金融产业的进一步发展，则要培养大量兼具金融业务、信息技术、营销及管理等多种知识和技能的复合型人才。然而，相较于业界对“互联网 +”的快速响应，教育界对“互联网 +”人才的培养尚处在起步阶段。而且，广州市的高校学科专业设置仍抱守传统，没有与时俱进地开展跨学科设置，由此导致“互联网 +”人才培养质量远远不能满足实际需求。

3. “互联网 +”产业人才外流严重

据统计，“互联网 +”产业人才平均从业年限为5年，超过5年后基本上都会转型，普通从业人员19个月左右就跳槽，“互联网 +”产业人才年均行业外流率高达50%。就广州来看，“互联网 +”产业人才吸引指数为 -3.93，

在全国排第8位，而深圳市的人才吸引指数为0.17，在全国排第6位。相比之下，深圳市对“互联网+”产业人才吸引力更大，对广州人才形成虹吸效应，每年约有9.52%的广州“互联网+”人才流向深圳。

（二）行业分布结构的问题：跨界跨学科能力薄弱，新技术产业人才外流

1. 新旧产业均缺跨界“互联网+”产业人才

无论是传统行业转型，还是现有互联网行业向新技术深入发展，都需要复合型跨界人才予以支撑。从广州市实际情况看，传统型人才虽拥有丰富的经验和技能，却缺乏“互联网+”思维，不能胜任传统行业“互联网+”转型需要。而在“互联网+”新技术产业中，又通常集聚了大量的擅长硬件技术的人才，缺乏在新行业中进行“互联网+”电商营销和移动推广的经验和能力。

2. 新技术产业人才保留率偏低

广州市“互联网+”产业的发展不如北上深，再加之广州市人才政策反应慢和产业扶持力度不足，导致高素质的“互联网+”产业人才纷纷从广州市流向更具竞争优势的北京和待遇条件相对优越的深圳。

（三）培训开发力度的问题：培训开发能力与效果均不尽如人意

1. 高校对“互联网+”产业人才培养的实用性不强

高校“互联网+”人才培养的时滞性以及针对性弱等问题明显。《广州2015年互联网行业人才紧缺指数（TST）报告》显示，互联网行业是广州最缺人才的行业，特别是缺乏前端开发工程师。从培养符合企业要求并获得满意的基础职业人才数量上看，北京培养的人才比广州高出7个百分点。究其原因，广州的高校人才培养方案和培养模式相对墨守成规，难以适应瞬息万变的互联网行业发展需求。而且，广州高校对“互联网+”人才的培养更多的是注重理论层面的教育，与实践需求贴合度不高。

2. 企业内部“互联网+”产业人才培养成本高且难成规模

大中型企业如广州网易等往往会有属于自己的“互联网+”人才培养体系，有针对性地开设岗前培训，保证新人快速有效适应岗位要求。但就广州市大部分小型企业而言，以下两点问题不容忽视。一是小企业独自开设“互联

网＋”专业培训的规模小且成本高，因此往往挫伤了小企业开展企业内训的积极性；二是“互联网＋”对企业培训课程内容开发要求较高，既要与时俱进，又要体现行业特点。但现有企业“互联网＋”培训内容五花八门，培训师又多为企业高层或者高校教师，难以做到培训内容与实践的完美结合，容易出现生搬硬套、断章取义和随便嫁接的现象。

3. 市场机构对“互联网＋”产业人才培训的功利性偏重

目前，广州市中小企业期望能短平快式获得“互联网＋”人才，十分青睐委托人才中介进行对外猎聘，致使“哪上班”“拉勾网”“内推网”等人才中介受到热捧。但要清醒地认识到，这些机构仅仅是加速了“互联网＋”产业人才的流动，并且更多的是加速了广州市内不同企业间的流动，并未给广州带来较大的人才增量，因此对缓解广州“互联网＋”产业人才饥渴所起作用十分有限。广州也有一些像北大青鸟等致力于培养IT类人才的培训机构。北大青鸟培养的是IT专用技术型人才，有别于高校所培养的通用型人才，这在某种程度上解决了企业用人的燃眉之急。但要看到，广州此类培训机构数目有限。再者，此类机构培训多为追求短期效益，难以实现高技术和创新型人才的培养。

（四）功能作用发挥的问题：助推产业后续发展的能力存疑

互联网产业集聚效应明显，互联网产业人才集聚效应也同样十分明显。与广州比较而言，北京、上海、深圳无论是对互联网产业抑或是互联网技术人才都具有更强的吸附能力和集聚效应。因此，有学者持消极观点认为，广州当前互联网产业和人才建设取得的成效没有深厚底蕴，很可能被其他城市虹吸，建设成效将难以持续。尽管广州有大量的互联网公司，但由于大多重视传统实业、对外进出口贸易和服务业，轻视难以短期出成效的高新技术互联网产业，致使广州大部分互联网公司目前的发展处于瓶颈状态，难以进一步做大做强。传统产业转型艰难的另一个重要原因是，高度缺乏具有“互联网＋”思维和创新能力的核心人才。

（五）政府制定政策的问题：政策的有效性不足

1. 优惠政策门槛过高、普及面不广

广州出台的各项相关政策优惠门槛过高，普及面不广。以《广州市人民政府办公厅关于促进广州市服务业新业态发展的若干措施》为例，其中规定互联网金融高管人员每月可报销1000元的住房补贴，但需要其法人机构具备年度利润总额达到或高于1000万元以上的条件。由此可见，政策门槛过高，没有惠及大众，严重阻碍了对互联网人才的吸引和保留。

2. 人才政策扶持力度不足、反应迟缓

为争夺“互联网+”领军人才，深圳率先全球揽才，专项实施了“孔雀计划”。计划规定符合条件的海外高素质“互联网+”人才可直接获得80~150万元的奖励补贴等。江浙企业一直致力于从北上广深挖掘中高端“互联网+”人才，开出的挖人条件更是颇具吸引力。虽然广州的引才待遇政策优厚，但程序烦琐，不便操作。例如，在广州领取住房补贴需要走很多程序，致使很多人放弃领取。此外，这类人才政策通常只有原则性的解释，缺乏可操作性细节说明，难以落地实施。

3. 政策制定没能贴近产业发展需求

在广州市各类人才政策中，多为引进省外和国外高素质人才的奖励政策，而缺乏针对本土“互联网+”人才的扶持政策。还有，政策对于“互联网+”还囿于电子商务的概念上，并未着眼于“互联网+”产业发展全局，也未对产业需求度和产业发展顺序进行有效区分。

三　2016年“互联网+”人才队伍建设发展趋势及对策建议

（一）2016年“互联网+”人才队伍建设发展趋势

1. 在国家层面：将积极利用全球资源建设实用复合型“互联网+”产业人才队伍

《国务院关于积极推进“互联网+”行动的指导意见》明确指出：加强应用能力培训、加快培育复合型人才、鼓励联合培养培训和利用全球智力资源。在加强应用能力培训方面强调，对原有产业人才进行“互联网+”深化培训；在加快复合型人才培养方面强调，现有高校需根据办学能力引进相关互联网领域高级人才作为兼职讲师，进行产学研结合设置相关专业，努力培养复合型高等人才；

在鼓励联合培养培训方面强调，高校、政府、企业要积极进行合作办学、办研究机构以及办实验实习中心；在利用全球智力资源方面强调，要积极利用全球人才资源，鼓励设置海外研发中心，设置多种优惠扶持政策引进特殊人才和紧缺人才。

2. 各标杆城市：将大手笔、强力度、高层次开发和引进“互联网+”人才

（1）北京将实施人才租赁引进制和人才积分落户制。2016 年北京将尽快落实高层次人才租赁制度和人才柔性引进机制。多元化的人才租赁和柔性引进方式，如项目合作式、兼职聘请式等，可更加合理地利用高层次人才资源。此外，北京于 2016 年 3 月实施高科技人才积分落户制，同时设立专项资金扶持“互联网+”产业人才培养。

（2）上海将高起点、强力度培养和引进“互联网+”产业人才。上海高度重视“互联网+”产业发展，紧紧抓住三点开展“互联网+”产业人才建设，即颁布“杨浦 9 条”、建设学城融合圈、推行“千人引才计划”。其中，上海颁布的“杨浦 9 条”规定，每年将投入超过 3000 万元的资金用于建设“互联网+”教育产业载体和平台。此外，上海市已建成大学校区、公共社区、科技园区融合联动发展的大学圈，将加速各“互联网+”产业科技园的知识溢出，“互联网+”产业人才培养效果也将愈加明显。另外，上海市嘉定区启动了“千人引才计划”，将投 3 亿元引进海内外高层次人才，人才引进计划聚焦在“互联网+”的几个相关产业，如软件及信息服务、文化创意等。

（3）深圳将点面结合培养“互联网+”人才。从点上来看，深圳重视对个体优秀青年人才的培养。2015 年 11 月公布了《深圳青年创新创业人才选拔扶持实施方案》，首创“举荐制”遴选扶持青年后备人才，其中“互联网+”相关产业作为战略性产业先行先试。从面上来看，深圳依托政策和产业两大平台优势继续加大“互联网+”人才的培养力度。深圳市每年集中 5 亿元发展互联网相关产业，以及用于产业链关键环节的人才培养和技术攻坚等。另外，深圳将着力建设鹏城软件园 IT 人才网，目标是与国家示范性软件学院及高校结盟，投建“互联网+”产学研中心，为软件园内企业培养复合型 IT 技能人才。

（4）杭州政策发力吸引高端“互联网+”产业人才。2015 年杭州实施了“人才新政 27 条”，按照技能水平和业绩贡献重点引进培养五大类高层次人才。自新政实施以来，已吸引了 200 万人才入杭工作，极大地促进了杭州市

“互联网+”产业发展。此外，杭州快速响应“互联网+”行动计划，在“521”全球引才计划中明确了引进“互联网+”、云计算、大数据人才的相关目标及任务。

（二）2016年广州市“互联网+”人才队伍建设对策建议

就广州而言，能否持续推动“互联网+”产业的发展，能否建设一批“互联网+”产业发展的人才队伍，是广州市亟待研究解决的重要课题。基于广州市“互联网+”产业人才建设现状及存在的问题，并充分考虑未来发展趋势，围绕政府政策、行业企业、高校以及市场机构等四个层面提出如下建议。

1. 政府制定人才政策要“适”+“实”

人才政策的制定既要适配广州的国际地位，又要适配广州的“互联网+”产业发展需求，还要能够接地气，实用有效。具体针对广州市优惠政策门槛太高、普及面不广，政策扶持力度不足、政策反应偏慢，政策制定没能贴近产业发展需求等问题，提出以下三点对策建议。

（1）“互联网+”引人育人政策要“顶天立地”。政策制定要立足广州市当前需要，培育和引进全国乃至国际顶尖级的“互联网+”人才。在人才培育方面，政府要紧紧围绕“互联网+”顶尖产业人才的“跨学科、创新创业和个性化”三个典型特征制定引导政策，形成以高校为主体，由行业指导、企业参与的创新体系，不断完善和提升办学体制。其中，政府的“互联网+”人才培育引导主要以项目奖励为主，加大“互联网+”办学体制改革和产学研合作的补助力度；在人才引进方面，广州市政府需结合全市的“互联网+”产业发展路线图，考虑市内大中型“互联网+”企业的目前急需，制定“互联网+”高端人才引进清单。可由市政府出面集体组织赴国际上开展大型“互联网+”人才招聘会，并根据不同的引人需要制订个性化的高端人才引进方案，为顶尖级人才配套顶尖级的奖励政策，努力将广州打造成国际“互联网+”产业人才吸引和集聚的高地。

（2）“互联网+”人才激励扶持政策要“铺天盖地”。在资源条件允许的前提下，政策制定要在较大的层面上普惠“互联网+”产业人才。目前，我国“互联网+”行动计划处于初始阶段，各城际之间的人才争夺尤为激烈。

因此，首先，广州市可以加大“互联网+”人才的激励扶持覆盖面，吸引和保留更多优秀的人才来穗工作和发展。其次，降低政策的优惠门槛惠及更多的大众人才，如可考虑降低住房补贴的门槛，还可对优秀或在某些领域有突出贡献的互联网技术人才进行额外奖励和补贴等。最后，政府要做好政策宣讲及政策优化工作。一是要进行广泛和深入的政策宣讲，让广大的“互联网+”人才全面了解和熟知各项相关政策内容；二是要虚心倾听政策反馈，并持续优化政策内容和履行程序，以便符合政策条件的人才能够快捷地得到奖励和补贴。

（3）“互联网+”人才政策要贴近产业发展需求。人才政策制定要紧紧立足广州市“互联网+”产业发展需要。首先，要分别深入“互联网+传统行业”和“互联网+新技术产业”，充分调研和认真倾听，根据两种不同“互联网+”产业发展路径对人才需求存在的差异性，出台既有区别性又有针对性的人才奖励扶持政策；其次，要立足服务广州建成一批移动互联网产业集群，将现有人才政策向移动互联网产业倾斜，撬动招才引智和人才培养培训工作，将广州建设成移动互联网人才会聚的高地；再次，要立足服务广州“十三五”规划打造“互联网+”创新产业集群，根据建设琶洲互联网创新集聚区的需要，制定定向人才奖励扶持政策。通过奖励扶持腾讯、阿里巴巴等互联网领军企业，发挥它们的引擎带动作用，加快促进“互联网+”产业链拓展延伸；最后，要出台政策尽快建立移动互联网专家队伍，支撑专业领域咨询、创新项目评估、培训授课等工作的开展。

2. 行业企业要做好人才的“引、育、留”工作

助推“互联网+”产业的发展，行业协会组织和个体企业需要共同营造优良的“引人、育人、留人和激励人”的软性环境和硬件环境。具体针对广州市“互联网+”人才对外吸引力不强且外流严重、企业培训成效不明显等问题，提出以下三点对策建议。

（1）“引”——优化创新环境吸引人才。“互联网+”企业的创新发展，需要政府的政策性扶持。还需要一个支持、鼓励、培育、服务、配套科技创新和管理的行业生态环境，这对增强“互联网+”人才的吸引力，形成广州对其他城市人才的虹吸效应尤为关键。首先，优化创新环境，行业组织和企业组织需各负其责。“互联网+”行业组织负责优化产业中观环境，创造极具竞争

力和集聚力的行业环境，优化环境：一是不断对外争取资源，向行业集聚创新要素；二是响应政府产业发展规划，推进“互联网 +”产业集群建设；三是鼓励异军突起，并支持骨干企业构建创新联盟。其次，“互联网 +”个体企业要负责不断优化自身企业微观环境，创造极具吸引力和创新力的企业环境，对此应做到以下几点：一是在条件允许的情况下，不断提升企业薪酬福利的竞争力；二是不断优化工作环境，营造浓厚的创新氛围与文化；三是任人唯贤，注重人文沟通和精神补偿。

（2）“育”——打造人才培育开放新格局。培养“互联网 +”人才，要首推“合作教育”模式。合作教育在培养技术应用型人才方面有着实用价值。推行合作教育，首先，要力主推行“互联网 +”产学研合作教育，即根据广州市“互联网 +”发展规划，优选具有优势的高校和科研院所与各互联网企业进行合作，推动资源共享，探索“互联网 +”人才合作培养新机制。其次，要强化校企联盟教育，积极探索行业共建办学、订单合作办学、校企联合办学等多种办学模式。校企联合办学可仿照阿里巴巴集团与杭州师范大学共建阿里巴巴商学院的模式。还可以仿照以赛促学的蓝桥杯全国软件大赛，尝试把企业需求和高校教育纳入一个大赛框架进行人才培养。

培养“互联网 +”人才，企业需练好内功兼而借力外部。企业内部培养的人才往往是最符合企业基本运作需要的。企业内部培养可采用多种方式，如由高层为员工进行经验传授，也可让员工在参与项目运作中进行学习，还可以采用工作轮岗的方式进行培训。企业员工外部培养往往是最能满足企业发展需求的。外部培养可采取多种途径，如可外派实习、短期外派培训、长期外派进修和国外留学等。

（3）“留”——强化激励沟通机制留住人才。在当前“互联网 +”产业人才激烈竞争的背景下，留才的难度丝毫不亚于引才。企业要强化激励沟通等软性机制，千方百计留住人才。留才可从以下几个方面入手。首先，描绘行业及公司美好的发展前景。向员工描述发展前景并许诺给予员工更好地发展机会，激发员工留存的意愿和工作热情。其次，对核心员工实施股权激励。无论公司上市与否，都可向公司核心员工赠予或售与股权，实现留才的“金手铐”效应。再次，优化办公环境。互联网行业的办公环境将愈加个性化，可综合考虑工作与休闲需要，将装修风格与功能分区趣味化，亦可配备游戏放松房和休息室等。最后，注重沟通和交流。以贴心的沟通和暖心的交流，营造良好的工作文化氛围，不断增强人才的归属感。

3. 高校的人才培养方案和培养方式要与时俱进

高校是开展人才培养活动的主体。地方本科高校培养应用型人才，正是近年来国家人才培养战略调整的重要举措，也是地方本科高校服务区域经济社会发展的有效手段和途径。针对广州市高校“互联网＋”产业人才培养的实用性不强问题，面向广州市地方本科高校提出以下两点改进建议。

（1）依据“互联网＋”产业发展规划调整优化人才培养方案。“互联网＋”行业更迭周期短、频率快，对人才的需求也是日新月异，这对地方高校的人才培养提出了与时俱进的新要求。首先，在调整优化人才培养方案时，要加强市场的力量并给予充分体现。地方高校可“兼听八方”，如吸引广州市的相关行业协会、企业和智库参与制定学生培养方案和专业目录等。其次，进行“互联网＋”人才培养方案设计时，要充分体现学科专业与课程体系的跨界融合。依据“互联网＋”的跨学科特性，广州市地方高校的“互联网＋”人才培养方案应积极倡导建成一个以理、工、文和管等基础学科为支撑的、以信息学科为引领的、多学科有机融合的学科生态群。

（2）依据“互联网＋”产业人才特点调整优化人才培养方式。“互联网＋”产业人才具有跨学科、创新性、个性化的显著特点。广州市地方高校可依据上述特点，大胆地进行人才培养方式的改革和创新。首先，积极配合“互联网＋”行业协会和企业，推动资源共享，开展“产、学、研”式合作办学，积极探索创新型“互联网＋”人才培养新模式。其次，主动遴选各类优质企业，开展“校企联盟”式合作办学，积极探索实用技能型“互联网＋”人才培养新模式。再次，将“走出去”与“请进来”相结合。“走出去”即深入“互联网＋”企业进行调研，了解企业普遍性需求，及时调整优化人才培养方式；“请进来”即聘请企业经验丰富的技术工程师到高校为学生上实操类专业课，力求做到校内理论教育与校外实践教育有机结合。最后，积极推行在线教育。响应政府号召，贯彻落实在线教育平台建设。高校应加快落实广州市教育大数据库建设，让社会共享优秀教学资源。一方面，建议高校开展“互联网＋”网络精品课程教学，让学生能利用课余时间有选择地学习自己感兴趣或者有需要的互联网相关课程。另一方面，高校也可以把优质“互联网＋”公开课等上网对外公开，供有进修意愿的社会人士在线学习。

4. 培训与中介机构要发挥好人才队伍建设中的桥梁纽带作用

社会培训机构和人才中介机构在人才队伍建设中起着桥梁纽带的作用，在人才市场体系中扮演较为关键性的角色。针对广州市一些机构目光短视、功利性偏重的问题，提出以下两点对策建议。

（1）培训机构要进一步提升人才培育的市场导向功能。首先，培训机构的培训业务要紧跟市场需求进行调整。在数量层面上，为弥补目前广州市高校“互联网＋”技能人才培养供给不足的困境，培训机构可以适时地快速响应，扩大“互联网＋”人才培养数量规模。在质量层面上，为弥补市场培训机构自身难以培养高层次创新型人才的缺憾，各培训机构应主动与高校和企业等合作，聘请高校教授和企业资深工程师对学员进行传授和辅导。其次，充分发挥在线教育在平衡教学资源分配中的作用。顺应时代需求，在线教育应运而生。市场培训机构可尝试大力推广在线教育，在契合“互联网＋”产业需求的基础上，进一步创新人才培养方式。

（2）人才中介机构要充当企业猎聘人才的“顺风耳”和“千里眼”。首先，各人才中介机构要促进广州市的“互联网＋”人才资源在行业间和企业间的合理流动，提高人才市场配置效益，达到人尽其才的效果。其次，协助广州市“互联网＋”企业对广州市外的高级人才猎聘，充当好企业猎聘人才的“顺风耳”和“千里眼”，为广州市对外引进“互联网＋”高级人才添砖加瓦。

参考文献

郭杨、李秦：《“互联网＋”产业人才培养研究》，《计算机教育》2015 年第 17 期。

贾树文、杨婷婷：《“互联网＋”时代应用型人才培养模式探索》，《产业与科技论坛》2015 年第 14 期。

孙从众：《“互联网＋”背景下高职院校跨境电商人才“三位一体”培养模式探索》，《产业与科技论坛》2015 年第 6 期。

猎聘网：《广州互联网紧缺人才报告：互联网 TSI 远高出其他行业》，中国网·科学频道，2015 年 12 月 7 日。

何姗、莫冠婷、陈庆麟：《移动互联网创业，广州被边缘化了吗?》，《新快报》2015

年7月21日。

猎聘网：《2015互联网中高端人才生态报告》，南方企业新闻网，2015年7月20日。

e成招聘大数据：《2015年互联网行业人才招聘数据报告》，百度文库，2016年1月6日。

宋德林：《全民网校：百度传课后起之秀，AI零基础课程入围年度好课》，北青网，2016年1月27日。

艾媒咨询：《2015年中国“互联网+”教育研究报告》，艾媒网，2015年9月16日。

陈学津：《百度传课丰富网络课程资源　用户群覆盖广泛赢好评》，中国网·生活消费，2016年1月28日。

薛松：《“互联网+”利好未来5年相关人才缺口将达千万》，《广州日报》2015年3月31日。

《国务院关于积极推进“互联网+”行动的指导意见》，2015。

教育部：《高等职业教育创新发展行动计划（2015~2018年）》，2015。

《北京电商人才培训基地正式启动》，千龙网，2012年5月6日。

赵鹏：《京津冀尽快建人才租赁制》，《京华时报》2016年1月21日。

彭小菲：《高科技人才积分制预计3月出台》，《北京青年报》2016年1月25日。

段留芳：《上海发布国内首个互联网教育政策：杨浦九条》，《北京商报》2014年9月29日。

《杨浦区全面建成“国家创新型试点城区”》，《解放日报》2016年1月19日。

谈燕：《嘉定拟5年投3亿引千名高才》，《解放日报》2011年11月22日。

李昊宸：《聚焦“互联网+”时代人才培训》，《深圳晚报》2015年7月1日。

杭州市人力资源和社会保障局：《杭州出台全球引才“521”计划》，《杭州日报》2010年10月27日。

B.22
关于提高公民知识产权素养促进创新型城市建设的对策研究

王晓先 *

摘　要：　作为广东省的省会城市，广州市建设成创新型城市是重要的发展目标，公民的知识产权素养对创新型城市的建设具有重要影响。课题组以三大类群体（企业界、在职 MBA、在校本硕连读生）为调研对象，归纳了广州市公民的知识产权素养现状，并提出了相应的对策建议。

关键词：　广州　公民知识产权素养　创新型城市

党的十八大报告明确提出我国要实施创新驱动发展的战略。中共广东省委十一届四次全会上，广东省委书记胡春华提出，以实施创新驱动发展战略为总抓手，推动经济结构调整和产业转型升级，是 2015 年和今后一个时期广东的重大战略任务。作为广东省的省会城市，广州市建设成创新型城市是重要的发展目标。创新的成果是知识产权，创新的主体是具有创新意识和技能的自然人。公民的知识产权素养对创新型城市的建设具有重要影响。

一　公民知识产权素养对建设创新型城市的影响

知识产权指自然人或法人对自然人通过智力劳动所创造的智力成果，依法确认并享有的权利。知识产权的归属有可能是非自然人，但知识产权的创造和

---

* 王晓先，广东工业大学政法学院法律系副教授，研究方向为知识产权法和 WTO。

创作一定只能是自然人。公民的知识产权素养直接影响到知识产权的质量和数量，进而影响到创新型城市的建设。

（一）创新型城市需要把知识产权作为经济发展的支柱

创新驱动发展已经被明确为国家经济发展的模式了，广州市 2015 年的目标，是建设成自主创新能力强、科技支撑引领作用突出、经济社会可持续发展水平高、区域辐射带动作用显著的国家创新型城市。创新型经济是判断创新型城市的重要指标，发展创新型经济，要求建设以科技创新为支撑的产业。其中，拥有知识产权的数量和质量，以及知识产权运用所带来的产值必定是最终的重要考核指标。

（二）公民知识产权素养是影响创新型城市建设的重要因素

创新型城市的建成需要依靠该城市中的每个具体的企业，因为知识产权要应用于产业中，知识产权的创新研发需要相当的投入。正因为如此，在《国家知识产权发展纲要》中就明确了要“推动企业成为知识产权创造和运用的主体”“促进企业的知识产权创造和运用”。只有企业发展建立在创新的基础上，创新型城市才能真正建立起来。

创新是一种智力创造活动，最终需要通过具体的人来进行，企业中个体员工的创新能力直接影响到企业的创新成果。因此，创新型城市的建设，一定不能忽略普通市民的知识产权意识的觉醒和创新技能的提升。

二　广州市公民知识产权素养的现状调查

知识产权是一种法律以强制性规范给予保护的财产，因其具有无形性的特点，对其正确把握和理解就存在一定的难度，能够有效地运用知识产权制度促进创新并保护创新成果就更不容易。课题组以三大类群体（企业界、在职 MBA、在校本硕连读生）为调研对象，从调研的数据分析，广州市公民的知识产权素养现状令人担忧。

（一）问卷基本情况介绍

总问卷数 145 份，其中企业用卷 50 份，在职 MBA 用卷 27 份，在校本硕连读生用卷68份。

关于知识产权给公司带来收益问题的调研，知识产权给公司带来的收益普遍是非常低的（见表1），这与知识产权难以产生良好的市场营运价值有关。

表1　认为知识产权给公司带来收益的情况

单位：%

调研对象	很大	一般	没有	不清楚
企业界	30	40	14	16
在职 MBA	25.93	33.33	7.41	33.33

在关于通过研发知识产权来发展自己企业问题的回答中，如果说在职MBA和在校本硕连读生的数据还算正常的话，那么企业界的回答就非常不正常了，全部不选的居然达到36%（见表2），可见在企业界中根本不认为知识产权是值得用来发展企业的因素。

表2　会不会选择通过研发知识产权来发展自己的企业

单位：%

调研对象	一定会	可能会	不一定会	不知道	不选
企业界	12	16	18	18	36
在职 MBA	18.52	40.74	18.52	22.22	0
在校本硕连读生	11.76	54.41	26.47	7.35	0

在职MBA也是来自企业的，基本上都是企业的业务骨干，然而，这些学历高的业务骨干自身没有任何知识产权的比例惊人（见表3）。

表3　本人拥有知识产权的状况

单位：%

调研对象	有	没有	不选
企业界	14	82	4
在职 MBA	14.81	81.48	3.70

企业界的调研对象的选择特别令人担忧，为了自主创业而申请专利的仅仅占26%，只有1/4多一点（见表4）。特别需要指出的是，本问题是多项选择，

如果是单项选择的话，比例会更低。被调研对象更倾向于为获得课题项目而申请专利，原因在于拿到课题所获得的经费比申请专利的回报率更高也更快。

表4 本人申请专利的动因（多选）

单位：%

调研对象	评定职称	申请项目	自主创业	其他
企业界	18	38	26	22
在职 MBA	14.81	25.93	44.44	14.81

企业申请专利的动因也是多选题，企业申请专利，不但是为了发展自己，也有其他目的。值得注意的是，申请专利并非为了发展自己企业的选项占到了44%（见表5），这其中有的是为了对外宣传的面子好看，有的是为了申请到一些政府的减免政策，或者为了去拿政府的补贴。

表5 企业申请专利的动因（多选）

单位：%

调研对象	发展壮大自己	拿政府补贴	方便对外宣传	可申请一些减免
企业界	66	12	26	14
在职 MBA	74.07	3.7	18.52	7.41

在公司（导师）要求员工（学生）申请专利的问题上，持否定态度的在在职 MBA 和在校本硕连读生那里达到69%以上，在企业界也达到46%（见表6）。接受调研的三类人群，基本都具有较高的文化学历，是参与企业创新的主力，上面的问题3（本人拥有知识产权的状况）与问题6的数据是相呼应的，公司（导师）没有要求员工（学生）申请专利，员工（学生）自己也没有意识去主动参与发明创新活动的话，个人没有任何的知识产权，那就是非常正常的了。

表6 公司（导师）是否要求员工（学生）申请专利

单位：%

调研对象	很重视	提过	没有要求
企业界	20	34	46
在职 MBA	3.7	11.11	85.19
在校本硕连读生	5.88	25	69.12

（二）问卷调查基本结论

通过对调查问卷6个问题的汇总，可以得出广州市公民知识产权素养的现状非常不乐观的结论。

1. 企业骨干知识产权意识严重欠缺

本次问卷调查的企业界人员都是参加广州市知识产权相关培训的业务骨干，来自制造业的占42%，来自服务业的占14%；其中博士占14%，硕士占28%，本科占42%；工科类占40%，管理类占20%。在职MBA和在校本硕连读生的学科背景主要是工科类。

专利权是知识产权中的重要组成部分，是技术方案的发明，工科背景的高学历人才应该是技术研发的主力，也是专利申请的主要群体。但从调查问卷的数据看，被调查人员的技术研发和专利申请意识非常差，没有知识产权成果的竟高达80%以上。

2. 知识产权并没有成为企业发展的支柱

创新驱动发展的目标模式，要的就是知识产权能成为企业发展的产业支柱，知识产权给企业发展不但会带来可观的利润，还能保证企业的可持续发展。但是，只有不到30%的被调查者认为知识产权给公司带来的收益很大，认为“不清楚”和“没有”的占到了30%以上。可见，知识产权并没有成为促进企业发展的重要因素。

在问到“是否会选择通过研发知识产权来发展自己的企业”时，企业界的被调查者有36%的人选择了弃答。选择“一定会”和“可能会”的只占28%。说明来自企业界的被调研者根本看不到知识产权与企业发展之间会有什么密切的关系。

3. 企业研发知识产权存在用途“不正”的情形

知识产权，尤其是其中的专利，因为具有技术含量，普遍被企业看成是一件能让公司脸面更好看的装饰。这种倾向在本次调查问卷中得到了证实。在问题“企业申请专利的动因”中，企业界被调研者认为企业申请专利是为了“方便对外宣传”占到26%，有利于“拿政府补贴”占到12%，“可申请一些减免”占到14%。

同样在问到“本人申请专利的动因”，企业界被调研者选择“自主创业”

的只占26%，选择“申请项目”需要的达到38%，选择“评定职称”需要的占到18%。可见，申请专利在相当程度上并没有注重专利在产业上的应用。这也就是为什么我们国家“睡眠专利”多的原因之一。

三　提高公民知识产权素养，促进创新型城市建设的对策

创新的核心是取得和运用知识产权，创新驱动发展意味着知识产权是发展的原动力。知识产权是人的智力成果，因此自然人才能成为创新的主体，只有提升了自然人的知识产权意识和创新的技能，才能促进创新型国家的建设。

（一）政府政策应引导企业注重知识产权应用

在当前政府颁布的相关政策中，以资助专利申请和授权及评奖的为多，其中存在“重数量和证书，轻实效”的现象，专利权证书往往被用来作为获得项目和优惠的工具。

比如，根据《广州市高新技术企业认定办法》（以下简称《办法》），企业一旦被认定为“高新技术企业”，将每年可以减免10%的企业所得税，这个减税的优惠吸引着企业踊跃参评。该《办法》是1999年6月1日生效的，至今仍然在指导着“高新技术企业”的评选工作，其中第三章“高新技术企业申报及认定程序”中的第十二条对高新技术企业的认定要求提供的材料第5项为“产品或技术鉴定证书、专利证书、产品质量检验报告等”，即对企业的知识产权要求仅仅是专利证书。这样的规定在科技部、财政部、国家税务总局《关于印发〈高新技术企业认定管理办法〉的通知》（以下简称《通知》）中也同样存在。该《通知》的第十一条“高新技术企业认定的程序”要求提交的申请材料的第3项是“知识产权证书”。

专利权制度在知识产权制度中有着非常特殊的要求，即必须要按时缴交年费才能维系专利的法律保护。但是在政府颁布的认定高新技术企业的文件中，都没有看见有对“专利年费缴交凭证”的要求。也就是说，只要有专利证书就满足了认定中对知识产权的要求。至于这个专利权是否仍然在法律保护的有效期内，是否被企业用于生产，都不在认定的审查范围内。这样的政策要求给

予企业的暗示和引导，就是只要企业获得过专利的授权，不管该专利权是否仍然还在法律保护范围内，不管该专利是否真的给企业的发展带来实效，都可以申请高新技术企业的认定。特别是实用新型专利和外观设计专利都是不用进入实质审查就可以授权，面对现行法律严格的“新颖性”标准，授权后“被无效”也是很常见的事情。因此，仅仅凭专利证书就满足高新企业认定条件，这完全不能起到引导企业注重知识产权产业化的作用。

《广州市资助专利申请暂行办法》（2015 年 1 月 1 日起暂停实行）第五条：“申请专利按以下标准资助”，其中第 1 项“申请国内发明专利，申请费资助 1000 元/件，审查费资助 2500 元/件，获得授权后资助 4200 元/件。”第 4 项：“申请 PCT，单位申请的资助 10000 元/件，个人申请的资助 5000 元/件。”在发明专利申请中存在“未授权先公开”的程序设置，而且在实质审查中还有可能被驳回。申请 PCT 的，要求先在国家专利局完成新颖性检索，之后有长达 30 个月的时间让申请人决定是否要进入外国具体的国家的专利申请程序，这也必然存在着中断申请程序的现象。所以，在没有授权前政府就开始资助，有可能资助的经费全部被浪费，起不到钱要用在刀刃上的作用。

政府制定的专利资助和认定高新技术企业的政策，一定要能达到对企业有正确引导的作用，即要引导企业真正把专利技术在产业中用起来，提升专利对企业发展的贡献率。2015～2019 年，广州市将投入 4 亿元支持专利工作，政府应该通过制定推动专利产业化的政策导向，让本市的企业真正能为把广州建成创新型城市做贡献。

（二）政府应加强对社会公众进行知识产权培训的工作

知识产权是一种智力创造成果，但智力成果并不都是知识产权，这点与一般民众的常识性判断是不相符的。因此，要通过相应的培训来提高公民的知识产权意识。

从对单位提供的获取知识产权知识和技能的途径满意度结果看，对单位提供的知识产权培训满意度普遍低，满意度最高的企业界只有 34%，在学历普遍更高的在职 MBA 和在校本硕连读生中，满意度平均不超过 13%（见表 7）。

表 7　对单位提供的获取知识产权知识和技能的途径满意度（多选）

单位：%

调研对象	满意	不满意	无所谓
企业界	34	46	20
在职 MBA	11. 11	44. 44	40. 74
在校本硕连读生	14. 71	73. 53	10. 29

从知识产权知识的来源看，企业界的知识产权知识主要来自社会培训和公司培训；而在职 MBA 和在校本硕连读生的知识产权知识则主要来自学校的课堂讲授和媒体介绍，主要来自于课堂讲授，因为他们还在学校里学习（见表 8）。由此可见，对公民的知识产权知识的培训应着重于两头，一头是学校，一头是社会。对在校学生的培训主要由学校负责，对社会公众的培训应该由政府来承担。

表 8　知识产权知识的来源（多选）

单位：%

被调研对象	课堂讲授	社会培训	媒体介绍	公司培训
企业界	28	50	20	34
在职 MBA	51. 85	7. 41	33. 33	14. 81
在校本硕连读生	64. 71	4. 41	27. 94	0

目前，政府对社会公众的知识产权培训主要是通过知识产权局的信息中心进行的，每年有 2～3 期，但这是远远不够的。政府应该加大其对社会公众的培训力度，要求相关职能部门为社会公众提供更多的培训机会。

（三）企业应重视提升知识产权的运营能力

在《广州市建设国家创新型城市试点工作实施方案》中，明确指出了广州市自主创新能力存在的薄弱环节，其中两点与企业相关。一是企业没有能够成为自主创新的主体，二是具有带动作用的龙头企业较少。企业拖广州市自主创新能力后腿的原因，就在于企业根本没有在知识产权创新和营运中尝到甜头。

企业知识产权营运能力的提升，首先取决于其对知识产权知识的掌握，政府政策的引导也同样重要。政府在高新技术企业认定和优秀专利评选政策中，应注重企业运营知识产权能力的考核。先由外部的引导，迫使企业向提升运营能力方向发展。在营运中，企业自然就会尝到知识产权给企业发展带来的甜头，这必将促进企业重视知识产权的研发和运营。

企业是市场主体，企业有了活力和可持续性的发展，市场才能良性发展。《国家知识产权战略纲要》中明确指出，企业的知识产权创造、运用、保护、管理水平提高是实施国家知识产权战略的关键。企业的知识产权运营能力增强了，知识产权才能转化为生产力，才能够让创新型城市真正建成。

（四）学校必须重视知识产权意识

在校大学生是知识产权的后备主力军，其知识产权的意识和技能决定着其所在城市将来的创新层次和高度。但是，目前高校的知识产权课程是非常匮乏的，这里既有师资不够的原因，也有学校不够重视的原因，课题组认为后者是主要的原因。师资不够可以引进和培养，但是学校不重视的话，就算有师资也是难以发挥作用。

政府应该对学校普及知识产权增加硬性的指标，要求知识产权要“三进”，即进各个学科和专业的培养方案、进课堂、进学生头脑。目前，广州市的两所工科高等院校：华南理工大学和广东工业大学，工科背景决定了其培养的学生是申请专利的主力。华南理工大学的做法是每个学院分派一个法学老师负责该院的知识产权课程的讲授。广东工业大学将知识产权类课程作为全校公共选修课开设，学校对各学科和各专业的培养方案并没有包含知识产权的硬性要求。但是课程对学生知识产权意识和知识的培养，效果还是显而易见的（见表9）。

表9　在校本硕连读生学习知识产权课程前后对专利的认识

单位：%

学习课程前	很神秘	不敢奢望自己有资格申请	只要研发就能申请
	23.53	20.59	57.35
学习课程后	很难申请	申请专利并不是那么难	自己有信心申请专利
	13.24	64.71	20.59

从表9的数据可以看出，学生学习了知识产权的相关课程后，“不敢奢望自己有申请”专利的资格和感觉专利“很神秘”的人数大大下降，仍然认为专利很难申请的比例从44.12%（“很神秘”和“不敢奢望自己有资格申请”）下降到了13.24%。可见，学校授课对提升学生的知识产权意识和知识有着不可替代的重要作用。

工科高等学校的老师也是创新研发的重要群体，但目前工科高校教师对专利的需求也仅仅停留在申报职称和申请项目的需要上，专利转化为生产力仍然是一个难以突破的难题。学校的专利没有发挥其促进发展的作用，学校自然也就难以认识到知识产权的重要。因此，在申报职称和申请项目中应该增加评估专利运用效率的指标。

（五）公民注重增强创新知识产权的技能

自然人是创新的主体，其知识产权素养是创新能力的基础。因此，公民知识产权素养的提升应围绕知识产权运用能力的增强来进行。指导公民掌握知识产权知识促进创新，才能使知识产权成为驱动建设创新型城市的内在动力。

如果知识产权创造的动力只能来自优惠政策（如减免税、奖励等）的刺激，那么知识产权创造的动力就很难持久。知识产权创造的动力一定要变“外力输血”为“自身造血”。提升公民知识产权素养来驱动知识产权创造，才是变“自身造血”为建设创新型城市内在动力的有效途径。

从提高广州市公民知识产权素养入手，才能夯实建设创新型城市的创新基础。创新型城市需要建立在企业的创新能力上，而企业的创新能力又必须要依靠企业里的每个有创新能力和技能的个体员工的创新动力和成果。公民知识产权素养的提高，必然激活全社会的知识产权创造能力，这符合建设创新型城市的特质要求。提升每个公民的知识产权素养，就增强了每个企业参与知识产权创造的能力，进而促进创新型城市的建设。

智慧城市篇

Smart City

B.23

广州智慧城市建设的现状和发展对策研究*

汪文姣**

摘　要：　2015 年是“智慧广州”建设的收官之年，广州市从信息基础设施建设、智能化社会管理和服务应用、智慧型产业发展、信息技术发展和市民信息技术应用等方面积极构建“智慧广州”。本文通过梳理 2015 年“智慧广州”建设取得的成就和不足，深入剖析现有问题产生的原因，通过对国内外智慧城市建设先进经验的借鉴，对进一步推进广州市智慧城市建设提出了相关的建议。

关键词：　智慧广州　大数据挖掘　智慧政府　智慧应用

* 本研究报告系广东省教育厅广州学协同创新发展中心、广州市教育局广州学协同创新重大项目的研究成果；广东省高校人文社会科学重点研究基地广州大学广州发展研究院的研究成果。

** 汪文姣，广州大学广州发展研究院助理研究员，博士，研究方向为城市和区域发展。

"智慧广州"建设提出之初，广州便提出了"至2015年，初步建成信息网络广泛覆盖、智能经济高端发展、智能技术高度集中、智能服务高效便民的智慧城市运行体系"的发展目标，并且强调指出"智慧广州"建设任务要紧密围绕"信息基础设施建设、智慧型产业发展、智能化社会管理和服务应用、信息技术发展和市民信息技术应用"开展。2015年是广州"智慧城市"建设的收官之年，这一年，广州市积极作为，取得了一系列显著成就，已有部分达到了"智慧广州"的建设目标。但是，在信息建设、网络技术和社会参与方面，广州依然呈现出"智有余而慧不足"的局面。

一 2015年广州市"智慧城市"建设取得的成就

（一）信息基础设施建设纵深发展

1. 实现4G网络全覆盖，网络优化治理提速

2015年，广州市进一步加强了信息基础设施建设，集中推进4G网络的全城覆盖。据统计，截至2015年底，广州市城区的4G基站累计达到1.8万个。其中，广州地铁8条线路、151座车站均已连接了移动4G网络信号，总里程达235公里，4G网络在广州市城区内基本实现了全覆盖。除中心城区外，在人流密度较大、人员密集的城中村及居民小区，移动网络建设也从广度向深度拓展。目前，广州275个城中村都已完成室外覆盖，网络优化任务也开始逐村启动，2015年以来已累计完成近90个城中村的网络整治，城中村的4G日均流量提升近五成，城中村4G覆盖已从"覆盖到"全面转向"覆盖优"。

2. 创新光纤网络建设，试点模式成效显著

在城中村面临光纤入户的问题上，广州市加大了解决力度。具体而言，广州市基于各区、街道和城中村"三线"整治工作的实际经验，按照电信运营企业、村社自建或第三方投资建设等方式，严格遵循"先建后剪"的原则，加速推进光纤网络建设。同时，广州市通过在天河区车陂村和棠东村的试点，总结归纳出可复制可推广、效益高成本低的"城中村"宽带网络建设模式，并取得了明显的成效。试点成果表明，经过整治后，车陂村光纤建设和网速均得到质的飞跃和提升，其中光纤入户率从不足10%提升到90%，覆盖率高达

100%，网速也一跃上升为100兆，远高于过去的2兆速度。

3. 引导落实政府财政支持，推进公共领域宽带网络建设

在切实改善网络基础设施环境上，广州市政府在财政支持上持续“放大招”。2015年11月16日，广州市政府常务会议审议并通过的《广州市信息基础设施建设实施方案》提出，2015～2017年，广州市区财政将通力合作，计划投入2.0745亿元用于全市的信息基础设施建设和自然村的光纤网络建设，使1243个自然村均实现光纤网络覆盖。此外，通过奖励的形式激发光纤到户改造和长效维护机制的建立，保证按时按质完成。此外，全力支持全市的信息基础设施建设，着力解决1243个自然村中20户以上的光纤网络建设难问题，对于2016年底按时完成光纤到户改造并建立长效维护机制的城中村予以奖励。《广州市信息基础设施建设实施方案》还对公共领域宽带网络建设、基础配套、无线局域网等方面加大了支持力度，进一步强调和突出公共场所宽带网络的开放和建设。

（二）信息技术发展助推智能化社会管理

1. 数字地理空间框架搭建完成，“智慧广州”便民服务程度提升

2015年，广州市大力发展信息技术，为“智慧广州”建设提速提供强有力的技术支撑，尤其是有力推动了社会管理的智能化进程，不断提升广州市政府部门的便民程度。2015年，广州市信息技术发展的首个亮点当数“数字地理空间框架”搭建完成，并且已经完成了5个政务示范应用，为市民提供医疗卫生、城市交通、公共安全等定点信息，并与20多个市政府部门建立了共建共享战略合作关系，为近30个市政府部门提供了全面的地理信息空间服务。[①] 例如，广州市公安局根据“数字地理空间框架”提供的信息构建了“警用地理信息基础平台”（简称PGIS），实现了业务部门数据的整合共享，并以可视化的方式为指挥调度和决策提供支撑，极大提升了案件侦破效率。

2. “智慧式”推进“多规合一”，社会治理深度融合

广州在“三规合一”的基础上，以“智慧式”推进“多规合一”，在基础规划的基础上进一步实现“智慧规划”和“大数据规划”。广州市不断摒

---

① 数据来源于广州市国土资源和规划委员会。

弃各自为政的落后管理方式，用“一张图”实现全盘掌控，以实现科学高效的民生管理和民生服务。同时，加强对规划效果的评估，实施透明的评价，综合运用信息共享达到互联互通，深入挖掘规划内涵，加强决策支撑。不断丰富和完善信息数据库，采用互联网规划信息挖掘、行政审批信息、物联网感知城市信息采集、城市综合管理、流动人口移动信息收集的多种方式，将大数据技术融合运用于规划和决策管理中，更好地为“智慧广州”建设服务。此外，广州智慧城市建设和新型城镇化相结合，共同构建社会治理创新平台，通过搭建信息平台来实现资源共享，打破“九龙治水”的社会管理僵局。具体而言，广州市将“云加端”模式融入社区网格化管理，突破了传统基于流程业务协作的时空限制，实现随时随地的智慧城市管理协作。此外，广州市利用互联网技术，带动实现信息化、智慧城市与新型城镇化发展的深度融合。

（三）多项首创型民生类智慧应用落地广州

智慧应用的开发是“智慧广州”建设连接民生领域最直接的体现。2015年，5项首创型民生类智慧应用落地广州，在智慧应用普及中领跑全国。在政务服务领域，广州是全国首个尝鲜“城市服务”微信的“智慧城市”，各个政务机构都把微信作为连接市民的纽带。2015年，广州一改过去分散的公众账号模式，把众多公众账号集中在“城市服务”入口中，涵盖交通出行、医疗卫生、出入境、生活缴费、便民服务、教育和住房公积金等16项民生服务，为广州市民提供“智慧民生”便利。在便民服务领域，广州地铁推出基于“微信+iBeacon技术”的地铁咨询“一路摇”服务APP；建设银行广东省分行倾情打造的“智慧银行”网点也在广州开业，通过智能化设备解决超过50%的业务。同时，集诊疗、服务和配送三个创新于一体的全国首个“智慧药房”也在广州开始试运行。在社区服务领域，智慧社区是城市智慧和社区管理服务有效的融合点，也是智慧城市广州和服务的载体，是“智慧广州”建设中不可或缺的部分。2015年1月，首个微信智慧社区落地广州南国奥园，在微信智慧社区中，物业公司依托微信公众平台，汇聚五大服务模块，涉及收费、物业通知等多个方面，大量节省了人力物力，并提升了社区服务质量。更重要的是，智慧社区管理是物业管理2.0时代的具体体现，通过引入“互联网+”技术，统筹社区周边商家管理，拓展服务半径，提升服务质量，开创全新物业服务赢利思路和赢利模式。

（四）智慧产业集群化发展，互联网企业遍地开花

1. 智慧产业重塑天河经济新格局

作为广州市智慧产业建设的重点区域，天河区积极抢占智慧城市的建设契机，加速培育作为智慧产业发展引擎的移动互联网行业。据统计，截至2015年，天河区拥有近千家移动互联网企业，其中有52家年产值上亿元，并且本土企业得到了蓬勃发展，在全国乃至全球占据了行业领导地位，涵盖了信息安全领域（优逸科技和蓝盾信息）、移动平台（阿里UC）、移动电子商务（柚子舍等）、云计算以及大数据关键技术领域（云宏信息）等。此外，天河科技园也是互联网产业的高度集群区，通过大数据手段发展网络应用、电子商务和展览会议等，形成多位一体的产业发展格局。通过产业集群化发展，天河区以高标准严要求重新布局智慧产业发展体系，建成了多重公共服务平台（浪潮广东大数据研究院、云宏云计算公共服务平台）以及“新三板”孵化基地，致力于培育高新技术企业的创新发展潜力，形成智慧产业链，并完善产业扶持政策以激发创新，吸引资本，形成集聚、创新和集群三足鼎立的智慧产业发展格局。

2. 番禺全面实施星海通协同创新行动计划

作为协同创新行动的重要载体和平台，番禺在2015年持续发力，加大智慧产业集群的发展，并全面实施星海通协同创新行动计划。依托以“云服务+民生卡+智能终端”为核心的星海通服务产品，番禺区加速产品研发，推进产业化进程。据统计，2015年，共有305家企业进驻星海通真品直销商城，同时旗下的123家协同创新产业联盟成员产值突破31亿元。在此基础上，番禺区继续发挥大学城的科研吸引能力，吸引高科技企业入驻，并将发展重心放在高端智能制造业核心技术的突破、新业态的转型和智能产品的推出，加大机器人的研发力度，进而带动上下游产业如软件开发、物联网、信息文化等智慧产业的发展，强化番禺区智慧产业集群。

3. 390亿元高精尖注资中新广州知识城

与天河智慧城、番禺星海通计划不同，中新广州知识城的发展重心不仅局限于区域内部的智慧产业发展，更将眼光投向国际合作，引领国际高端智能产

业合作。2015 年，中新广州知识城建设上升成为国家战略，并且吸引 390 亿元资金注入，同时开辟了中国和新加坡合作的 3.0 时代。据统计，2015 年中新广州知识城共引进 104 个注册项目，注册资本达 80 亿元，需用地的产业项目 58 个，投资总额高达 390 亿元。随着大批项目的落地，中新广州知识城预计年产值收入在 1400 亿元以上。此外，中新广州知识城通过和新加坡科技园的经验交流，确定发展总部经济和节能环保、文化创意、信息通信、新材料、科学教育和生物医药六大支柱产业。

二 2015年“智慧广州”存在的问题及原因

作为城市未来发展的蓝图，智慧城市建设一直受到广州市的广泛关注和大力推进，但是在此过程中也出现了“智有余而慧不足”的局面，存在大数据利用率低下、供求匹配不足、资源重复建设、社会参与不足等问题。“智慧广州”的建设已经“从激动转为沉重”“从激进转为反思”。结合 2015 年“智慧广州”的发展目标和建设现状，以下几大问题成为制约广州“智慧城市”建设提升的主要因素。

（一）“智慧广州”建设存在的问题

1. 大数据利用率低下

目前，广州市对大数据的运用依然不够重视，造成大量资源浪费。目前广州市各级政府共享 1000 多个信息数据库，并涵盖全市 80% 的社会信息，但是实际利用率极其低下。即便是连续四次蝉联世界 500 强第一名的天河二号超级计算机，目前也只有 40% 的利用率，且大多局限于计算功能，大数据应用尚未形成燎原之势。据了解，大数据利用和地方经济服务的脱节是目前广州智慧城市建设中面临的主要问题之一。此外，虽然天河二号的计算数据可获取，但申请“天河二号”数据资源的企业尤其是中小企业寥寥无几。除了数据利用不足外，广州市在数据资源整合也存在问题。虽然广州于 2015 年成立了大数据管理局，但仍在建设初期，大数据的处理应用尚未成为该部门的常态化工作，且各部门之间的配合度也有待提升。在数据共享上，“信息孤岛”现象依然存在。各级政府之间的数据共享程度低。

2. 广州无线网络（Wireless GZ）易断难联

虽然广州市大力推进公共网络覆盖，但是在 Wi-Fi 的建设过程中，重量不重质的现象普遍存在。从网速来看，目前广州市的 Wi-Fi 速度仅为 0.86M，落后于周边的深圳、佛山、珠海和惠州。从网络覆盖来看，广州市的 Wi-Fi 存在信号覆盖面积小、标志不清楚和重复建设等缺点，从公共场所免费 WLAN 布点区域的数量看，广州市约为 99 个，落后于周边的深圳和佛山。有的地方还存在多个 Wi-Fi 交叉的情况。广州政府免费 Wi-Fi 已推广 4 年，但是公众知晓度仍然不高。从网络连接来看，广州市多数地方难觅“Wireless GZ”踪影。据了解，越秀区的部分公园、医院和社区均无法搜索到政府免费 Wi-Fi 的信号，“Wireless GZ”形同虚设。在可连接区域，Wi-Fi 信号断断续续，且经常断开。目前，广州市仅有部分政务大厅的网络信号和网速与“智慧广州”匹配。此外，广州市免费 Wi-Fi 验证密码方式烦琐，公交车上的免费 Wi-Fi 均需先下载名为“VIFI”的应用程序后方可验证使用。

3. 光纤“最后一公里”仍未完全突破

广州市光纤改造和光纤入户的“最后一公里”突破仍然举步维艰，多数小区迟迟不能启动网络光纤化改造。据统计，截至 2015 年上半年，广州市约有 17% 的楼盘面临光纤无法进入的难题，在广州市城区范围内，经协商沟通后仍有 500 个小区和商业楼宇光纤无法进入，占全市小区总数的 5% 左右。此外，广州光纤宽带用户占比也只有 30% 左右，远远落后于上海（80%）。在新楼盘，地产商捆绑驻地网，住户无法自主选择运营商。若一味阻碍运营商进入，则小区和楼宇的用户无法享受光纤网络；单独设立门槛仅容一家独大，则严重损害了用户的利益，造成上网价格远高于市场价，用户无法进行自主选择。而且光纤套餐还具有地域限制性，无法根据用户的住址改变而随之迁移。此外，在城中村缺乏有效的物业管理和规划，通信运营商全盘垄断，强买强卖。

4. “智慧广州”社会参与不足

“智慧广州”建设依然存在“铺摊子、上项目、单打独斗、互不联通”的粗放发展模式，投资效能不足。“智慧广州”的建设也缺乏社会的广泛参与，虽然广州市于 2015 年成立了广州市智慧城市发展促进会，并且通过微信公众号予以推广，但是从建设内容来看，大多是对全国智慧城市建设大事件和智能设备发展趋势的转载，和“智慧广州”相关的建设研究内容很少。此外，“智慧广州”也缺少市民沟通参与，单纯依靠政府认定智慧城市建设项目，无形之中增加了广州市民对智慧城市建设的质疑。虽然部分企业有心参与“智慧广州”建设，但是由于缺乏有效的政企合作模式，使得许多企业依然对政府项目心存疑虑，普遍持观望态度，并未切身参与其中。

（二）“智慧广州”建设不足的原因剖析

1. 数据利用的门槛过高

目前广州市大数据挖掘和利用不足主要是费用门槛和保密因素的制约。其中，“天河二号”的计算数据费用门槛过高，限制了大数据的挖掘，不利于有需要的企业获取并且进行再加工。在资源组织上，信息化系统建设缺乏统一标准，严重制约了数据的有效利用。数据管理机构作用发挥不足也制约着广州市数据整合的进度。很多数据因为部门利益和“保密”等因素，设立了数据使用门槛，仅限于内部人员使用。这些因素都极大地制约了大数据的有效流动性，造成数据的浪费。

2. 政府 Wi-Fi 运营管理不足

广州免费 Wi-Fi 沦为鸡肋，核心技术是其中的一个因素，但是从整体看来，管理、运营方式存在问题才是造成“Wirless GZ”形同虚设的根本原因。对于免费 Wi-Fi，广州市只重视建设不重视运营和维护，同时忽略了宣传，推广力度不够。在 Wi-Fi 建设上，政府更多的是将其打造成为政绩形象工程，而缺乏民生视野的深入思考和投入，资金投入的不足也阻碍了政府免费 Wi-Fi 的优化布局和质量提升，重建设轻运营管理使得广州免费 Wi-Fi“食之无味，弃之可惜”。

3. 光纤入户存在多重“潜规则”

由于面临物业的高昂入场费、用户装修改造、小区宽带商入驻的排他性协议和局部垄断等多重“潜规则”问题，在“智慧广州”建设过程中光纤普及的进度停滞不前。在许多建设好的小区内，明线建设不利于社区美观，暗管尚未畅通无法进行铺设，入户安装则影响室内装修，多方利益难以协调。此外，光纤入户面临诸多名目的进场费用，乱收费的现象依然存在，使得光纤改造进度缓慢，而运营商为追求各自利益，各筑壁垒，形成垄断，导致用户、物业和运营商三方的利益失衡。此外，在实际操作中，光纤改造工作涉及多个部门的

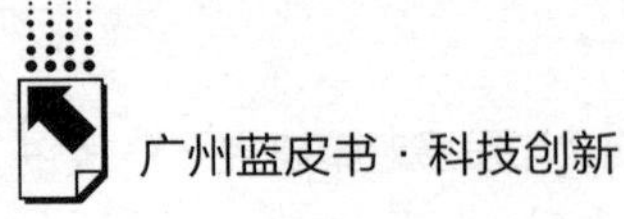

监管，流程审批复杂耗时，推进缓慢。

4. 政府职能定位不明

广州的智慧城市建设一直以政府推动为主，缺乏公众的参与。从“智慧广州”建设的过程来看，政府承担了过多职责，导致功能定位不明，在部分项目建设中心有余而力不足，导致“管得过宽，收效甚微”。从建设的资金投入来看，政府科研投入依然占据主导地位，地方财政负担过重，即使项目能够按期完成，但是缺少成熟的商业模式，后续维护尚未跟上，科研成果转化率低下，造成了巨大的资源浪费。在权责分配中，也缺乏合理的科学模式，权责不明，社会资本进入困难。

三　国内外“智慧城市”建设的经验借鉴

（一）公开部门数据，实现信息共享

在数据利用上，美国的迪比克、新加坡以及广东的佛山发展迅猛。美国的迪比克充分利用物联网技术，将城市所有资源用数字化技术加以整合链接，进而通过监测、分析和整合各种数据，运用智能化手段满足市民的需求。新加坡则加大了数据共享力度，公开了50多个部门拥有的5000多个数据集，同时加强电子政府建设，将政府、企业和市民共同纳入数据体系，坚持以市民为中心，鼓励公众参与，集思广益，拓宽智慧城市建设的智囊团队伍；此外，新加坡也将智慧城市建设成果应用于交通、医疗、教育和文化等多个领域，分别推出了电子道路收费系统、综合医疗信息平台、咨询通信学习共享平台、图书馆大数据架构等，通过云计算实时处理各个领域的不同需求，并提出行之有效的方案。佛山南海区也率先实现了数据公开和数据整合，依托2014年5月成立的数据统筹局，将分散数据集中，加强部门和系统对接，到2014年底平均每月实现跨部门数据交换600多次，交换总量达4000万条，统一为居民生活提供便利。

（二）“第三方模式”和“网业分离”解决光纤入户问题

在光纤网络建设问题上，上海和香港各出奇招，实现了“最后一公里”的突破。其中，上海市得益于市政府的大力支持和创新性的“第三方模式”。早在

建设初期，上海就注重多方利益的协调，各区政府、街道办和上海电信共同签订了合作协议，合力推进光纤改造升级，明晰了各方权责，并由物业公司直接和住户进行洽谈，加大光纤入户的宣传。在充分有效沟通的基础上，逐步推进施工进程，使得运营商能够集中精力进行网络建设，避免了由纠纷引发的项目建设停滞。通过强化和树立政府部门的公信力，缓解双方由于利益而引发的矛盾冲突。此外，上海首创网络入户运营模式，通过第三方专业机构统一承担通信配套的建设工作，并涵盖后续服务，探索用户驻地网络建设模式。香港利用“网业分离”，即通过宽带线路铺设与运营商的分离解决“最后一公里”问题。“网业分离”在企业层面上实现网络和业务的分离、物理网络和服务网络的分离。此外，充分的市场竞争也是香港宽带市场发展迅速的重要原因之一。

四　2015年继续推进广州市“智慧城市”建设的几点建议

（一）深度挖掘“数据”价值，突出“智慧政府”功能

1. 深入挖掘数据，实行政府智慧评价

从简单数据采集向深入数据挖掘发展。政府应全面感知市民的多样化需求，并在了解需求的基础上做出针对性响应，实现供需之间的良性互动，从而快速提高政府对“智慧生活”的全面感知。广州市应当充分利用大数据技术，将其运用于政策评价，对执行对象、过程、效果进行实时监控，并且对是否达到预期目标、社会反馈等进行系统的全面总结，评估政策效果，并做出适当的调整和修改。在智慧城市建设方面，发布《智慧城市发展水平评估报告》，运用大数据量化分析智慧城市建设效果。

2. 提升数据价值，加强政府智慧决策

从数据简单的统计分析向智能决策发展。广州市在推进“智慧城市”建设的过程中，要不断提高对原始数据的“加工能力”，通过有效“加工”，实现数据的“增值”和“高效利用”，引入“大数据”理念，对业务进行客观的分析评价，并且做好早期谋划和中后期调整，为“智慧广州”建设提供决策参考，科学合理地管理城市，推进城市智能化水平。大力推广“网络问政”，

实现决策过程的透明化，将互联网和物联网有效结合，实现决策者和执行者的时空互动，对重大事项进行智慧决策，提升政府决策的科学性和实操性。

3. 实现数据共享，创新政府智慧管理

从单纯系统建设向信息整合共享和深度应用发展，解决信息孤岛问题。推广应用物联网和云计算技术，促进广州市政府由划桨转为掌舵，放管结合、优化服务。依托现有的广州市民网页，用政务“云”提升政府服务和监管效率，实现由电子政务向电子公务的转变。逐步开放非涉密数据，实现广州市政府内部的信息数据共享，并扩展到公众应用，将“互联网＋”融入大数据技术，打造大数据生态，吸引社会公众智慧创新政府管理。

（二）清理僵尸 Wi-Fi，实现真正意义上的全覆盖

不能只注重量的提升，忽视质的建设。广州市政府一方面要加大政府免费 Wi-Fi 的宣传力度，增强政府免费 Wi-Fi 信息的覆盖面，提升网速，稳定信号，简化验证。切实方便市民利用免费 Wi-Fi 资源，使免费 Wi-Fi 资源利用实现最大化。另一方面加紧清理僵尸 Wi-Fi，实现资源整合。通过更详细的调查，加大清理空壳 Wi-Fi，把政府免费 Wi-Fi 与其他部门的免费 Wi-Fi 予以整合。强化现有的政府免费 Wi-Fi，同时积极将公共场所的其他 Wi-Fi 整合纳入，避免重复建设和浪费，实行统一规范管理。值得一提的是，广州市要明晰 Wi-Fi 标识，对政府免费 Wi-Fi 信号标识牌进行统一设计，形成鲜明的标识，注明责任人及联系电话和信号强弱等信息，方便市民识别和使用。同时，通过招标购买、补贴等政府购买方式，加大政府公共服务供给的转移，鼓励商业实体积极参与项目招标，政府跳出直接管理的模式，将重心转移到监督和验收程序中，保障后续服务。

（三）鼓励社会参与，共同塑造“智慧广州”

广州市要一改过去过度依赖政府推动建设智慧城市的手段，加快“智慧广州”建设运营模式的实践探索，充分实现政企和市民的多方互动，调动积极性，探索多样化“智慧广州”建设模式。首先，要积极推动以政府为主体的政府行政过程转变为政府、市场、社会三方协同的公共价值塑造过程，实现协同创新。其次，“智慧广州”建设要积极引入社会资本和第三方专业机构，实现由国企投入向社会投入的转变，改变过去只强调建设忽视运营的思路，积

极探索市场化运作。“智慧广州”融资可采取“PPP模式”，推进政府和社会资本合作，降低运营成本。在政府和社会资本分工合作过程中，政府要将重点放在服务价格和质量监管，社会资本则主导建设运营，通过使用者购买和政府购买的方式收取投资回报，从而平衡多方利益，实现互利共赢。最后，“智慧广州”建设要充分调动社会力量，以均摊的方式降低建设费用和风险。在基础领域加大社会资本投入，强力推进对管道网络建设、安全生产、交通等的投入，在民生领域则引入市场化或半市场化运营模式，将医疗、养老等共同纳入智慧城市管理体系中，提升“智慧广州”建设的整体水平。

（四）政府强力推进，以“第三方模式”破解“最后一公里”难题

广州市要发挥领头羊作用，率先破解运营商进入公共设施收费高的门槛。鼓励民资企业开展有效竞争，积极培育新的商业模式，打造公平有序的市场竞争环境，切实疏通“最后一公里”存在的淤塞。让宽带运营商以及后续进行移动转售的民资企业更积极地参与宽带建设。同时广州市还要加紧建立互通互联等保护竞争的规则体系，出台相应的政策予以扶持。推行部分已颁发宽带接入网牌照的本地原驻地网运营商试点，为宽带接入服务提供更大的空间，有针对性地解决长期存在的宽带服务“小区垄断”问题。

借鉴上海发展经验，加紧出台实施《住宅建筑通信配套工程技术规范》，使新建住宅先实现光纤直接铺设到户，再交付住户使用，避免由于后续光纤铺设造成的室内装修损毁等现象。在配套设施维护方面，广州也应当积极组建第三方专业维护公司，满足电信企业的平等接入权，同时满足广大市民对电信运营商的自主选择权。第三方机构主要负责打通网络“最后一公里”的公开招标，以及在实施过程中设立的监理工程质量和标准，各家运营商只负责网络基础设施进小区即可。广州市可以率先在部分小区开展试行，社区网络由独立第三方机构运营。

（五）由点及面，将智慧民生应用推广到其他领域

1. 规范现有智慧应用发展，注重信息安全保护

积极推动广州“城市服务”微信公众服务号的规范管理，并将其打造成政府和市民有效沟通的平台，使政府及时了解舆论走向，市民切实关注民生问

题，并及时发布更新，加强信息的供需匹配，畅通民意诉求机制和民意表达渠道，实现政民互动的智能化。对于首次落户广州的智慧银行、智慧医疗、智慧社区等 APP 加强维护力度。银行在加大智能化网点空间布局的同时，也要注重网点的内涵建设，加强智能化改造和系统的流程整合。

此外，广州市要统一智慧应用的规范化发展，防止 APP 建设重复以及虚假应用的泛滥，对资源进行整合，对接入广州民生信息的智慧应用予以标注。同时在智慧应用的使用过程中，广州市要注重个人信息的保护，谨防信息泄露。

2. 以智慧民生建设为突破口，拓展智慧 APP 的应用范围

智慧城市的应用具有马斯洛需求层次理论的特征，因此，在“智慧广州”建设过程中对应用的研发和普及也应当遵循这一规律。民生建设是“智慧广州”建设的首要突破口，但是随着市民基础性应用需求被满足，智慧应用需求呈螺旋式发展，智慧应用应当从民生领域向其他领域扩展。目前，广州市基础性应用需求的发展已经基本实现，下一步应当将智慧应用的重点放到发展性应用需求和个性化应用需求方面（见图 1）。例如，在地下管道建设上，采用建立数据标准和普查建库等方式实现地下管线的数据共享，加强路灯系统升级改造，有效整合“位置网 + 车联网 + 道路运输网”，真正实现城市管理和交通服务的定点定位，使“车、人、路”智慧相连。在教育领域，通过智慧应用，推广面向教学、考试、评价和学习的系列产品。在会展业发展上，利用“智慧旅游”完善广交会的服务体系。

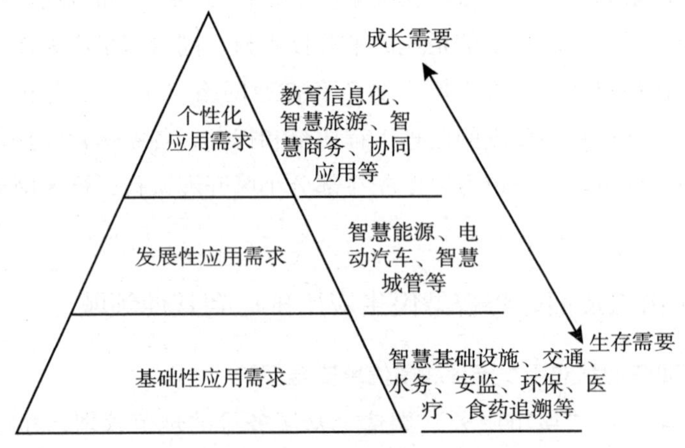

图 1　智慧城市应用需求的层次特征

B.24

大数据技术对广州节能工作的启示

广州节能大数据研究课题组*

摘　要：近年来大数据技术发展迅猛，逐渐在社会生活等方方面面掀起新一轮技术革命。本文通过分析大数据的主要特点，结合大数据在各领域的应用案例，针对广州节能工作各主体、环节的实际问题和需求，探讨利用大数据技术提高广州节能工作效力和能源预警能力，并形成相关对策建议。

关键词：广州　节能工作　大数据技术

"大数据"是这几年最热门的词汇，因为其潜在的巨大信息价值而得到了政府、商界、学术界和传媒界的高度重视，党的十八届五中全会更是将发展大数据上升到国家战略地位。节能产业作为我国当前重点发展产业，其发展好坏事关我国当前"调结构，稳增长"大局，通过产业升级，采用信息化新技术，改造高耗能行业的业务流程，更是整个节能工作的重要手段，针对广州当前各领域节能工作面临的实际问题，结合当前流行的大数据技术是一条可行之路。

一　大数据的概念及主要特点

（一）大数据的概念

互联网信息时代的发展分为几个阶段，大数据等新技术的应用标志着信息

* 课题组组长：谢国平，广州市节能监察中心副主任。课题组成员：付新河，广州市节能监察中心高级工程师；孙何瑞，广州市节能监察中心监察部副部长；唐文武，广州市节能监察中心工程师；莫文杰，广州市节能监察中心科员；黄晓霞，广州市节能监察中心科员。课题组执笔：李杰鹏，广州市节能监察中心副主任科员。

社会将进入一个新阶段。"大数据"是指在可承受的时间范围内无法用常规软件工具进行捕捉、管理和处理的数据集合，通过新型处理技术，对这些海量、高增长率和多样化的数据进行分析处理，使其转化为具有更强决策力、洞察发现力和流程优化能力的信息资产。

（二）大数据的特点

关于大数据的特点，比较统一的定义是以 4 个 V 来概括：Volume（大量化）、Variety（多样化）、Velocity（快速化）、Value（价值化）。①

1. 大量化（Volume）

IBM 的研究称，整个人类文明所获得的全部数据中，有 90% 是 2012 年和 2013 年两年内产生的。预计到了 2020 年，全世界所产生的数据规模将达到今天的 50 倍。目前，大数据的规模尚是一个不断变化的指标，单一数据集的规模范围从几十 TB 到数 PB 不等，此外各种意想不到的来源都能产生数据。

2. 多样化（Variety）

普遍的观点认为，人们使用互联网搜索是形成数据多样性的主要原因，这一看法部分正确。然而，数据多样性的增加主要是由于新型多结构数据，以及包括网络日志、社交媒体、互联网搜索、手机通话记录及传感器网络等数据类型造成的，甚至包括部分安装在火车、汽车和飞机上的传感器，每个传感器都增加了数据的多样性。

3. 快速化（Velocity）

快速化是指数据被创建和移动的速度。在高速网络时代，通过基于实现软件性能优化的高速电脑处理器和服务器，创建实时数据流已成为流行趋势。企业不仅需要了解如何快速创建数据，还必须知道如何快速处理、分析并返回给用户，以满足他们的实时需求。根据 IMS Research 公司关于数据创建速度的调查，预测到 2020 年全球将拥有 220 亿部互联网连接设备。

4. 价值化（Value）

大量看似不相关的信息，浪里淘沙却又弥足珍贵。对未来趋势与模式的可

---

① 〔英〕维克托 · 迈尔 - 舍恩伯格、肯尼斯 · 库克耶：《大数据时代》，周涛等译，浙江人民出版社，2013。

预测分析，以及深度复杂分析，可应用到机器人学习、人工智能与传统商务智能（咨询、报告等）。

二　大数据的重要意义

在商业、经济、政府及其他领域中，决策行为将日益基于数据和分析而做出，而并非基于经验和直觉，这是大数据的核心价值。在电子商务、公共卫生、经济预测等领域中，大数据的分析预判能力已经初见效力。

党的十八届五中全会强调，实施网络强国战略，实施“互联网＋”行动计划，发展分享经济，实施国家大数据战略。这表明，国家已将发展大数据上升到战略层面。2015 年 9 月，国务院印发《促进大数据发展行动纲要》（以下简称《纲要》），系统部署大数据发展工作。《纲要》明确指出，要推动大数据发展和应用，应在未来 5～10 年打造精准治理、多方协作的社会治理新模式，建立运行平稳、安全高效的经济运行新机制，构建以人为本、惠及全民的民生服务新体系，开启大众创业、万众创新的创新驱动新格局，培育高端智能、新兴繁荣的产业发展新生态。

三　大数据技术在各领域中的应用

大数据技术的应用不是某个行业或者某个企业的专利，它在加快融入生产和生活的方方面面。目前，各个传统行业都在积极借助大数据的力量，帮助企业实现转型，大量的新兴行业也借助大数据横空出世。大数据技术应用的关键，也是其必要条件，就在于“IT”与“经营”的融合，“经营”的内涵非常广泛，小到一个零售店的经营，大到一个城市甚至一个国家的治理。①

（一）在能源领域的应用

在能源领域的应用主要体现在四个方面。一是加快新产品研发。美国通用

① 杨曜宇：《计算机网络技术在大数据时代的重要作用研究》，《中小企业管理与科技》2015 年第 7 期。

公司通过每秒分析上万个数据点，融合能量储存和先进的预测算法，开发出能灵活操控120米长叶片的2.5–120型风机，将数据向邻近的风机、服务技术人员和顾客传递，效率与电力输出分别比现行风机提高了25%和15%。二是使能源更“绿色”。其关键是利用可再生能源技术，如冰岛的Green Earth Data公司与Greenqloud公司，依靠冰岛丰富的地热与水电资源为数据中心提供100%的可再生能源。三是实现能源管理智能化。能源产业可以利用大数据分析天然气或其他能源的购买量，预测能源消费，管理能源用户，提高能源效率，降低能源成本等；大数据与电网的融合可组成智能电网，涉及从发电到用户的整个能源转换过程和电力输送链，主要包括智能电网基础技术、大规模新能源发电及并网技术、智能输电网技术、智能配电网技术及智能用电技术等，是未来电网的发展方向。四是改变社会管理方式，为城市能源、基础设施、交通、环境等带来机遇。大数据使城市越来越智能化，美国纽约、芝加哥与西雅图向公众开放数据，鼓励建设多样化的智能城市。

我国能源利用和开发技术已具备一定的基础，并形成相当规模的产业，但对能源智能管理的认识与研究则处于起步阶段，而且对能源技术创新价值链的艰巨性认识不足，储能技术与智能电网是促进可再生能源可持续发展的关键，企业需建立能源智能管理系统，分析能源智能管理系统的特点、主要功能和实施运行要点。

（二）在其他行业的应用

1. 在电子商务，大数据有成熟的应用模式

淘宝网建立了“淘宝CPI”，通过采集、编制淘宝上390个类目的热门商品价格来统计CPI，比国家统计局公布的CPI提前半个月预测经济的走势。京东建立了PB级大数据平台，将每个用户在其网站上的行为数据进行记录和分析，实现了向不同用户展示不同内容的效果，带来了10%的订单提升。例如，针对不同用户的性别特点、消费习惯在用户搜索或点击时展示符合其特点和偏好的商品，为用户提供良好的体验感，能大幅度提高用户的购买率。淘宝商城将所有商家的信息进行汇总、归类，同时，将用户点击数据、浏览页面信息等数据信息建立数据模型。数据模型和数据资源在经过淘宝商城的挖掘和分析之后，向用户和商家开放查询APP。数据挖掘和分析为淘宝

提供了定向广告投递的能力。开放查询 APP 则为用户和商家提供了便捷的选择服务。

2. 在金融业，大数据成为有力支撑

阿里巴巴基于其电商交易数据和蚂蚁金服的互联网金融数据推出的芝麻信用，蚂蚁金服的信贷通用决策系统通过对千万家淘宝商铺 3 万多个指标的分析，筛选出财务健康和讲究诚信的企业，对他们发放不需要担保的贷款，目前已经放贷 300 多亿元，坏账率仅为 0.3%，大大低于商业银行。中国银行、工商银行、建设银行、农业银行等国内大型银行都有自己的大数据分析系统，并开展了基于大数据的各类服务和应用。

3. 在交通领域，大数据应用初显成效

通过分析预测交通出行规律，指导公交线路设计，调整车辆派遣密度，进行车流指挥控制，及时做到梳理拥堵，合理缓解城市交通负担。滴滴打车通过掌握的用户打车记录、司机行车轨迹等交通大数据，科学地实现运力调度，精确匹配乘客和司机，优化路径，减少拥堵。北京交管部门将实时路况与百度地图大数据对接，依托百度地图的交通大数据，为公众提供专业的城市实时交通信息，让公众可根据需要自行选择出行线路，满足个性化出行需求，提升出行效率。

4. 健康医疗开始试水大数据

我国部分省份正在实施病历档案的数字化改革，配合临床医疗数据与病人体征数据的收集分析，将数据用于远程诊疗、医疗研发，甚至结合保险数据分析将数据用于商业及公共政策制定等。北京市政府联合百度公司及其他智能设备商和服务商共同宣布推出了“北京健康云”项目。利用大数据技术实时监测流感、手足口病、肝炎、艾滋病、肺癌、肺结核等主要传染病的动态，预测未来 7 天传染病发展趋势。在 2015 年春，手足口病暴发期间，百度每日监控全国手足口病动态，向国家疾控中心提交疫情分析报告。深圳华大基因利用大数据构建基因检测与诊断技术体系，建立了大规模基因测序、克隆、农作物基因组等技术平台，促进基因组学研究成果向人类健康服务、环境应用、生物育种等方面的应用转化，并为广大普通民众提供前沿生物科技在医疗、农业、环境及能源等领域的应用服务。

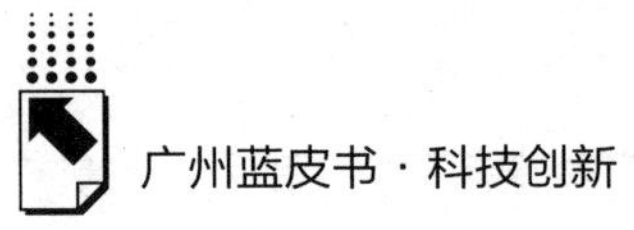

四　大数据技术对广州节能工作的启示

当前，广州节能工作中突出存在的问题就是，作为基础的能源消费数据精确度不够，颗粒度太粗。节能统计、监测手段落后，能耗数据获取不及时、不全面、质量不高。除此之外，用能企业有关设施设备信息化程度参差不齐，在节能领域缺乏有代表性的应用。这些问题严重影响节能形势分析判断，制约节能管理决策，已成为广州市节能工作亟待解决的问题。只有及时掌握一线数据，提高数据的精确度和准确度才是做好节能工作的基础。

大数据技术在给其他领域带来可观效益的同时，同样也可以在节能领域大显身手。建设好广州市的能源管理信息化平台、利用好能源大数据将给节能工作带来新的方法与机遇。通过对能源大数据进行深度智能分析和应用，将提高广州市节能管理效率和水平，为节能形势分析和能源预警提供更准确、多维的预测，在决策制定上将有的放矢，节能工作事半功倍。

（一）提高政府节能管理效率和分析预警能力

1. 促进政府职能转变

在大数据时代，政府担负更多的将是服务者的角色，而不是介入者和干预者。政府要扶持并鼓励民营和外资企业进军节能产业，通过公平竞争的市场机制让其参与大数据节能产业的研发应用。这样可实现政府职能的转变、产业结构的优化升级、社会经济的良性发展。

2. 加快建设广州市能源管理中心基础平台

中央强调坚持把建设资源节约型、环境友好型社会作为加快转变经济发展方式的重要着力点，加强资源节约和管理，落实节约优先战略，全面实行资源利用总量控制、供需双向调节、差别化管理。其中，建立健全各地能源管理中心平台和重点能耗企业能耗在线监测系统是关键的基础技术手段之一，而能耗在线监测管理系统与大数据密不可分，能源大数据与广州市在建的能源管理中心平台的充分结合，将使广州掌握更为准确及时的能耗数据，使能耗监测系统的汇总分析、能源预警能力大大加强。该平台是广州市范围内综合能源管理工作的平台，目前正处于建设阶段。该平台通过采集全市范围内用能单位的能耗数据和节能监察、节能评估与审查和节能服务等具体业务工作的信息，实现能源利用状况报表填报、能耗在线监测、节能监察管理、碳排放管理、数据统计分析等功能，实现这些功能的核心要素便是广州市用能企业的能源消耗大数据。

3. 提高政府节能形势分析和预警调控能力

利用广州市能源管理中心平台，结合广州能源消耗大数据，加强对广州用能单位能耗数据的汇总分析，为广州制定地区宏观能源政策、节能形势分析和预警调控提供及时准确的数据支持，体现以“大数据”为基础进行科学管理、实现节能管理的良性发展。

4. 推动能源行业“大数据”平台建设

“大数据”的有效应用对推动广州能源行业监管协调及能源运行安全预警体系的建立非常有利。能源行业的运行数据是政府进行市场协调与监管、保障能源运行安全的重要基础。当前，广州能源数据体系尚未建立，信息采集渠道不畅通，数据传达相对滞后，时效性不强，数据的数量、种类及来源较少，大大降低了政府进行能源行业规划与决策的准确性，以及运行协调和应急管理的有效性。因此，政府应积极开展与用能单位、生产单位和第三方服务机构合作，共同搭建广州能源行业“大数据”平台，按照行业类型分区域构建从生产、销售及能源消费的基础数据库，建立能源数据采集、分析、处理和预警体系，及时准确地掌握能源行业的运行现状，努力提高政府决策和规划的科学性与时效性。

（二）鼓励用能企业建设能源管理系统，提高能源利用效率

企业在日常生产中很大一部分能耗损失在流程之中，而很多流程中的损耗是不容易被发现的，就像载重 20 吨的卡车只拖了 10 吨的货物，这里的油耗便在无形中流失掉了。面对这些问题要做的便是通过监控生产各环节中的能耗损失，做出能耗评估，来评估企业生产情况，反向思考如何进行科学管理。随着大数据时代的来临，逐步推动用能企业开展能源管理信息化系统建设，可使企业更全面了解自身能源使用情况，科学制定能源管理和节能措施，有效提高用能单位精益化管理水平，节约用能成本，改善能源利用效率。

1. 促进能源管理方式由粗放式管理转为精细化管理

可以使企业的能源消耗结构更加清晰，企业对业务数据进行有效管理，同

时积累了大量的数据信息，产生了利用现代信息技术处理以及展示数据和信息的需求，利用大数据技术刚好能很好地满足企业这一诉求，通过建立能源消耗信息网络，有效地对企业用能数据进行统计、查阅、管理，有助于对能源消耗和节能工作运行态势进行分析、预警，同时有利于对其过程进行动态监督管理，提供智能支持。

2. 实时监控用能情况

可以随时查阅各个时间的用能情况及用能设备的节能情况、设备改造情况，为节能管理、制定节能规划及措施提供数据依据。可以对企业的耗能行为和能源市场细分，自动分析各企业的用能指标，计算能源消费弹性系数，对能耗趋势提前预警，对节能减排工作进行监督，并且可加速企业智能化控制的步伐，促进智能网络的发展，解决能源接入和调度问题，推广柔性能源系统的应用，实现运维智能化。

（三）促进能源生产企业完善管理

1. 完善内部管理

促进能源生产企业建立公司内部管理平台，以提高电网、燃气管网、供热管网负荷率水平，强化电力、燃气、蒸汽等的精细化管理。如电力行业，大数据是电力企业深化应用、提升应用层次、强化集团企业管控的有力技术手段。电力与社会经济的发展密切相关，电力需求变化是经济运行的“晴雨表”和“风向标”。随着智能电网的发展，电力系统发、输、变、配、用电各个环节的信息化进程不断推进。利用电力大数据分析可以了解产业结构、经济走势、房屋空置率、区域消费能力等情况，从而可以更好地为经济服务。

2. 优化能源资源分配，降低消耗成本

一是能源生产企业充分利用“大数据”带来有价值的信息资源，分析能源资源和市场现状并做出预判和决策，更为准确地规划能源生产与资源分配，降低运营成本和决策失误所带来的损失。二是根据能源市场上权威机构发布的数据，企业能够清晰地了解市场动态，尤其是市场价格波动，交易双方以此为参考进行交易，进一步推动能源行业市场化改革。三是企业可以根据其内部运行和管理数据，进行信息化操作和智能化管理，及时分析企业的运行现状和解决存在的问题，提高企业的运行效率，确保企业运行安全与能源的稳定供应。四是生产企业可根据客户数据信息，分析和掌握客户消费行为，大力挖掘市场需求的潜力，科学管理能源用户，合理调整能源供应结构，提高能源的使用效率。

（四）促进节能服务机构更加有效地提供节能服务

节能服务产业无法离开数据而工作，所有节能改造项目均要依托能耗数据的采集，否则无法判别是否存在节能空间、具有多少节能空间等基础问题，节能改造也就无从谈起。能源大数据的有效分析应用将促进节能服务公司与用能企业更加有效地对接，帮助其认准市场目标，使之有目的、有计划地高效推广先进节能技术和产品。对于数据的认识不能仅仅停留在数据本身，应进行有针对性的梳理，节能服务产业应对“大数据”有一种全新认知，这对全面提升节能服务公司整体实力，将起到推波助澜的作用。

目前节能产业的发展瓶颈是能源企业拥有大量的数据，但是这些数据暂未以公开透明的方式发布。政府和相关主管部门面对大数据节能环保产业发展需求，首先要做的工作是如何将企业海量的私有数据转换成公共数据资源，消除数据孤岛为全社会所利用。只有数据资源实现了共享，大数据技术和节能产业才可能有机结合，实现更多的创新和更大的发展。

（五）利用大数据技术，对企业进行能源诊断

节能服务机构及用能企业可以通过建设数据中心，部署设备传感器，或者同有关行业合作，获取工业企业数据。在此基础上，为企业进行能源诊断，通过对能源使用数据的深度挖掘，优化能源利用，提出有效解决方案。

针对企业能耗现状与特点，以能源介质和主要能耗设备实时跟踪、在线监测为基础，将能源介质分布式自动采集与集中式统一远程配置技术、能耗平衡与优化调度模型、能耗评价模型、能耗结构多维分析等技术充分融合发挥一体化集成作用与效果，帮助企业实现对能源计划、生产、输配、平衡调度和集中管控与生产业务协调统一的科学用能管理。通过对能耗数据的统计分析，结合设备能耗模型、工艺能耗模型，实现企业能耗系统节能诊断，挖掘节能潜力，为企业能源管理降本增效、过程管控、持续优化、逐年改善能效指标和节能减排指标等提供决策依据。

Abstract

Annual Report on Science Technology of Guangzhou in China (*2016*) is jointly compiled by Guangzhou University, Guangzhou Municipal Science and Technology Innovation Council, Guangzhou Association For Science & Technology and Guangzhou Intellectual Property Office. As one of the Guangzhou Blue Book Series, the book is for the national public offering. The report which is composed of seven chapters including general report, technology innovation, technology industry, science and technology innovation environment, technology services, technology talents and smart city pooled the latest research achievements of many technology experts, scholars and researchers from academic groups, universities and government departments. The book is the important reference on analysis and forecast of Guangzhou technology operation and related topics.

In 2015, Guangzhou was guided by innovation-driven development strategy and actively implemented financial investment and incubators double plan, then gained significant progress in science and technology policy innovation, technology and finance integration, new-type research institution construction, innovation and entrepreneurship incubation system building, as well as international and regional scientific and technological cooperation. However, Guangzhou also faced the problems such as insufficient R&D intensity, weak technology innovation output capability, lack of innovation and dynamism, imperfect system of scientific and technological achievements and incomplete environment to attract and retain talents for business and living.

In 2016, with the gradually dividend release of series of "1 + 9" science and technology innovation policies intensively promulgated, and the comprehensive construction of Pearl River Delta National Innovation Demonstration Zone with the core of Guangzhou High-tech Zone, the financial investment in science and technology in Guangzhou would enter the compensatory rapid growth period. As expected, Guangzhou would achieve greater breakthroughs in R&D intensity, incubator building, innovation and entrepreneurship talents clustering and other aspects.

Contents

Ⅰ General Report

Abstract: In 2015, Guangzhou was guided by innovation-driven development strategy and actively implemented financial investment and incubators double plan, then gained significant progress in science and technology policy innovation, technology and finance integration, new-type research institution construction, innovation and entrepreneurship incubation system building, as well as international and regional scientific and technological cooperation. In 2016, with the gradually dividend release of series of "1 + 9" science and technology innovation policies intensively promulgated, and the comprehensive construction of Pearl River Delta National Innovation Demonstration Zone with the core of Guangzhou High-tech Zone, the financial investment in science and technology in Guangzhou would enter the compensatory rapid growth period. As expected, Guangzhou would achieve greater breakthroughs in R&D intensity, incubator building, innovation and entrepreneurship talents clustering and other aspects.

Keywords: Science and Technology Innovation; Innovation-driven Development Strategy; Guangzhou

Ⅱ Science and Technology Innovation

B. 2 The Situation and Countermeasures of Guangzhou Promotion on Science and Technology Innovation with Industrial Park Mode *Wang Fu* / 025

Abstract: Guangzhou owns strong economic strength, which ranks 3rd in the country. However, Guangzhou only stands at the 5th and 9th separately in economic competitiveness index and innovation capability. As time going, the economic growth would be weak. Science and technology innovation is inseparable from the cooperation and positive interaction among innovators. Therefore, the research group investigated the government workers, universities faculty, employees and social organizations workers in Guangzhou to analyze the situation of science and technology innovation cooperation. The results showed that there were some problems in government policies, the degree of harmonious cooperation and social intermediary organization system needed to be improved. Considered the actual economic and social development in Guangzhou, with the perspective of polycentric governance theory, the research group proposed a series of countermeasures covering further construction of innovation environment, improving the technological innovation cooperation system and strengthening innovative talents team construction.

Keywords: Guangzhou; Collaborative Innovation; Polycentric Governance

B. 3 A Survey on the Collaborative Innovation of the Governments, Colleges, Non-government Organizations and Enterprises in Guangzhou

The Research Group of Guangzhou International Taxation / 045

Abstract: The Gross Domestic Product of Guangzhou ranked third in China, but the economic competitiveness index ranked ninth and the innovation force is fifth. If things go on like this, economic growth will be bogged down. The Therefore, Considering the economic and social development reality of Guangzhou, we adopted the perspective of the theory of Polycentric governance, and suggested further construction of innovation environment, improve cooperation in science and technology innovation system and strengthening the team construction of innovative talents.

Keywords: Guangzhou; Industrial Park Mode; Technological Innovation

Abstract: In times Guangzhou' building an international innovation hub, This paper analyzes the status of the construction of the Guangzhou International scientific and technological innovation hub and then we selected Hong Kong and Singapore which is geographical photogenic close to Guangzhou and have similar cultural background and economic strength with Guangzhou. We analyzed the action to promote scientific and technological innovation, building an international hub for innovation initiatives, which made the revelation for Guangzhou' construction of Science and innovation hub.

Keywords: International; Scientific and Technological Innovation; China Hong Kong; Singapore

Ⅲ Science and Technology Industry

Abstract: Based on the analysis of the development of Guangzhou industrial and information technology in 2015, the relevant experience and practice are summarized, as well as the prospects of the development of Guangzhou industrial and information technology in 2016 are also discussed.

Keywords: Guangzhou; Industry; Information Technology

B. 6 Guangzhou Strategic Emerging Industry Development Status in 2015 with Prospects and Policy Recommendations in 2016

Abstract: Strategic emerging industry has become the leading industry and pillar industry of national economic development with its "strategic" and "emerging". Based on the report of Guangzhou City relevant industries data, the report analyzes Guangzhou city current situation about a new generation information technology, biotechnology and health, new materials and high-end manufacturing, creative fashion, new energy and energy saving and environmental protection, new energy car six industry. According to the data, Guangzhou city has been completed established objectives of Guangzhou city's strategic emerging industry development plan in 2015. And 2016 Guangzhou strategic emerging industry output value and added value also increase at the high speed. Strategic emerging industries has become Guangzhou City Economic Development of new economic growth pole. Also the report puts forward relevant policy recommendations including the perfect development of strategic emerging industries of the financial support policy, establish perfect generic technology and the operation of the market mechanism, formulation of special technical policy of the development of strategic emerging industries and increase in taxes and fees, government support and so on.

Keywords: Guangzhou; Strategic Emerging Industry; Leading Industry; Policy Suggestion

Abstract: This research report analyzed the transformation and upgrading of small and medium enterprises (SMEs) and the reasons of high innovation costs, then the recommendations and suggestions to promote SMEs' innovation and development in Baiyun District are proposed.

Keywords: Baiyun District; SMEs; Transformation and Upgrading; Innovation

Abstract: In recent years, private enterprises had become an important part of national economy in Guangzhou and played a dominant role in technological innovation, as well as made great contributions to Guangzhou economic and social development. At present, Chinese economic development has entered a "New Normal" and shows a series of trend changes. With this background, in order to remain invincible in the fierce market competition, technological innovation is one of the most difficult and most important tasks faced by Guangzhou private enterprises. According to the analysis of current situation and existing problems of Guangzhou private enterprises science and technology innovation, the group tries to propose the suggestions to accelerating the improvement of science and technology innovation and incentive system in Guangzhou private enterprises.

Keywords: Guangzhou; Private Enterprises; Science and Technology Innovation; Incentive System

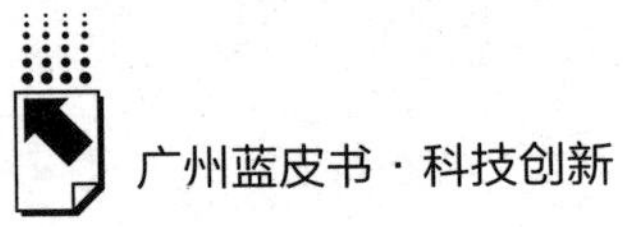

B. 9 The Analysis and Research on Science and Technology Activities in Scale Industrial Enterprises in Guangzhou

Zheng Yan / 118

Abstract: With the third national economic census data in Guangzhou, the R&D personnel, R&D investment, R&D intensity, technology project implementation, institution construction, science and technology achievements and other related activities in Guangzhou scale industrial enterprises in 2013 were analyzed, accompanied by the corresponding countermeasures. The data illustrated that the science and technology input and output in Guangzhou industrial enterprises continued growing, and the innovation ability were strengthened. Those played an important role on the transformation and upgrading of industrial structure and transformation of economic growth in Guangzhou. However, the overall R&D capability in Guangzhou industrial enterprises is not strong, the lack of independent brands and core technologies, as well as highly qualified talents cannot be ignored.

Keywords: Guangzhou; Industrial Enterprise; R&D Intensity; Innovation Capability

B. 10 The Development Situation and Countermeasure Study of Guangzhou's E-commerce

The Research Group of Guangzhou City Statistics Bureau / 131

Abstract: As a new business type and commercial model, e-commerce is under rapid development. It is quickly penetrating into every social and economic field, and has become an important power source and growth point for the development of business and commercial industry. Using a large number of detailed and accurate on-line sales statistics, combining in-depth interview with key research results, the paper deeply analyzed and comprehensively concluded the overall development situation, spatial layout, development situation of major platforms, main characteristics and problems in Guangzhou's e-commerce of recent years. The paper also put forward countermeasures and suggestions for further accelerating the healthy and rapid development of e-commerce and advancing the deeper integration of e-commerce and the real economy.

Keywords: Guangzhou; Business Model; E-commerce

Abstract: In recent years, the downfall growth of industrial investment and technology investment restricted Guangzhou industrial development potential. With the environment of "Bilateral Squeeze" on manufacturing from developed and other developing countries and the imbalances of the domestic economic supply side structure, Guangzhou vigorously promotes technological transformation in industrial enterprises through effective incremental investment and strengthens the brand of "Made in Guangzhou" with high quality and efficiency to accelerate the industrial transformation and upgrading.

Keywords: Technological Transformation; Industrial Investment; Transformation and Upgrading

Abstract: Steady growth of Guangzhou manufacturing made an important contribution of total amount and structure adjustment to the status of "World Manufacturing Center". However, the amount and quality of manufacturing should be improved, and the pillar industry is less and faces change and turnover. The spatial links of industry need to be strengthened, the ecosystem should also be improved. Besides, the cost increased and the export capacity called for improvement. Guangzhou faced unprecedented, all-round and multi-level competition. Therefore, the innovative development of Guangzhou manufacturing has to establish five strategies: stock enhance, increments improvement; spatial links, emphasis on inside and outside and ecosystem. The strategic position of the manufacturing need to be correctly understood to take comprehensive measures to enhance the competitiveness of the manufacturing.

Keywords: Manufacturing; Global Value Chain; New Industrial Revolution

Ⅳ Science and Technology Innovation Environment

B. 13 The Research Report on Strengthening the Innovation Environment Construction in Guangzhou

Abstract: Strengthening the innovation environment construction has great significance on promoting Guangzhou industrial development. Guangzhou Development and Reform Commission went to Shenzhen to carry out special investigations on innovation-driven development, then summarized the experiences of insisting on innovation strategy, targeted implementation relying on the market and taking advantage of government which is called visible hand in Shenzhen. Last, the problems of Guangzhou innovation environment construction were analyzed and countermeasures were proposed.

Keywords: Innovation Environment; Industrial Development; Shenzhen Experience

Abstract: With the development of globalization, more and more countries and governments take the attention to international technology transfer transactions. GZ, as the capital of Guangdong province, is the political, economic and cultural center of South China. With the good economic condition and location advantages, more large talent reserves, GZ absolutely can establish the first-class international technology market. In recent years, Guangzhou has reached new highs in technology trading amount. But comparing with Beijing, Shanghai and other cities, it is still a certain distance. What's more, the existing technology market operation mechanism, including the technology management mechanism, technology intermediary mechanism, risk investment and financing mechanism, technology assessment and consultation mechanism four aspects have some defects, can't catch up with the demands of the technology market. Guangzhou can to establish a reasonable and effective operating mechanism. In addition, the government should also attach great importance to the construction environment, actively promote the pearl river delta unified technology market system. Setting up a unified technology trading market system and standardize, form effective supervision; actively nurture and support technology intermediary, technology trading service specialization; strengthen the manufacture-learning-research cooperation, encourage and support the trading and transfer of technology achievements.

Keywords: Guangzhou; Technology; Technology Trading

Abstract: This thesis analyzes the existing carriers and space layouts of

Guangzhous International Scientific and Technological Cooperation, which comes to a conclusion that the kinds of carriers scattered distribute but balanced develop during the spatial development of Guangzhou city. As a whole, the gathering function of the carriers is comparatively weak. From the aspect of spatial structure, the junction of Guangzhous South Extension shaft and the metropolitan area should be regarded as a core area of the carriers, and an exchange center should be established as a core node of the cooperation. As a result, various of vectors in the space could be gathered and the radiation and leading role of the core node could be developed.

Keywords: International Scientific and Technological Cooperation; Space Layout; Gather; Radiation and Leading Role

B. 16 The Development Report on Guangzhou Research Base System Construction

Shen Wenhao / 211

Abstract: As the source of innovation, new knowledge, new technology and new invention, research base is an important platform for cultivating and agglomerating high level scientific talents, achieving independent innovation and core technology, and also a vital index to measure the science and technology innovation capacity for a country or region. Actively promoting scientific research base system construction is one of core contents in the innovation-driven strategy implementation, striving to become the vanguard of innovation-driven development and build independent innovation high ground in Guangzhou. Besides, it is also the urgent need to enhance regional innovation capability, accelerate industrial transformation and upgrading and construct international scientific and technological innovation hub. The research group summarized the construction situation of Guangzhou research base system and relevant innovative factors such as talent, discipline and science and technology assets, then proposed corresponding suggestions. Last, the countermeasures were proposed for Guangzhou research base system construction in the coming period, especially during the "Thirteenth Five-Year" period.

Keywords: Research Base System; National Laboratory; National Key Laboratory

V Technology Services

Abstract: Currently, Guangzhou is in the alternate period of solid completing the objectives proposed in "Twelfth Five-Year" and scientific planning "Thirteenth Five-Year" Development. In the past years, Guangzhou intellectual property developed well. With the background of new normal economy and implementation of innovation-driven strategy, Guangzhou should actively create intellectual property hub. The research report comparatively analyzed the achievement path of intellectual property advanced cities or regions in and abroad, clarified the foundation and issues of Guangzhou intellectual property hub construction, and then proposed the principle and objectives of achievement path to intellectual property hub construction, as well as the specific path to realization.

Keywords: Intellectual Property; Hub; Principles and Objectives; Achievement Path

Abstract: Patent pre-warning is a trailer system of enterprise or patent owner facing the patent dispute which is about to happen. Patent administrative reconsideration pre-warning refers to the railer and prevention system of patent administrative reconsideration issues. The aims of the pre-warning are to help patent administration to exercise administrative powers according to law and reduce the risk of enforcement in order to improve a series of institutional mechanisms covering administrative enforcement capability and level. The group analyzed the causes, the scope and the quality of Guangzhou patent administrative reconsideration cases, combined the characteristics, rules and trends, as well as the comparative study of patent administrative law enforcement system in foreign countries, and proposed the general idea and countermeasures to construct Guangzhou patent administrative reconsideration cases pre-warning system.

Keywords: Patent; Administrative Reconsideration; Pre-warning System

B. 19 The Research on Science and Technology Group Undertaking Government Functions Transfer *Xu Yuehua* / 256

Abstract: Recent years, the establishment of Guangzhou professional scientific organization shows great enthusiasm. However, there is big gap overall. Massive constraints including government, communities and social factors exist. Thus, the science and technology group undertaking government functions transfer is a complicated systematic project referring to power and benefits distribution which calls for the joint efforts made by government, market and society.

Keywords: Guangzhou; Science and Technology Group; Transfer of Government Functions

B. 20 The Common Problems and Suggestions to Patent Rights Protection of Guangzhou Innovative Body *Deng Youman* / 264

Abstract: In recent years, Guangzhou patent administrative enforcement gained outstanding performances and created a good international and legalization business environment. However, some innovative bodies also faced some problems on patent rights protection which induced economic and reputation damage and innovative enthusiasm frustrated.

Keywords: Guangzhou; Innovative Body; Patent Rights Protection

Ⅵ Technology Talents

Abstract: Five aspects including whole supply and demand match, industry distribution structure, training and development, the role of function and government policy guidance are considered to analyze the achievements and shortcomings of Guangzhou "Internet Plus" talents team construction in 2015. Then with the anticipation of development trend, the countermeasures to Guangzhou "Internet Plus" talents team construction in 2016 are proposed.

Keywords: "Internet Plus"; Industrial Transformation and Upgrading; Talents Team Construction

Abstract: As the capital city of Guangdong province, the construction of innovative city is an important objective for Guangzhou, the attainment of citizens' intellectual property rights have significant impact on the innovative city construction. The research group investigated three categories including business, WTO graduate students on job and postgraduates and graduate students in universities and summarized the situation of attainment of Guangzhou citizens' intellectual property, then proposed corresponding suggestions.

Keywords: Guangzhou; Citizens' Intellectual Property Attainment Innovative City

Ⅶ Smart City

Abstract: 2015 is the last year of construction of "Smart City" in Guangzhou. In the past years, Guangzhou contributed to improve information infrastructure, intelligent community management and service application, intelligent industrial development, information technology and application R&D in people's livelihood to achieve the preset goals. This paper aims at combing the achievement and shortcomings of "Smart Guangzhou" construction in 2015, with the depth analysis of the reasons to existing problems and learning advanced experiences from other smart cities, the countermeasures and suggestions are proposed to further promote the development of Smart City construction in Guangzhou.

Keywords: Smart Guangzhou; Big Data Mining; Smart Government; Smart Applications

Abstract: In recent years, the big data technology developed rapidly and gradually set off a new round of technological revolution in many aspects of social life. The group analyzed the main features of big data, combined with the application in various field, and considered the actual problems and needs of Guangzhou energy-saving. Last, the use of big data technology to improve energy-saving efficiency and energy pre-warning capacity were discussed, as well as the corresponding countermeasures.

Keywords: Guangzhou; Energy-saving; Big Data Technology

皮书起源

“皮书”起源于十七、十八世纪的英国，主要指官方或社会组织正式发表的重要文件或报告，多以“白皮书”命名。在中国，“皮书”这一概念被社会广泛接受，并被成功运作、发展成为一种全新的出版形态，则源于中国社会科学院社会科学文献出版社。

皮书定义

皮书是对中国与世界发展状况和热点问题进行年度监测，以专业的角度、专家的视野和实证研究方法，针对某一领域或区域现状与发展态势展开分析和预测，具备原创性、实证性、专业性、连续性、前沿性、时效性等特点的公开出版物，由一系列权威研究报告组成。

皮书作者

皮书系列的作者以中国社会科学院、著名高校、地方社会科学院的研究人员为主，多为国内一流研究机构的权威专家学者，他们的看法和观点代表了学界对中国与世界的现实和未来最高水平的解读与分析。

皮书荣誉

皮书系列已成为社会科学文献出版社的著名图书品牌和中国社会科学院的知名学术品牌。2011 年，皮书系列正式列入“十二五”国家重点出版规划项目；2012~2015 年，重点皮书列入中国社会科学院承担的国家哲学社会科学创新工程项目；2016 年，46 种院外皮书使用“中国社会科学院创新工程学术出版项目”标识。

中国皮书网

www.pishu.cn

发布皮书研创资讯，传播皮书精彩内容
引领皮书出版潮流，打造皮书服务平台

栏目设置：

□ 资讯：皮书动态、皮书观点、皮书数据、皮书报道、皮书发布、电子期刊

□ 标准：皮书评价、皮书研究、皮书规范

□ 服务：最新皮书、皮书书目、重点推荐、在线购书

□ 链接：皮书数据库、皮书博客、皮书微博、在线书城

□ 搜索：资讯、图书、研究动态、皮书专家、研创团队

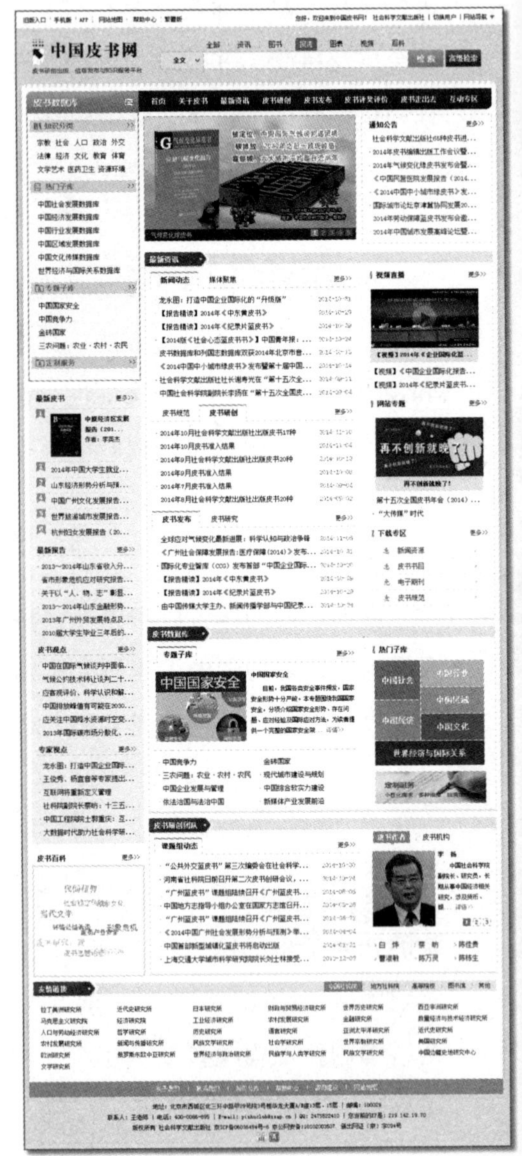

中国皮书网依托皮书系列“权威、前沿、原创”的优质内容资源，通过文字、图片、音频、视频等多种元素，在皮书研创者、使用者之间搭建了一个成果展示、资源共享的互动平台。

自 2005 年 12 月正式上线以来，中国皮书网的 IP 访问量、PV 浏览量与日俱增，受到海内外研究者、公务人员、商务人士以及专业读者的广泛关注。

2008 年、2011 年中国皮书网均在全国新闻出版业网站荣誉评选中获得“最具商业价值网站”称号；2012 年，获得“出版业网站百强”称号。

2014 年，中国皮书网与皮书数据库实现资源共享，端口合一，将提供更丰富的内容，更全面的服务。

法律声明

权威报告·热点资讯·特色资源

皮书数据库

ANNUAL REPORT(YEARBOOK) DATABASE

当代中国与世界发展高端智库平台

WWW.PISHU.COM.CN

皮书俱乐部会员服务指南

1. 谁能成为皮书俱乐部成员？

- 皮书作者自动成为俱乐部会员
- 购买了皮书产品（纸质书/电子书）的个人用户

2. 会员可以享受的增值服务

- 免费获赠皮书数据库100元充值卡
- 加入皮书俱乐部，免费获赠该纸质图书的电子书
- 免费定期获赠皮书电子期刊
- 优先参与各类皮书学术活动
- 优先享受皮书产品的最新优惠

3. 如何享受增值服务？

（1）免费获赠100元皮书数据库体验卡

第1步 刮开附赠充值的涂层（右下）；

第2步 登录皮书数据库网站（www.pishu.com.cn），注册账号；

第3步 登录并进入“会员中心”—“在线充值”—“充值卡充值”，充值成功后即可使用。

（2）加入皮书俱乐部，凭数据库体验卡获赠该书的电子书

第1步 登录社会科学文献出版社官网（www.ssap.com.cn），注册账号；

第2步 登录并进入“会员中心”—“皮书俱乐部”，提交加入皮书俱乐部申请；

第3步 审核通过后，再次进入皮书俱乐部，填写页面所需图书、体验卡信息即可自动兑换相应电子书。

4. 声明

解释权归社会科学文献出版社所有

皮书俱乐部会员可享受社会科学文献出版社其他相关免费增值服务，有任何疑问，均可与我们联系。

图书销售热线：010-59367070/7028
图书服务QQ：800045692
图书服务邮箱：duzhe@ssap.cn

数据库服务热线：400-008-6695
数据库服务QQ：2475522410
数据库服务邮箱：database@ssap.cn

欢迎登录社会科学文献出版社官网（www.ssap.com.cn）和中国皮书网（www.pishu.cn）了解更多信息

社会科学文献出版社 SOCIAL SCIENCES ACADEMIC PRESS (CHINA) 皮书系列

卡号：625750244001

密码：

S 子库介绍
Sub-Database Introduction

中国经济发展数据库

涵盖宏观经济、农业经济、工业经济、产业经济、财政金融、交通旅游、商业贸易、劳动经济、企业经济、房地产经济、城市经济、区域经济等领域，为用户实时了解经济运行态势、把握经济发展规律、洞察经济形势、做出经济决策提供参考和依据。

中国社会发展数据库

全面整合国内外有关中国社会发展的统计数据、深度分析报告、专家解读和热点资讯构建而成的专业学术数据库。涉及宗教、社会、人口、政治、外交、法律、文化、教育、体育、文学艺术、医药卫生、资源环境等多个领域。

中国行业发展数据库

以中国国民经济行业分类为依据，跟踪分析国民经济各行业市场运行状况和政策导向，提供行业发展最前沿的资讯，为用户投资、从业及各种经济决策提供理论基础和实践指导。内容涵盖农业，能源与矿产业，交通运输业，制造业，金融业，房地产业，租赁和商务服务业，科学研究，环境和公共设施管理，居民服务业，教育，卫生和社会保障，文化、体育和娱乐业等 100 余个行业。

中国区域发展数据库

以特定区域内的经济、社会、文化、法治、资源环境等领域的现状与发展情况进行分析和预测。涵盖中部、西部、东北、西北等地区，长三角、珠三角、黄三角、京津冀、环渤海、合肥经济圈、长株潭城市群、关中一天水经济区、海峡经济区等区域经济体和城市圈，北京、上海、浙江、河南、陕西等 34 个省份及中国台湾地区。

中国文化传媒数据库

包括文化事业、文化产业、宗教、群众文化、图书馆事业、博物馆事业、档案事业、语言文字、文学、历史地理、新闻传播、广播电视、出版事业、艺术、电影、娱乐等多个子库。

世界经济与国际政治数据库

以皮书系列中涉及世界经济与国际政治的研究成果为基础，全面整合国内外有关世界经济与国际政治的统计数据、深度分析报告、专家解读和热点资讯构建而成的专业学术数据库。包括世界经济、世界政治、世界文化、国际社会、国际关系、国际组织、区域发展、国别发展等多个子库。